3ds max 2009 & Lightscape 3.2 & Photoshop CS4

室内外效果图50例

胡孟杰　李　峰　王　珂　等编著

电子工业出版社

Publishing House of Electronics Industry

北京·BEIJING

内 容 简 介

本书是一本介绍 3ds max 2009、Lightscape 3.2 和 Photoshop CS4 三个软件在建筑效果图制作方面的实例书籍。全书共包含 50 个实例，分为室内效果图和室外效果图两大部分。在室内效果图部分，包括暖色调卧室效果图、视听室效果图、简约风格餐厅效果图、厨房效果图、开放式卫生间效果图、时尚客厅效果图和清新风格儿童房效果图 7 个练习；在室外效果图部分，包括水边餐厅效果图、怀旧风格房屋效果图和美术馆效果图 3 个练习。全面分析了 3ds max 2009、Lightscape 3.2 和 Photoshop CS4 三个软件在建筑效果图制作方面的应用方法。

本书内容较为全面，知识点分析深入透彻，适合室内外建筑设计师、建筑模型师、建筑渲染师、游戏场景设计人员及相关专业学生使用。

图书在版编目(CIP)数据

3ds max 2009 & Lightscape 3.2 & Photoshop CS4 室内外效果图 50 例 / 胡孟杰等编著. —北京：电子工业出版社，2010.5

（应用实例系列）

ISBN 978-7-121-10758-0

Ⅰ. ①3… Ⅱ. ①胡… Ⅲ. ①建筑设计：计算机辅助设计—图形软件，3DS MAX 2009、Lightscape 3.2、Photoshop CS4 Ⅳ. ①TU201.4

中国版本图书馆 CIP 数据核字（2010）第 074546 号

策划编辑：祁玉芹
责任编辑：鄂卫华
印　　刷：北京市天竺颖华印刷厂
装　　订：三河市鑫金马印装有限公司
出版发行：电子工业出版社
　　　　　北京市海淀区万寿路 173 信箱　邮编 100036
开　　本：787×1092　1/16　印张：23　字数：588 千字
印　　次：2010 年 5 月第 1 次印刷
定　　价：48.00 元（含光盘 1 张）

凡所购买电子工业出版社图书有缺损问题，请向购买书店调换。若书店售缺，请与本社发行部联系，联系及邮购电话：(010) 88254888。

质量投诉请发邮件至 zlts@phei.com.cn，盗版侵权举报请发邮件至 dbqq@phei.com.cn。

服务热线：(010) 88258888。

在建筑设计行业中，经常需要使用效果图来为客户展示设计师的思路或者作为设计师之间进行交流的参考，这就要求室内效果图必须具有非常逼真的视觉效果和较强的表现力。而使用单一的设计软件来制作效果图往往很难达到这种要求。所以，在制作效果图时，较为常用的方法往往是将各种软件合理地进行组合，这样既能提高工作效率，又能实现更好地视觉效果。

本书是一本介绍室内外效果图制作的实例书籍，全面介绍了建筑效果图的制作方法。本书共涉及 3ds max 2009、Lightscape 3.2 和 Photoshop CS4 三个软件，通过对这三款不同软件的配合使用来完成效果图。在效果图的制作过程中，3ds max 2009 主要用于模型的创建和贴图平铺方式的设置，Lightscape 3.2 主要用于渲染和输出，Photoshop CS4 主要用于后期的处理和配景的添加。

由于效果图的制作是一项非常复杂的工作，为了使读者能够更为全面地了解整个制作过程，每个练习都将拆分为 4～6 个实例来完成。实例包括建模、材质、渲染和后期制作等内容，每部分都有明确的知识点。每个实例既可以当做独立的练习来完成，又可以逐一制作成每个练习的实例，可以使读者更加全面地了解制作建筑效果图的过程。

为了使读者能够更快、更牢固地掌握所学知识点，本书实例安排循序渐进，从较为简单的室内效果图开始讲解，内容和涉及知识点逐步深入，最后指导读者综合使用各种软件来完成复杂工作。通过对实例的学习过程，能够使读者全面了解相关软件的使用知识。

本书实例实用性较强，效果图的制作严格遵循实际的行业操作规范。实例均取材于实际的建筑案例，每个实例都有很强的针对性。对于实例中的重点和难点，将以提示和注意的方式加以强调，使读者能够快速掌握建筑效果图制作方法，并能够将所学知识应用于实际的工作。

本书力求完整，实用，准确。在理论的讲解上，不拘泥于单调刻板的理论讲解，而是通过对不同类型实例进行深刻地剖析，实例的选择很具代表性，使读者能够更深入了解软件的实际操作过程以及实际工作方法，并从中体会到使用软件的乐趣。

参与书籍编写的既有从事多年书籍编写工作的老师，也有专门从建筑设计的设计人员。两方面人员的知识可以相互补充、取长补短，既能够在写作上很好地与读者沟通，又能够根据实际经验，了解读者真正的需要和困难。从而使本书更为完善，具有更高的可操作性，并且更易于读者的理解。

本书由胡孟杰、李峰、王珂等编著。此外，参加编写的还有曲培新、牛娜、刘明晶、张波芳、陈艳玲、侯媛、张志勇、张秋涛、张丽、卜炟、陈志红、刘晓光等。由于水平有限，书中难免有疏漏和不足之处，恳请广大读者及专家提出宝贵意见。

我们的 E-mail 地址为 qiyuqin@phei.com.cn

编著者

2010.3

目　　录

第 1 部分　室内效果图

Contents

第 1 部分

室内效果图

　　室内效果图相对于室外效果图包含对象较少，但光源既可以包括人造光源，也可以包括自然光源，设置较为复杂，对于细节的处理，也较室外效果图更为细致，由于场景空间较小，便于编辑和控制。在这部分实例中，将为读者详细讲解室内效果图的设置方法，主要包括建模、光源设置、材质和渲染等方面的知识。

第 1 章　制作暖色调卧室效果图

　　本场景是一个暖色调的卧室空间，较大的落地窗使卧室具有很好的采光效果，棕色的墙体与厚重的床上用品突出卧室大方、稳重的特点，暖色调抽象画的放置，使整个场景在稳重的同时，又不失活泼。下图为暖色调卧室效果图的最终完成效果。

卧室效果图

实例 1：在 3ds max 2009 中创建床模型

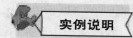

在本实例中，将指导读者创建一个简约风格的床模型，床模型由多个规则的几何体组合而成，边缘为圆角过渡。通过本实例，使读者了解多边形建模中的挤出、桥工具的使用方法，并能够使用这些工具创建出类似于厨柜、电脑桌等模型。

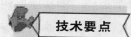

在本实例创建模型之前，首先设置了系统和显示单位；应用扩展基本体创建面板内的切角长方体创建出床撑模型；应用移动克隆的方法创建出床板的基本型，并将其转化为可编辑多边形，应用挤出工具，使该模型形成放置床腿所需要的卡槽；以切角长方体为基础型，并将其塌陷为可编辑多边形，最后通过桥工具，创建出床头模型。图 1-1 所示为床模型添加灯光和材质后的效果。

图 1-1　床模型添加灯光和材质后的效果

1️⃣ 运行 3ds max 2009，创建一个新的场景。

2️⃣ 在菜单栏执行"自定义"/"单位设置"命令，打开"单位设置"对话框，如图 1-2 所示。

3️⃣ 在"单位设置"对话框内单击"系统单位设置"按钮，打开"系统单位设置"对话框。在单位下拉列表框中选择"毫米"选项如图 1-3 所示，然后单击"确定"按钮，退出"系统单位设置"对话框。

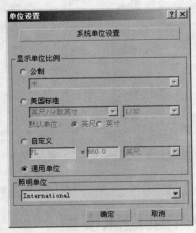

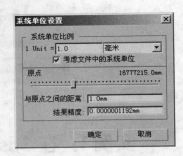

图 1-2 "单位设置"对话框　　　　　　　图 1-3 "系统单位设置"对话框

4️⃣ 退出"系统单位设置"对话框后，将返回到"单位设置"对话框。在"显示单位比例"选项组内选择"公制"单选按钮，在单位下拉列表框中选择"毫米"选项如图 1-4 所示，然后单击"确定"按钮，退出该对话框。

5️⃣ 单位设置结束后，接下来开始创建模型。进入 "创建"面板下的 "几何体"次面板，在该面板的下拉列表框内选择"扩展基本体"选项，进入"扩展基本体"创建面板如图 1-5 所示，在"对象类型"卷展栏内单击"切角长方体"按钮。

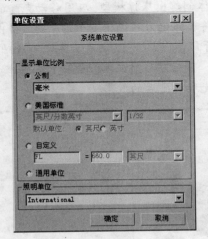

图 1-4 选择"毫米"选项　　　　　　　图 1-5 单击"切角长方体"按钮

6️⃣ 在顶视图中创建一个 ChamferBox01 对象，将其命名为"床撑"。选择新创建的对象，进入 "修改"面板，在"参数"卷展栏内的"长度"、"宽度"、"高度"和"圆角"参数栏内分别键入 2070.0 mm、1760.0 mm、–120.0 mm、1.0 mm，其他参数均使用默认值，如图 1-6 所示。

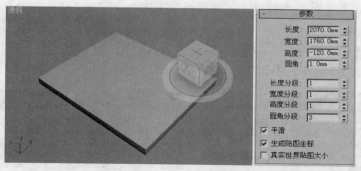

图 1-6　设置对象的创建参数

7 确定"床撑"对象处于选择状态，按住键盘上的 Shift 键，在前视图中沿 Y 轴正值方向移动，当移动到如图 1-7 左图所示的位置时松开鼠标，这时会打开"克隆选项"对话框，如图 1-7 右图所示，然后单击"确定"按钮，退出该对话框，将"床撑"对象复制，复制的对象名称为"床撑 01"。

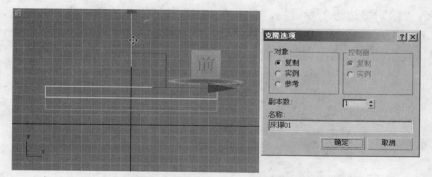

图 1-7　左图移动对象，右图为"克隆选项"对话框

8 选择"床撑 01"对象，进入 ✎ "修改"面板，在"参数"卷展栏内的"长度"、"宽度"、"高度"和"圆角"参数栏内分别键入 2110.0 mm、1560.0 mm、20.0 mm、1.0 mm，在"长度分段"参数栏内键入 3，其他参数均使用默认值，如图 1-8 所示。

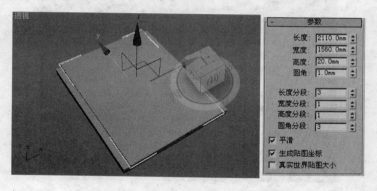

图 1-8　设置"床撑 01"对象的创建参数

9 选择"床撑 01"对象，进入 ⬛ "修改"面板，在堆栈栏内右击，在弹出的快捷菜单中选择"可编辑多边形"选项，将其塌陷为多边形对象。在"选择"卷展栏内单击 ⬛ "顶点"按钮，进入"顶点"子对象编辑层，在顶视图中选择中间的两排横向子对象，沿 Y 轴缩放选择集至图 1-9 所示的大小。

10 在"选择"卷展栏内单击 ⬛ "多边形"按钮，进入"多边形"子对象编辑层，在顶视图中选择图 1-10 所示的子对象。

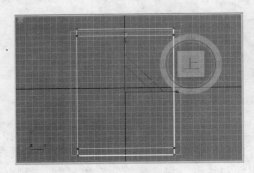
图 1-9　缩放选择集

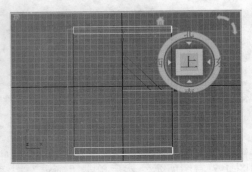
图 1-10　选择子对象

11 进入"编辑多边形"卷展栏，单击"挤出"按钮右侧的 ⬛ "设置"按钮，打开"挤出多边形"对话框。在该对话框内的"挤出高度"参数栏内键入 120.0 mm 如图 1-11 所示，然后单击"确定"按钮，退出该对话框。

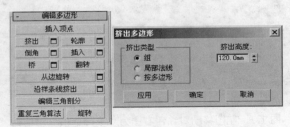
图 1-11　"挤出多边形"对话框

12 退出"多边形"子对象编辑层，然后在视图中参照图 1-12 所示调整该对象的位置。

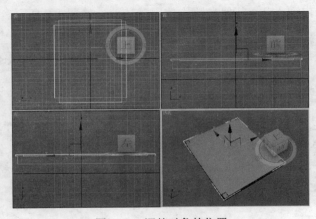
图 1-12　调整对象的位置

13 　接下来创建床腿。在"扩展基本体"创建面板内单击"切角长方体"按钮，在顶视图中创建一个 ChamferBox01 对象，将其命名为"床腿 01"。进入 "修改"面板，在"参数"卷展栏内的"长度"、"宽度"、"高度"和"圆角"参数栏内分别键入 130.0 mm、130.0 mm、300.0 mm、2.0 mm，其他参数均使用默认值，如图 1-13 所示。

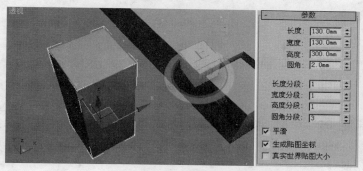

图 1-13　设置"床腿 01"对象的创建参数

14 　选择"床腿 01"对象，使用主工具栏上的 "选择并移动"工具配合 Shift 键，在前视图中沿 X 轴移动，松开鼠标后，这时会打开"克隆选项"对话框。选择"实例"单选按钮如图 1-14 所示，然后单击"确定"按钮，退出该对话框，将"床腿 01"对象复制，复制的对象名称为"床腿 02"。

15 　选择"床腿 01"和"床腿 02"对象，在顶视图沿 Y 轴正值方向移动克隆选择对象，并确定克隆类型为"复制"，然后参照图 1-15 所示来调整 4 个"床腿"对象的位置。

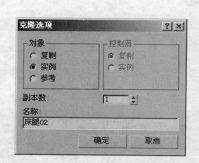

图 1-14　"克隆选项"对话框

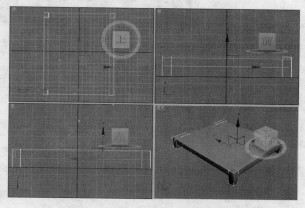

图 1-15　调整对象位置

16 　选择"床腿 03"对象，进入 "修改"面板，在"参数"卷展栏内的"高度"参数栏内键入 800.0 mm，在"长度"参数栏内键入 2.0 mm，然后在堆栈栏底部单击 "使唯一"按钮如图 1-16 所示，使"床腿 03"和"床腿 04"对象为"复制"克隆关系。

可以将一个已实例化的对象转换为一个唯一的副本。

提示

图 1-16　单击"使唯一"按钮

17 　选择"床腿 03"对象，将其塌陷为"可编辑多边形"。在"编辑几何体"卷展栏内单击"附加"按钮，然后在视图中单击"床腿 04"对象，使"床腿 04"对象成为源对象的附加型，如图 1-17 所示。

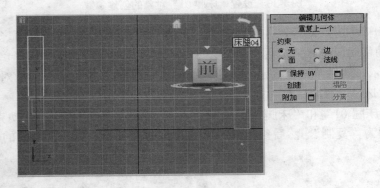

图 1-17　执行"附加"操作

18 　进入"顶点"子对象编辑层，在左视图中沿 X 轴负值方向移动中间的竖排子对象至图 1-18 所示的位置。

19 　确定主工具栏上的 ⊙ "窗口"按钮处于显示状态，然后进入"多边形"子对象编辑层，在顶视图中参照图 1-19 所示来框选子对象。

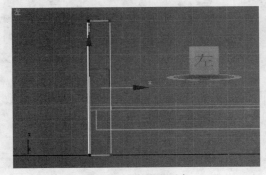

图 1-18　移动子对象

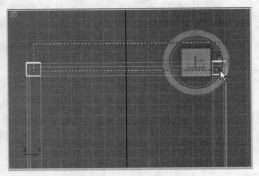

图 1-19　框选子对象

20 　在"编辑多边形"卷展栏内单击"桥"按钮如图 1-20 所示，使床腿间产生新的多边形。

21 退出子对象编辑层，将选择对象命名为"床头"。

22 现在本实例就完成了，图 1-21 所示为床模型添加灯光和材质后的效果。如果读者在制作本练习时遇到什么问题，可以打开本书附带光盘中的"暖色调卧室效果图/实例 1：创建床模型.max"文件进行查看。

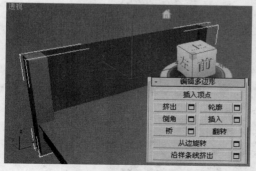

图 1-20 执行"桥"操作

图 1-21 床模型添加灯光和材质后的效果

实例 2：在 3ds max 2009 中设置房间材质

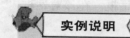

在本实例中，将指导读者设置房间模型的材质。由于场景的最终输出需要在 Lightscape 3.2 中进行，因此本实例的材质设置较为简单，只需要设置对象的漫反射颜色和纹理贴图。通过本实例，使读者能够通过漫反射显示窗设置对象的颜色，并从外部导入位图为其表面添加纹理。

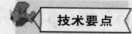

在本实例中，首先启用多维/子对象复合材质类型，使房间的各部分具有不同的质感，然后从外部导入位图为地板和壁纸添加纹理；通过设置漫反射显示窗的颜色，设置出窗玻璃和天花板的颜色；通过 UVW 贴图修改器，使材质贴图能够更好地平铺于房间模型上。图 2-1 所示为房间模型添加材质后的效果。

图 2-1 房间模型添加材质后的效果

1 运行 3ds max 2009，然后打开本书附带光盘中的"暖色调卧室效果图/实例 2：卧室.max"文件，如图 2-2 所示。

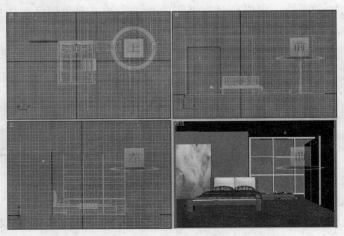

图 2-2　打开"实例 2：卧室.max"文件

2 按下键盘上的 M 键，打开"材质编辑器"对话框。选择 1 号示例窗，将其命名为"房间"，如图 2-3 所示。

3 单击名称栏右侧的 Standard 按钮，打开"材质/贴图浏览器"对话框。在该对话框内选择"多维/子对象"选项，如图 2-4 所示。

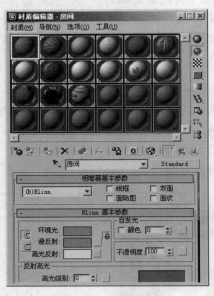

图 2-3　重命名材质

图 2-4　"材质/贴图浏览器"对话框

4 在"材质/贴图浏览器"对话框内单击"确定"按钮，退出该对话框。退出"材质/贴图浏览器"对话框后，会打开"替换材质"对话框如图 2-5 所示，单击"确定"按钮，退出该对话框。

5 退出"替换材质"对话框后，将启用"多维/子对象"材质，在"材质编辑器"对话框内将会出现该材质的编辑参数。在"多维/子对象基本参数"卷展栏内单击"设置数量"按钮，打开"设置材质数量"对话框。在"材质数量"参数栏内键入 4，以确定子对象的数量 如图 2-6 所示，然后单击"确定"按钮，退出该对话框。

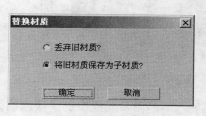

图 2-5　"替换材质"对话框

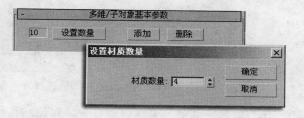

图 2-6　"设置材质数量"对话框

6 在"多维/子对象基本参数"卷展栏内单击 1 号子材质右侧的材质按钮，进入 1 号子 材质编辑窗口，并将该材质命名为"地板"。

7 展开"贴图"卷展栏，单击"漫反射颜色"通道右侧的 None 按钮，打开"材质/贴 图浏览器"对话框。在该对话框内选择"位图"选项如图 2-7 所示，单击"确定"按钮，退 出该对话框。

8 退出"材质/贴图浏览器"对话框后，将会打开"选择位图图像文件"对话框。在该 对话框内导入本书附带光盘中的"暖色调卧室效果图/地板.jpg."文件，如图 2-8 所示。

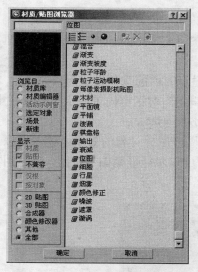

图 2-7　"材质/贴图浏览器"对话框

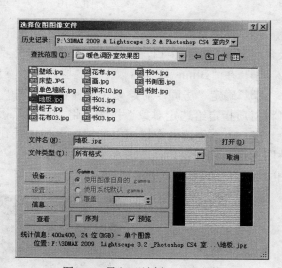

图 2-8　导入"地板.jpg."文件

9 在"材质编辑器"对话框内单击水平工具栏上的 ![icon]"转到父对象"按钮，返回到"地 板"材质编辑层。然后单击 ![icon]"转到下一个同级项"按钮，进入 2 号子材质编辑窗口，并将 该材质层命名为"天花板"。

10 在"Blinn 基本参数"卷展栏内单击"漫反射"显示窗，打开"颜色选择器：漫反 射颜色"对话框。在"红"、"绿"和"蓝"参数栏内均键入 255，然后单击"确定"按钮， 退出该对话框，如图 2-9 所示。

11 在"材质编辑器"对话框内单击水平工具栏上 ![icon]"转到下一个同级项"按钮，进入 3 号子材质编辑窗口，并将该材质层命名为"壁纸"。

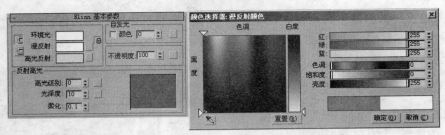

图 2-9 "颜色选择器：漫反射颜色"对话框

12 展开"贴图"卷展栏，从"漫反射颜色"通道导入本书附带光盘中的"暖色调卧室效果图/壁纸.jpg"文件，如图 2-10 所示。

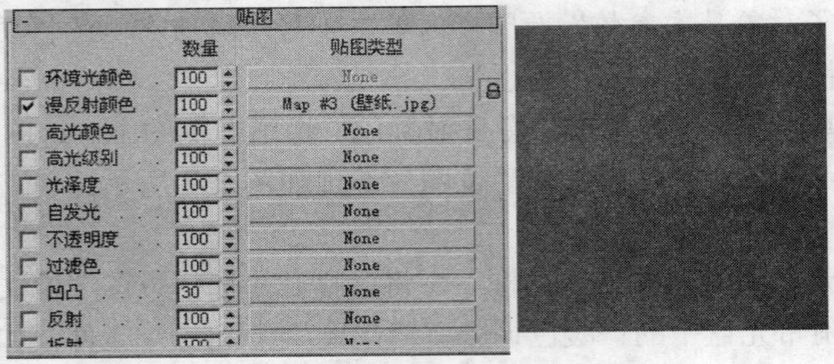

图 2-10 导入"壁纸.jpg."文件

13 在"材质编辑器"对话框内单击水平工具栏上的 ⟶ "转到下一个同级项"按钮，进入 4 号子材质编辑窗口，并将该材质层命名为"窗玻璃"。

14 在"Blinn 基本参数"卷展栏内将"漫反射"显示窗内的颜色设置为白色。

15 确定"房间"对象处于选择状态，在"材质编辑器"对话框内单击水平工具栏上 "将材质指定给选定对象"按钮，将"房间"材质赋予选定对象。

16 为方便读者在视图上能够更直观地看到材质贴图应用于对象的效果，读者可以进入贴图通道的编辑窗口，单击水平工具栏上的 "在视口中显示标准贴图"按钮，使贴图在视图中显示，如图 2-11 所示。

图 2-11 显示贴图后的效果

17 读者从图 2-11 所示中可以看到对象上贴图比例较大，显得很不真实，这时需要通过"UVW 贴图"修改器使贴图正常平铺于对象表面。

18　选择"房间"对象，进入 ✎ "修改"面板。在该面板内为其添加一个"UVW 贴图"修改器，在"参数"卷展栏内选择"长方体"单选按钮，以确定使用的贴图平铺类型,在"长度"、"宽度"、"高度"参数栏内均键入 200.0 mm，如图 2-12 所示。

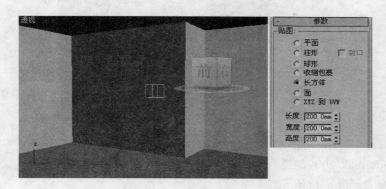

图 2-12　选择贴图平铺方式并设置 Gizmo 的尺寸

19　现在本实例就完成了，图 2-13 所示为房间模型添加材质后的效果。如果读者在制作本练习时遇到什么问题，可以打开本书附带光盘中的"暖色调卧室效果图/实例 2：卧室材质.max"文件进行查看。将本实例保存，以便在下个实例中使用。

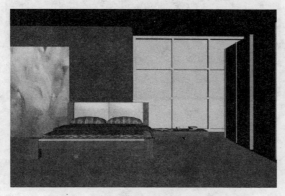

图 2-13　房间模型添加材质后的效果

实例 3：在 3ds max 2009 中放置摄影机并导出 LP 文件

实例说明

在本实例中，将指导读者为卧室场景放置摄影机，并将该文件导出为 LP 格式的文件。通过本实例，使读者能够在 3ds max 2009 中设置效果图的输出视角，并能够熟练导出 LP 格式文件。

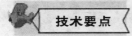
技术要点

在本实例中，首先在场景中创建一个目标摄影机，通过选择并移动工具调整视图视角，调整备用镜头选项组内的相关设置，将镜头焦距设置为 35mm; 通过选择要导出的文件对话框，定义窗口和设置文件导出的视角。图 3-1 所示为添加摄影机后的效果。

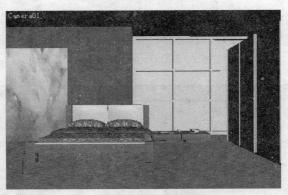

图 3-1　添加摄影机的效果

1 运行 3ds max 2009，打开实例 2 保存的文件，或者打开本书附带光盘中的"暖色调卧室效果图/实例 2：卧室材质.max"文件，如图 3-2 所示。

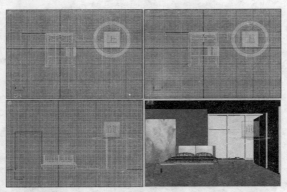

图 3-2　"实例 2：卧室材质.max"文件

2 进入 "创建"面板下的 "摄影机"次面板，在该面板的下拉列表框内选择"标准"选项，进入"标准"创建面板。在"对象类型"卷展栏内单击"目标"按钮，如图 3-3 所示。

3 在顶视图中创建一个 Camera01 对象，然后激活透视图，按下键盘上的 C 键，这时透视图将转换为 Camera01 视图，如图 3-4 所示。

图 3-3　单击"目标"按钮

图 3-4　转换视图

4 使用主工具栏上的 "选择并移动"工具调整 Camera01、Camera01.Target 对象，如

图 3-5 所示。

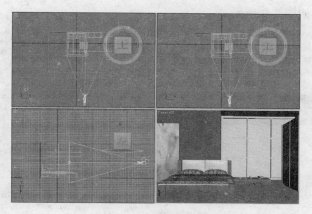

图 3-5　调整摄影机

⑤ 选择 Camera01 对象，进入"修改"面板。在"参数"卷展栏内会显示摄影机相关参数如图 3-6 所示，在"参数"卷展栏内单击 35mm 按钮，以确定所使用的镜头类型。

⑥ 设置了镜头后，Camera01 视图呈图 3-7 所示的效果。

图 3-6　单击 35mm 按钮

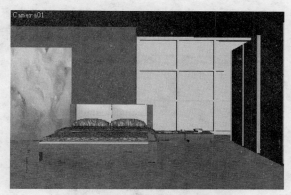

图 3-7　设置镜头后的视图效果

⑦ 由于本场景在后面的 Lightscape 软件中使用自然光源，因此在这里不需要添加光源对象。

⑧ 接下来需要将本场景导出为 LP 格式文件，以便于在 Lightscape 中进行处理。确定 Camera01 视图处于激活状态，在菜单栏执行"文件"/"导出"命令，打开"选择要导出的文件"对话框。在"保存在"下拉列表框中选择文件保存的路径，在"文件名"文本框内键入文件名称；在"保存类型"下拉列表框中选择"Lightscape 准备（*.LP）"选项，如图 3-8 所示。

提示

读者在使用 3ds max 2009 导出 LP 文件时，导出时的激活视图将会保存到 Lightscape 中，通常使用 Lightscape 渲染的视图都为摄影机视图，因此在导出之前需要激活 Camera01 视图。

9 在"选择要导出的文件"对话框内单击"保存"按钮，将会打开"导入 Lightscape 准备文件"对话框，如图 3-9 所示。

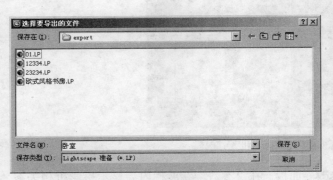

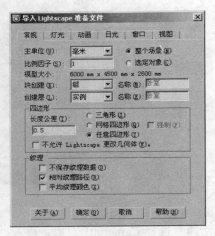

图 3-8　"选择要导出的文件"对话框　　　图 3-9　"导入 Lightscape 准备文件"对话框

10 打开"窗口"选项卡，在"窗口"显示窗内选择"房间（窗口 4）：窗玻璃"选项如图 3-10 所示，将赋予选择材质的对象定义为窗口。

11 打开"视图"选项卡，在"视图"显示窗内选择"Camera01"选项，如图 3-11 所示。

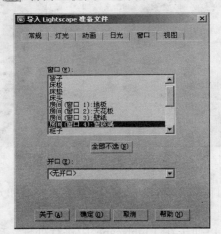

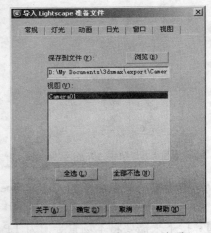

图 3-10　选择"房间（窗口 4）：窗玻璃"选项　　　图 3-11　选择 Camera01 选项

12 单击"导入 Lightscape 准备文件"对话框内的"确定"按钮，退出该对话框。

13 退出"导入 Lightscape 准备文件"对话框后，状态栏将会出现"保存准备文件"的进度条如图 3-12 所示，等进度条右侧显示为 100%时，导出工作就结束了。

图 3-12　"保存准备文件"进度条

14 现在本实例就全部制作完成了，完成后的效果如图 3-13 所示。

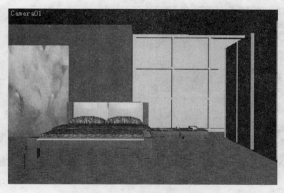

图 3-13　添加摄影机的效果

实例 4：在 Lightscape 3.2 中设置材质和光源

实例说明　在本实例中，将指导读者在 Lightscape 中设置卧室场景的材质和光源。通过本实例，使读者了解在 Lightscape 中织物和木头质感材质的设置方法，并能够为场景设置自然光。

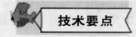
技术要点　在本实例中，通过材料属性对话框内提供的各种模板设置场景模型的材质，并通过纹理工具，使模型的贴图显示在视图中，最后通过日光设置对话框设置自然光源。图 4-1 所示为设置材质后的效果。

提示　由于 Lightscape 中的材质和光源效果，只有在进行了光能传递和渲染之后才能看到效果，因此在此只出示了场景显示贴图后的效果。

图 4-1　设置材质后的效果

1　运行 Lightscape 3.2，打开实例 3 导出的 LP 格式文件，或者打开本书附带光盘中的"暖色调卧室效果图/实例 4：卧室.lp"文件，如图 4-2 所示。

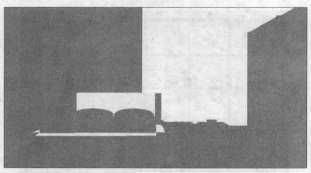

图 4-2 "实例 4：卧室.lp"文件

2 在 Materials 列表内双击"杯子"选项，打开"材料 属性-杯子"对话框。打开"物理性质"选项卡，在"模板"下拉列表框中选择"光滑瓷砖"选项，以确定材质类型，在"反射度"参数栏内键入 0.70，然后单击"确定"按钮，退出该对话框，如图 4-3 所示。

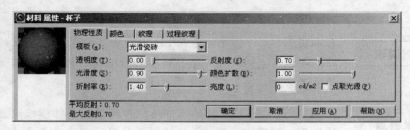

图 4-3 设置"杯子"材质

3 在 Materials 列表内双击"被子"选项，打开"材料 属性-被子"对话框。打开"物理性质"选项卡，在"模板"下拉列表框中选择"织物"选项如图 4-4 所示，然后单击"确定"按钮，退出该对话框。

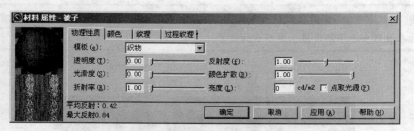

图 4-4 设置"被子"材质

4 在 Materials 列表内双击"壁纸"选项，打开"材料 属性-壁纸"对话框。打开"物理性质"选项卡，在"模板"下拉列表框中选择"纸"选项，以确定材质类型，在"颜色扩散"参数栏内键入 0.00，然后单击"确定"按钮，退出该对话框，如图 4-5 所示。

技巧

如果场景中较大模型的材质为深色时，读者可以将"颜色扩散"参数值设置得低一些，否则经过光能传递后，场景整体颜色将偏重于该模型的颜色。

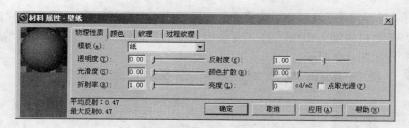

图 4-5　设置"壁纸"材质

5　在 Materials 列表内双击"窗玻璃"选项，打开"材料 属性-窗玻璃"对话框。打开"物理性质"选项卡，在"模板"下拉列表框中选择"玻璃"选项，以确定材质类型。在"反射度"参数栏内键入 0.10，然后单击"确定"按钮，退出该对话框，如图 4-6 所示。

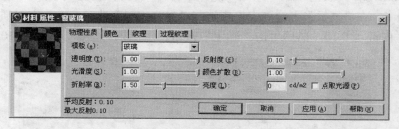

图 4-6　设置"窗玻璃"材质

6　在 Materials 列表内双击"床板"选项，打开"材料 属性-床板"对话框。打开"物理性质"选项卡，在"模板"下拉列表框中选择"未抛光木材"选项，以确定材质类型，在"反射度"参数栏内键入 0.40，在"亮度"参数栏内键入 30，然后单击"确定"按钮，退出该对话框，如图 4-7 所示。

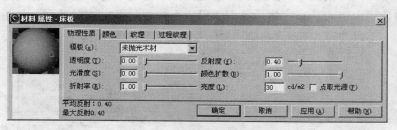

图 4-7　设置"床板"材质

7　在 Materials 列表内双击"床垫"选项，打开"材料 属性-床垫"对话框。打开"物理性质"选项卡，在"模板"下拉列表框中选择"织物"选项，以确定材质类型。在"反射度"参数栏内键入 0.80，如图 4-8 所示。

图 4-8　设置"床垫"材质的物理属性

⑧ 打开"过程纹理"选项卡，选择"强度映射"复选框，在"宽度"参数栏内键入 2000，在"对比度"参数栏内键入 0.00，在"复杂度"参数栏内键入 6，然后单击"确定"按钮，退出该对话框，如图 4-9 所示。

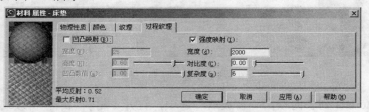

图 4-9　设置"床垫"材质的过程纹理

⑧ 在 Materials 列表内双击"床头"选项，打开"材料 属性-床头"对话框。打开"物理性质"选项卡，在"模板"下拉列表框中选择"抛光木材"选项，以确定材质类型，在"反射度"参数栏内键入 0.10，然后单击"确定"按钮，退出该对话框，如图 4-10 所示。

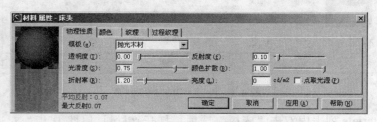

图 4-10　设置"床头"材质

⑩ 在 Materials 列表内双击"地板"选项，打开"材料 属性-地板"对话框。打开"物理性质"选项卡，在"模板"下拉列表框中选择"未抛光木材"选项，以确定材质类型，在"反射度"参数栏内键入 0.25，然后单击"确定"按钮，退出该对话框，如图 4-11 所示。

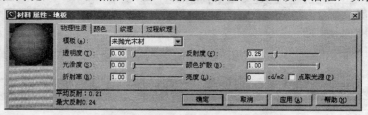

图 4-11　设置"地板"材质

⑪ 在 Materials 列表内双击"柜子"选项，打开"材料 属性-柜子"对话框。打开"物理性质"选项卡，在"模板"下拉列表框中选择"未抛光木材"选项，以确定材质类型，在"反射度"参数栏内键入 0.30，然后单击"确定"按钮，退出该对话框，如图 4-12 所示。

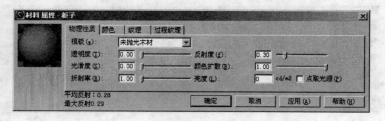

图 4-12　设置"柜子"材质

⑫　在 Materials 列表内双击"画"选项，打开"材料 属性-画"对话框。打开"物理性质"选项卡，在"模板"下拉列表框中选择"抛光木材"选项，以确定材质类型，在"反射度"参数栏内键入 0.30，然后单击"确定"按钮，退出该对话框，如图 4-13 所示。

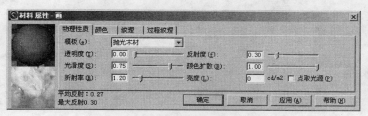

图 4-13　设置"画"材质

⑬　在 Materials 列表内双击"靠垫"选项，打开"材料 属性-靠垫"对话框。打开"物理性质"选项卡，在"模板"下拉列表框中选择"织物"选项，以确定材质类型，在"反射度"参数栏内键入 0.50，然后单击"确定"按钮，退出该对话框，如图 4-14 所示。

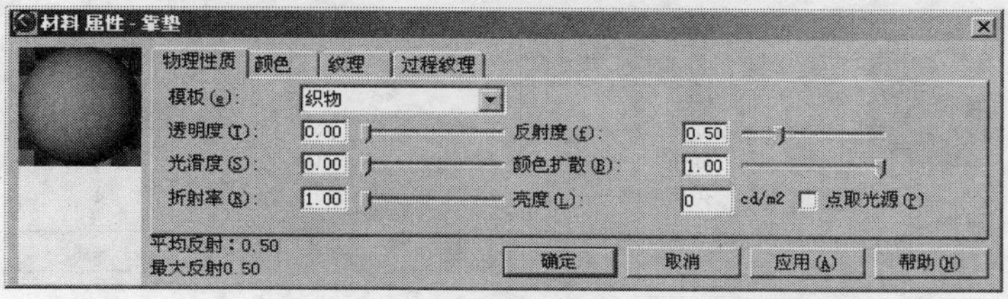

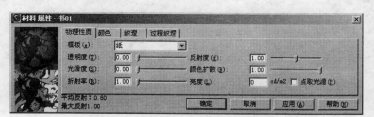

图 4-14　设置"靠垫"材质

⑭　在 Materials 列表内双击"书 01"选项，打开"材料 属性-书 01"对话框。打开"物理性质"选项卡，在"模板"下拉列表框中选择"纸"选项，以确定材质类型如图 4-15 所示，然后单击"确定"按钮，退出该对话框。

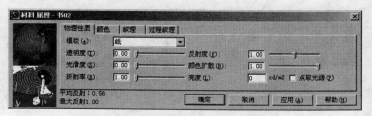

图 4-15　设置"书 01"材质

⑮　在 Materials 列表内双击"书 02"选项，打开"材料 属性-书 02"对话框。打开"物理性质"选项卡，在"模板"下拉列表框中选择"纸"选项，以确定材质类型如图 4-16 所示，然后单击"确定"按钮，退出该对话框。

图 4-16　设置"书 02"材质

16 在 Materials 列表内双击"书 03"选项，打开"材料 属性-书 03"对话框。打开"物理性质"选项卡，在"模板"下拉列表框中选择"纸"选项，以确定材质类型，在"反射度"参数栏内键入 0.60，然后单击"确定"按钮，退出该对话框，如图 4-17 所示。

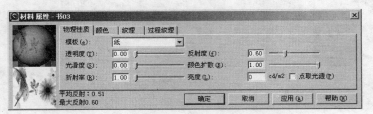

图 4-17　设置"书 03"材质

17 在 Materials 列表内双击"书 04"选项，打开"材料 属性-书 04"对话框。打开"物理性质"选项卡，在"模板"下拉列表框中选择"纸"选项，以确定材质类型，在"反射度"参数栏内键入 0.80，然后单击"确定"按钮，退出该对话框，如图 4-18 所示。

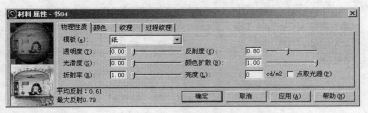

图 4-18　设置"书 04"材质

18 在 Materials 列表内双击"书侧面"选项，打开"材料 属性-书侧面"对话框。打开"物理性质"选项卡，在"模板"下拉列表框中选择"纸"选项，以确定材质类型，在"反射度"参数栏内键入 0.50，然后单击"确定"按钮，退出该对话框，如图 4-19 所示。

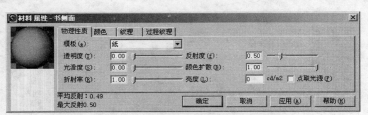

图 4-19　设置"书侧面"材质

19 在 Materials 列表内双击"天花板"选项，打开"材料 属性-天花板"对话框。打开"物理性质"选项卡，在"模板"下拉列表框中选择"不反光漆"选项，以确定材质类型如图 4-20 所示，然后单击"确定"按钮，退出该对话框。

图 4-20　设置"天花板"材质

20 在 Materials 列表内双击"枕头"选项，打开"材料 属性-枕头"对话框。打开"物理性质"选项卡，在"模板"下拉列表框中选择"织物"选项，以确定材质类型如图 4-21 所示，然后单击"确定"按钮，退出该对话框。

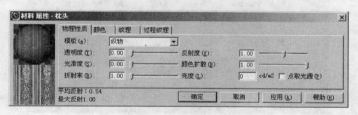

图 4-21　设置"枕头"材质

21 材质设置结束，在"显示"工具栏上单击 ▣ "增强"和 ▧ "纹理"按钮，使模型表面显示透视和纹理，效果如图 4-22 所示。

22 接下来设置自然光，在菜单栏执行"光照"/"日光"命令，打开"日光设置"对话框，如图 4-23 所示。

图 4-22　显示纹理

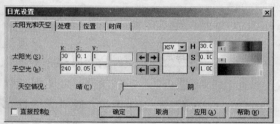

图 4-23　"日光设置"对话框

23 在"日光设置"对话框底部选择"直接控制"复选框，这时该对话框内的"位置"和"时间"选项卡将被"直接控制"选项卡替代，如图 4-24 所示。

24 打开"直接控制"选项卡，在"旋转"参数栏内键入 81，以确定日光的方向，在"仰角"参数栏内键入 76，以确定日光的高度。拖动"太阳光"滑块直到数字显示为 37235 为止，以确定太阳光的强度如图 4-25 所示，然后单击"确定"按钮，退出该对话框。

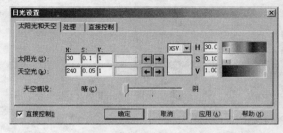

图 4-24　选择"直接控制"复选框后的效果

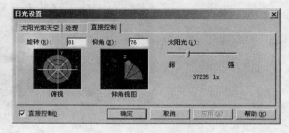

图 4-25　设置日光

25 材质和光源设置结束后，本实例就全部制作完成了，完成后的效果如图 4-26 所示。将本实例保存，以便在下个实例中使用。

图 4-26　设置材质后的效果

实例 5：在 Lightscape 3.2 中处理表面和渲染输出

在本实例中，将指导读者在 Lightscape 中处理模型表面并将场景渲染输出。通过本实例，使读者了解表面细化的方法，以及如何将三维场景以图片形式输出。

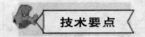

在本实例中，应用选择工具选择模型的表面，通过表面处理对话框内的"网格分辨率"参数细化表面；通过 Lightscape 中一系列的向导设置，定义模型接受光源的特性；应用光能传递工具栏上的相关工具，使模型进行光能传递处理；应用文件属性对话框提高场景的亮度，并设置背景颜色；通过渲染对话框设置图像输出的格式、名称、保存位置和质量。图 5-1 所示为设置卧室效果图渲染输出后的效果。

图 5-1　卧室效果图渲染输出后的效果

1　运行 Lightscape 3.2，打开实例 4 保存的文件，如图 5-2 所示。

2　在"选择集"工具栏上单击 "选择"和 "面"按钮，按下键盘上的 Ctrl 键，在视图中选择可见的墙体和地板所在的面，如图 5-3 所示。

图 5-2　实例 4 保存的文件

图 5-3　选择面

3 右击选择面，在弹出的快捷菜单中选择"表面处理"选项，这时会打开"表面处理"对话框。在"网格分辨率"参数栏内键入 10，然后单击"确定"按钮，退出对话框，如图 5-4 所示。

技巧　读者如果需要使模型表面接受较好的光照和细腻的阴影时，就需要设置较高的网格分辨率值，但是较高的网格分辨率值会影响光能传递的速度，因此读者在细化表面时，需要有选择性地细化，从而提高工作效率。

4 在"选择集"工具栏上单击 🔲 "取消全部选择"按钮，取消面的选择。按下键盘上的 Ctrl 键，在视图上选择画和柜子模型的表面，如图 5-5 所示。

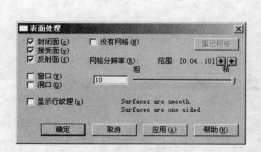

图 5-4　"表面处理"对话框

图 5-5　选择画和柜子模型的表面

5 右击选择面，在弹出的快捷菜单中选择"表面处理"选项，这时会打开"表面处理"对话框。在"网格分辨率"参数栏内键入 8，然后单击"确定"按钮，退出对话框，如图 5-6 所示。

6 取消面的选择，按下键盘上的 Ctrl 键，在视图上选择可见的床和桌子模型的面，如图 5-7 所示。

7 右击选择面，在弹出的快捷菜单中

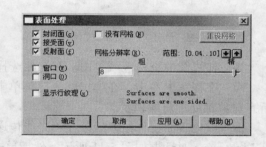

图 5-6　"表面处理"对话框

选择"表面处理"选项，这时会打开"表面处理"对话框。在"网格分辨率"参数栏内键入7，然后单击"确定"按钮，退出对话框，如图5-8所示。

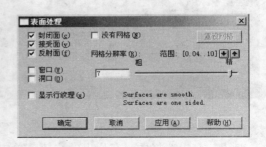

图5-7 选择床和桌子模型的表面　　　　　　图5-8 "表面处理"对话框

⑧ 接下来需要细化窗框模型的面。由于该模型的面较多，在视图上通过点选的方法很难选择，因此需要通过"单独编辑"工具辅助选择。在Blocks列表中右击"窗框"选项，在弹出的快捷菜单中选择"单独编辑"选项如图5-9所示，这时将进入"窗框"模型的单独编辑状态。

⑨ 在单独编辑模式下，单击"选择集"工具栏上的 **⊞** "全部选择"按钮，这时该模型的所有表面处于选择状态。

⑩ 右击选择面，在弹出的快捷菜单中选择"表面处理"选项，这时会打开"表面处理"对话框。在"网格分辨率"参数栏内键入5，然后单击"确定"按钮，退出对话框，如图5-10所示。

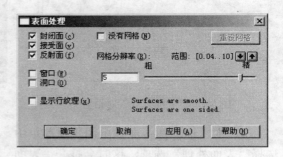

图5-9 选择"单独编辑"选项　　　　　　图5-10 "表面处理"对话框

⑪ 在视图的空白区域单击，取消面选择。

⑫ 在视图上右击，在弹出的快捷菜单中选择"返回到整体模式"选项，这时视图中的所有对象都处于可编辑状态。

⑬ 细化表面工作结束后，在"光能传递"工具栏上单击 **⚒** "初始化"按钮，这时会打开Lightscape对话框如图5-11所示。然后单击"是"按钮，退出该对话框。

⑭ 在菜单栏执行"处理"/"参数"命令，打开"处理参数"对话框，如图5-12所示。

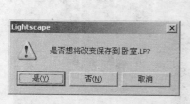

图 5-11　Lightscape 对话框

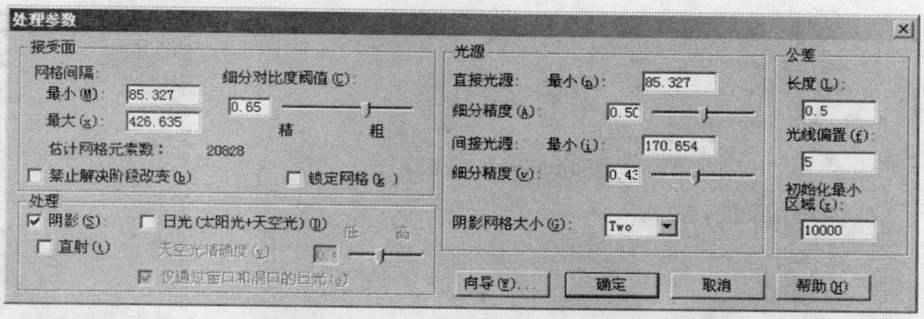

图 5-12　"处理参数"对话框

15 在"处理参数"对话框内单击"向导"按钮,打开"质量"对话框。在该对话框内选择 3 单选按钮,如图 5-13 所示。

16 在"质量"对话框内单击"下一步"按钮,打开"日光"对话框,如图 5-14 所示。

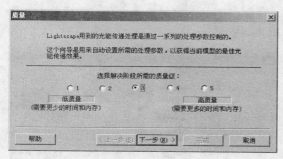

图 5-13　"质量"对话框

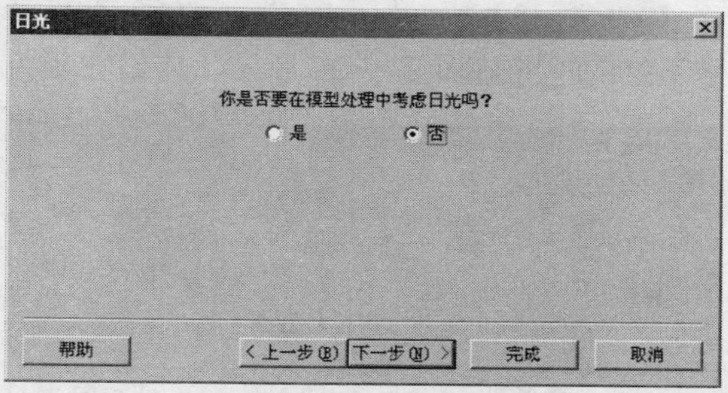

图 5-14　"日光"对话框

17 在"日光"对话框内选择"是"单选按钮,这时对话框内将会出现新的内容,在该对话框内选择"模型是一个仅通过窗口和洞口日光的室内模型"单选按钮,如图 5-15 所示。

18 在"日光"对话框内单击"下一步"按钮,打开"完成向导"对话框,如图 5-16 所示。

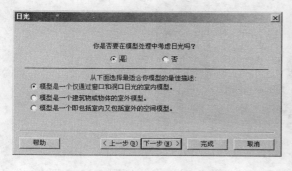

图 5-15　设置"日光"对话框

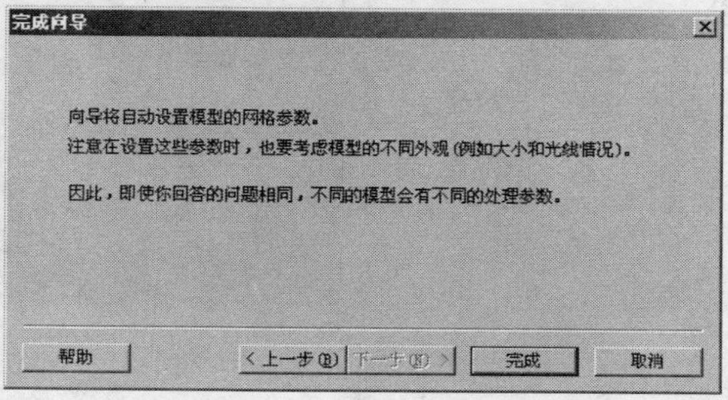

图 5-16　"完成向导"对话框

19 在"完成向导"对话框内单击"完成"按钮,返回到"处理参数"对话框,在该对话框内单击"确定"按钮,退出该对话框。

20 退出"处理参数"对话框后,在"光能传递"工具栏上单击 "开始"按钮,计算机开始计算光能传递,如图 5-17 所示。

21 当场景变成如图 5-18 所示的效果时,在"光能传递"工具栏上单击 "停止"按钮,结束光影传递操作。

图 5-17　光能传递中

图 5-18　光影传递效果

22　在菜单栏执行"文件"/"属性"命令，打开"文件属性"对话框。在"亮度"参数栏内键入 55，提高场景的亮度，如图 5-19 所示。

23　打开"颜色"选项卡，向右拖动 V 滑块，直到左侧显示窗显示为白色，然后单击"背景"行的 ← 按钮如图 5-20 所示，将设置颜色应用于背景。

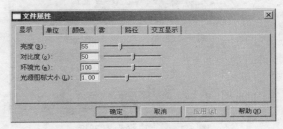

图 5-19　"文件属性"对话框

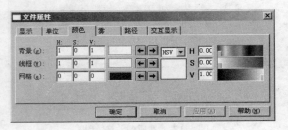

图 5-20　设置背景颜色

24　在"文件属性"对话框内单击"确定"按钮，退出该对话框，这时视图中的背景就变成白色了，如图 5-21 所示。

图 5-21　设置背景颜色后的颜色

25　在菜单栏执行"文件"/"渲染"命令，打开"渲染"对话框，如图 5-22 所示。

图 5-22　"渲染"对话框

26 在"渲染"对话框内单击"浏览"按钮，打开"图像文件名"对话框。在"查找范围"下拉列表框中选择文件保存的路径，在"文件名"文本框内键入文件名称如图 5-23 所示，然后单击"打开"按钮，退出该对话框。

27 退出"图像文件名"对话框后，将返回到"渲染"对话框。在"格式"下拉列表框中选择"JPEG（JPG）"选项，在"反锯齿"下拉列表框中选择"四"选项；在"光影跟踪"选项组内选择"光影跟踪"、"光影跟踪直接光照"、"柔和太阳光阴影"复选框，如图 5-24 所示。

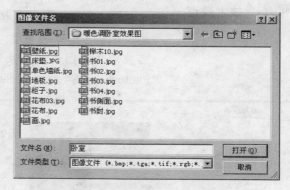

图 5-23　"图像文件名"对话框

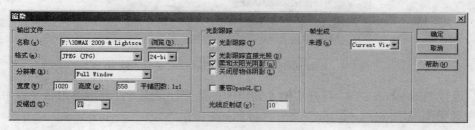

图 5-24　设置渲染参数

28 在"渲染"对话框内单击"确定"按钮，退出该对话框。渲染后的效果如图 5-25 所示，现在本实例就全部完成了。

图 5-25　渲染场景

实例 6：在 Photoshop CS4 中处理效果图

实例说明

在本实例中，将指导读者使用 Photoshop CS4 处理卧室效果图。通过本实例，使读者能够熟练应用色彩编辑工具编辑效果图的偏色、亮度和色相。

　在本实例中，应用亮度/对比度工具提高效果图的亮度，并通过色彩平衡工具使整体颜色偏黄；应用曲线工具增强效果图中柜子、靠垫、床垫等图像的亮度；应用色相/饱和度工具提高画的纯度；最后应用复制图像的方法修补床头图像的破损面。图 6-1 所示为 Photoshop CS4 对效果图进行处理后的效果。

图 6-1　Photoshop CS4 对效果图进行处理后的效果

1 运行 Photoshop CS4，打开实例 5 输出的图片文件，或者打开本书附带光盘中的"暖色调卧室效果图/实例 6：卧室.jpg"文件，如图 6-2 所示。

图 6-2　"实例 6：卧室.jpg"文件

2 在菜单栏执行"图像"/"调整"/"亮度/对比度"命令，打开"亮度/对比度"对话框。在"亮度"参数栏内键入 17，然后单击"确定"按钮，退出该对话框，如图 6-3 所示。

图 6-3　"亮度/对比度"对话框

3 调整图像的色相，使其倾向于黄色。在菜单栏执行"图像"/"调整"/"色彩平衡"命令，打开"色彩平衡"对话框。在该对话框右侧的参数栏内键入-15，然后单击"确定"按钮，退出该对话框，如图 6-4 所示。

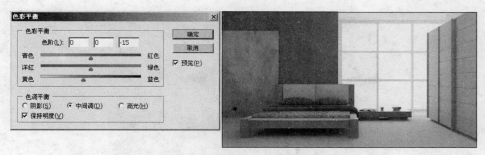

图 6-4　"色彩平衡"对话框

4 使用工具箱中的 "多边形套索工具"，然后参照图 6-5 所示在柜子的位置建立选区。

图 6-5　建立选区

5 在菜单栏执行"图像"/"调整"/"曲线"命令，打开"曲线"对话框。在该对话框内的"输出"参数栏内键入 167，在"输入"参数栏内键入 152，然后单击"确定"按钮，退出该对话框，如图 6-6 所示。

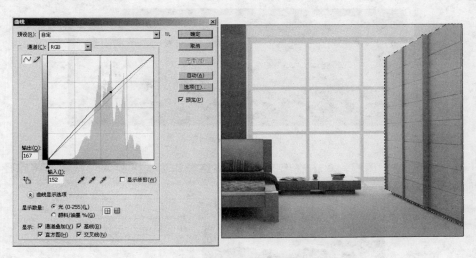

图 6-6　"曲线"对话框

6 按下键盘上的 Ctrl+D 组合键，取消选区。

7 调整壁纸图像颜色，使用工具箱中的 "多边形套索工具"，然后参照图 6-7 所示在壁纸位置建立选区。

图 6-7　建立选区

⑧　在菜单栏执行"图像"/"调整"/"色相/饱和度"命令,打开"色相/饱和度"对话框。在"饱和度"参数栏内键入-26,在"明度"参数栏内键入 1,然后单击"确定"按钮,退出该对话框,如图 6-8 所示。

图 6-8　"色相/饱和度"对话框

⑨　使用工具箱中的 🖊 "钢笔工具",然后参照图 6-9 所示在靠垫区域绘制路径。

图 6-9　绘制路径

⑩　进入"路径"调板,单击底部的 <⇌> "将路径作为选区载入"按钮,将路径转化为选区,如图 6-10 所示。

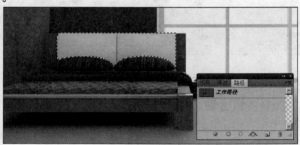

图 6-10　将路径转化为选区

11 在菜单栏执行"图像"/"调整"/"曲线"命令,打开"曲线"对话框。在该对话框内的"输出"参数栏内键入 169,在"输入"参数栏内键入 107,单击"确定"按钮,退出该对话框,如图 6-11 所示。

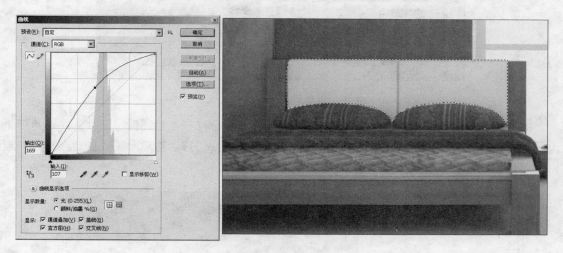

图 6-11　"曲线"对话框

12 使用工具箱中的 "多边形套索工具",然后参照图 6-12 所示在白色床板位置建立选区。

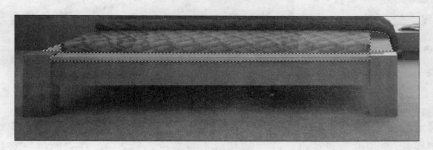

图 6-12　建立选区

13 在菜单栏执行"图像"/"调整"/"亮度/对比度"命令,打开"亮度/对比度"对话框。在"亮度"参数栏内键入 25,然后单击"确定"按钮,退出该对话框,如图 6-13 所示。

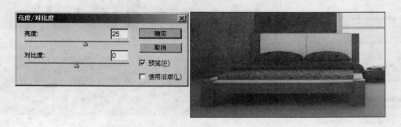

图 6-13　"亮度/对比度"对话框

14 使用工具箱中的 "多边形套索工具",然后参照图 6-14 所示在床垫位置建立选区。

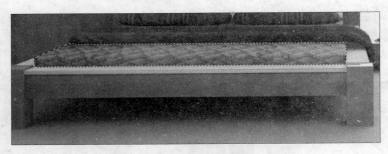

图 6-14　建立选区

15 在菜单栏执行"图像"/"调整"/"曲线"命令，打开"曲线"对话框。在该对话框内的"输出"参数栏内键入 158，在"输入"参数栏内键入 117，然后单击"确定"按钮，退出该对话框，如图 6-15 所示。

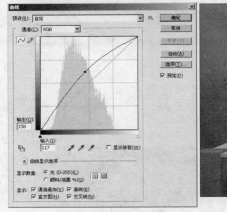 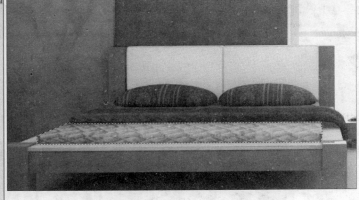

图 6-15　"曲线"对话框

16 确定选择仍处于被选择状态，在菜单栏执行"图像"/"调整"/"色相/饱和度"命令，打开"色相/饱和度"对话框。在"饱和度"参数栏内键入 4，在"明度"参数栏内键入 20，然后单击"确定"按钮，退出该对话框，如图 6-16 所示。

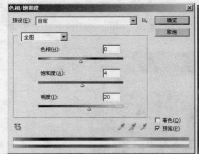 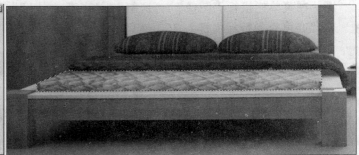

图 6-16　"色相/饱和度"对话框

17 使用工具箱中的 "多边形套索工具"，然后参照图 6-17 所示在版画位置建立选区。

图 6-17　建立选区

18 在菜单栏执行"图层"/"新建"/"通过复制的图层"命令，将选区内的图像复制到新图层。

19 在菜单栏执行"图像"/"调整"/"亮度/对比度"命令，打开"亮度/对比度"对话框。在"亮度"参数栏内键入 50，然后单击"确定"按钮，退出该对话框，如图 6-18 所示。

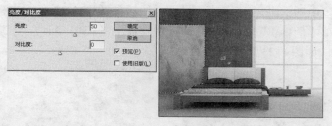

图 6-18　"亮度/对比度"对话框

20 在菜单栏执行"图像"/"调整"/"色相/饱和度"命令，打开"色相/饱和度"对话框。在"饱和度"参数栏内键入 24，然后单击"确定"按钮，退出该对话框，如图 6-19 所示。

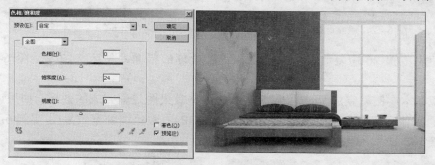

图 6-19　"色相/饱和度"对话框

21 按住键盘上的 Ctrl 键，在"图层"调板内单击"图层 1"缩览图，加载该图层上图像的选区。

22 在菜单栏执行"选择"/"色彩范围"命令，打开"色彩范围"对话框。在版画图像的白色区域单击选择颜色，在"颜色容差"参数栏内键入 170，然后单击"确定"按钮，退出该对话框，如图 6-20 所示。

23 在菜单栏执行"图像"/"调整"/"亮度/对比度"命令，打开"亮度/对比度"对话框。在"亮度"参数栏内键入 38，如图 6-21 所示，然后单击"确定"按钮，退出该对话框。

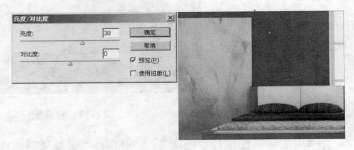

图 6-20 "色彩范围"对话框   图 6-21 "亮度/对比度"对话框

24 最后需要处理右侧床头上破损面，在"图层"调整内单击"背景"层，使该图层处于可编辑状态。

25 使用工具箱中的 □ "矩形选框工具"，然后参照图 6-22 所示来建立选区。

26 使用工具箱中的 ⊕ "移动工具"，按住键盘上的 Ctrl+Alt 组合键，向下垂直移动鼠标，复制选区图像，如图 6-23 所示。

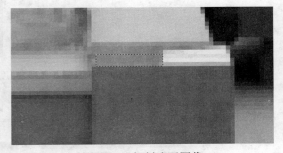

图 6-22 建立选区   图 6-23 复制选区图像

27 使用步骤 26 中复制图像的方法，继续处理破损面，使床头图像呈图 6-24 所示的效果。

28 现在本实例就完成了，图 6-25 所示为卧室效果图处理完成的效果。如果读者在制作本练习时遇到什么问题，可以打开本书附带光盘中的"暖色调卧室效果图/实例 6：卧室.tif"文件进行查看。

图 6-24 床头图像   图 6-25 卧室效果图

第 2 章 视听室效果图

本场景为布置在别墅顶层的视听室。屋顶为人字形，沿一侧倾斜墙壁有一扇斜式窗户，充分地用了顶层光源，使室内在自然光源下显得宽敞明亮；墙壁采用了暖色调的橙色和土黄色，色彩柔和亮丽，在一侧墙体有大屏幕投影显示屏，并有 CD 架，实用性较强。下图为视听室效果图最终完成效果。

视听室效果图

实例 7：创建沙发模型

在本实例中，将指导读者创建一个简约风格的沙发模型，该模型使用了切角长方体来创建，首先使用标准切角长方体创建框架和坐垫，然后将切角长方体转化为多边形对象，并对其子对象进行编辑，使其成生不规则效果，完成靠垫的制作。通过本实例，可以使读者了解使用扩展基本体制作家具模型的方法。

在本实例中，首先创建切角长方体制作沙发底座，然后创建靠背和扶手，最后再次创建切角长方体，将其转化为多边形对象，并进入到顶点子对象层进行编辑，完成靠垫的制作。图 7-1 所示为沙发模型添加灯光和材质后的效果。

图 7-1 沙发模型添加灯光和材质后的效果

1 运行 3ds max 2009, 创建一个新的场景, 将系统单位设置为毫米, 将显示单位比例设置为毫米。

2 进入 "创建" 面板下的 ◎ "几何体" 次面板, 在该面板下的下拉列表框内选择 "扩展基本体" 选项, 进入 "扩展基本体" 创建面板, 在 "对象类型" 卷展栏内单击 "切角长方体" 按钮。

3 在顶视图中创建一个 ChamferBox01 对象, 将其命名为 "底座"。选择新创建的对象, 进入 ✍ "修改" 面板, 在 "参数" 卷展栏内的 "长度"、"宽度"、"高度" 和 "圆角" 参数栏内分别键入 600.0 mm、1800.0 mm、200.0 mm、15.0 mm, 其他参数均使用默认值, 如图 7-2 所示。

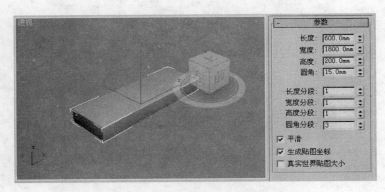

图 7-2　创建 "底座" 对象的创建参数

4 在顶视图中创建一个 ChamferBox01 对象, 将其命名为 "扶手 01"。选择新创建的对象, 进入 ✍ "修改" 面板, 在 "参数" 卷展栏内的 "长度"、"宽度"、"高度" 和 "圆角" 参数栏内分别键入 600.0 mm、200.0 mm、650.0 mm、15.0 mm, 其他参数均使用默认值, 然后在视图中参照图 7-3 所示来调整该对象的位置。

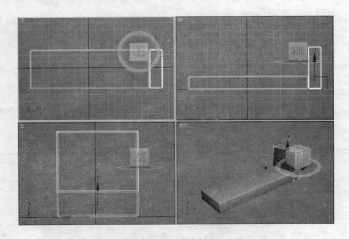

图 7-3　创建扶手

5 确定 "扶手 01" 对象处于选择状态, 按住键盘上的 Shift 键, 在前视图中沿 X 轴负值方向移动, 当移动到如图 7-4 所示的位置时松开鼠标, 这时会打开 "克隆选项" 对话框。在该对话框内单击 "确定" 按钮, 退出该对话框, 将 "扶手 01" 对象克隆。

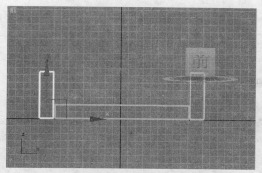

图 7-4　克隆对象

6　在顶视图中创建一个 ChamferBox01 对象，将其命名为"靠背 01"。选择新创建的对象，进入 ✐ "修改"面板，在"参数"卷展栏内的"长度"、"宽度"、"高度"和"圆角"参数栏内分别键入 200.0 mm、1300.0 mm、650.0 mm、15.0 mm，其他参数均使用默认值，在视图中参照图 7-5 所示调整该对象的位置。

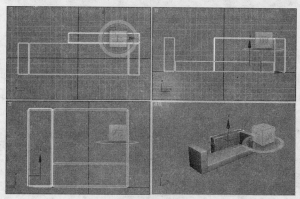

图 7-5　创建靠背

7　在顶视图中创建一个 ChamferBox01 对象，将其命名为"靠背 02"。选择新创建的对象，进入 ✐ "修改"面板，在"参数"卷展栏内的"长度"、"宽度"、"高度"和"圆角"参数栏内分别键入 200.0 mm、900.0 mm、650.0 mm、15.0 mm，其他参数均使用默认值，在视图中参照图 7-6 所示调整该对象的位置。

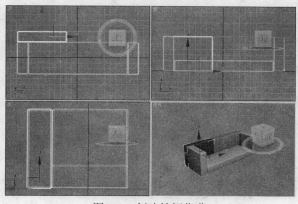

图 7-6　创建较短靠背

8 在顶视图中创建一个 ChamferBox01 对象，将其命名为"坐垫 01"。选择新创建的对象，进入 ✐"修改"面板，在"参数"卷展栏内的"长度"、"宽度"、"高度"和"圆角"参数栏内分别键入 600.0 mm、600.0 mm、150.0 mm、20.0 mm，其他参数均使用默认值，在视图中参照图 7-7 所示调整该对象的位置。

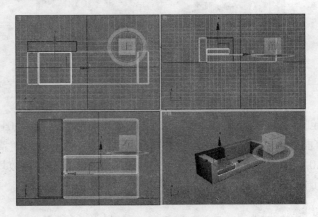

图 7-7　创建坐垫

9 确定"坐垫 01"对象处于选择状态，按住键盘上的 Shift 键，在前视图中沿 X 轴正值方向移动，当移动到如图 7-8 左图所示的位置时松开鼠标，这时会打开"克隆选项"对话框，在"副本数"参数栏内键入 2，如图 7-8 右图所示，然后单击"确定"按钮，退出该对话框。

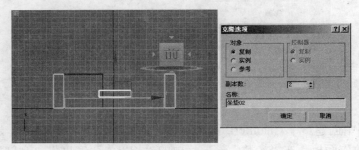

图 7-8　克隆对象

10 退出"克隆选项"对话框后，可以看到"坐垫 01"对象被克隆了两个，如图 7-9 所示。

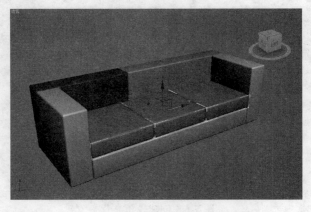

图 7-9　"坐垫 01"对象被克隆了两个

11 在顶视图中创建一个 ChamferBox01 对象，将其命名为"靠垫 01"。选择新创建的对象，进入 "修改"面板，在"参数"卷展栏内的"长度"、"宽度"、"高度"和"圆角"参数栏内分别键入 600.0 mm、600.0 mm、150.0 mm、15.0 mm，在"长度分段"、"宽度分段"、"高度分段"和"圆角分段"参数栏内分别键入 15、15、5、3，如图 7-10 所示。

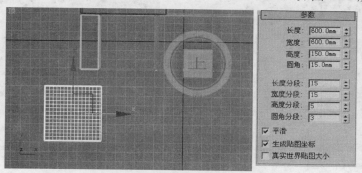

图 7-10　创建靠垫

12 选择"靠垫 01"对象，进入 "修改"面板。在堆栈栏内右击，在弹出的快捷菜单中选择"可编辑多边形"选项，将其塌陷为多边形对象。

13 在 "修改"面板内的"选择"卷展栏内单击 "顶点"按钮，进入"顶点"子对象编辑层。进入"软选择"卷展栏，在"衰减"参数栏内键入 330.0 mm，如图 7-11 所示。

14 在顶视图中框选"靠垫 01"对象中部的顶点，如图 7-12 所示。

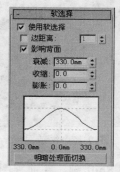

图 7-11　"软选择"卷展栏

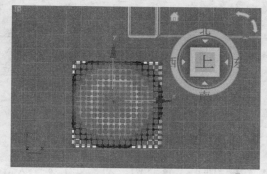

图 7-12　选择顶点

15 在前视图中沿 Y 轴缩放顶点，如图 7-13 所示。

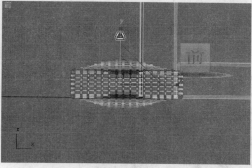

图 7-13　缩放顶点

16 进入"软选择"卷展栏，在"衰减"参数栏内键入 100，在前视图中选择如图 7-14 所示的顶点。

17 在顶视图中沿 XY 轴缩放顶点，如图 7-15 所示。

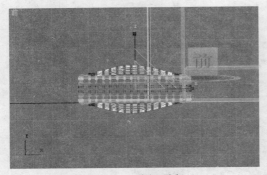
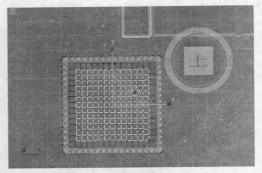

图 7-14　选择顶点　　　　　　　　　　　　　图 7-15　沿 XY 轴缩放顶点

18 在 "修改"面板内的"选择"卷展栏内关闭 "顶点"按钮，退出"顶点"子对象编辑层，将"靠垫 01"对象旋转并移动至如图 7-16 所示的位置。

19 将"靠垫 01"对象缩放，效果如图 7-17 所示。

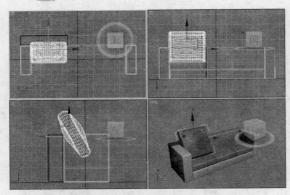
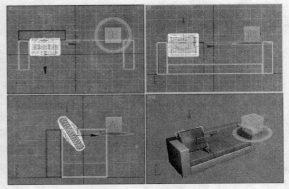

图 7-16　旋转并移动对象　　　　　　　　　　图 7-17　缩放对象

20 确定"靠垫 01"对象处于选择状态，按住键盘上的 Shift 键，在前视图中沿 X 轴正值方向移动，当移动到如图 7-18 左图所示的位置时松开鼠标，这时会打开"克隆选项"对话框。在"副本数"参数栏内键入 2，如图 7-18 右图所示，然后单击"确定"按钮，退出该对话框。

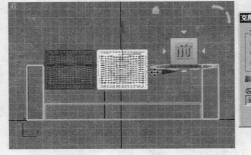
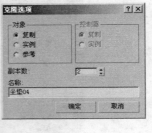

图 7-18　克隆对象

21 退出"克隆选项"对话框后，可以看到克隆对象效果如图 7-19 所示。

22 现在本实例就完成了，图 7-20 所示为沙发模型添加灯光和材质后的效果。如果读者在制作本练习时遇到什么问题，可以打开本书附带光盘中的"视听室效果图/实例 7：创建沙发模型.max"文件进行查看。

图 7-19 克隆对象效果

图 7-20 沙发模型添加灯光和材质后的效果

实例 8：导出 LP 文件并在 Lightscape 中处理表面

在本实例中，将为读者讲解怎样从 3ds max 2009 中导出 LP 格式的文件，并在 Lightscape 中设置表面属性。通过本实例，可以使读者了解怎样将 3ds max 2009 中的场景导出为 LP 格式，以及怎样在 Lightscape 中定义表面属性和自然光源。

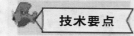

在本实例中，首先需要运行 3ds max 2009，将视听室场景导出为 LP 格式的文件，然后在 Lightscape 中处理对象的表面属性，完成场景的设置，完成后的效果如图 8-1 所示。

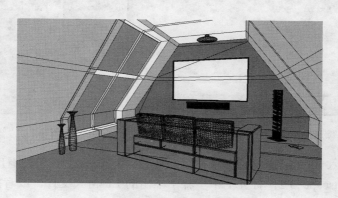

图 8-1 设置表面属性

1 运行 3ds max 2009，打开本书附带光盘中的"视听室效果图/实例 8：视听室.max"文件，如图 8-2 所示。

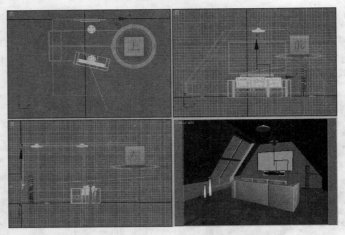

图 8-2　打开"实例 8：视听室.max"文件

②　在该文件中，已经对材质和摄影机进行了设置，接下来需要将场景导出为 LP 格式的文件。激活 Camera01 视图，在菜单栏执行"文件"/"导出"命令，打开"选择要导出的文件"对话框。在"保存在"下拉列表框中选择文件保存的路径，在"文件名"文本框内键入文件名称，在"保存类型"下拉列表框中选择"Lightscape 准备（*.LP）"选项，如图 8-3 所示。

③　在"选择要导出的文件"对话框内单击"保存"按钮，打开"导入 Lightscape 准备文件"对话框。打开"视图"选项卡，在"视图"显示窗内选择 Camera01 选项，如图 8-4 所示。

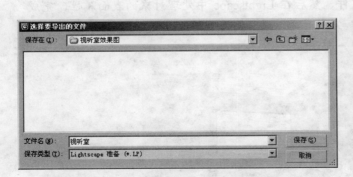

图 8-3　"选择要导出的文件"对话框

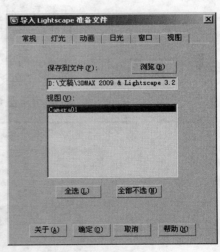

图 8-4　"视图"选项卡

④　单击"导入 Lightscape 准备文件"对话框内的"确定"按钮，退出该对话框。

⑤　运行 Lightscape 3.2，打开上个步骤中导出的 LP 格式文件，或者打开本书附带光盘中的"视听室效果图/实例 8：视听室.lp"文件，如图 8-5 所示。

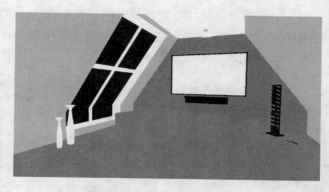

图 8-5　"实例 8：视听室.lp"文件

6 在"阴影"工具栏上单击 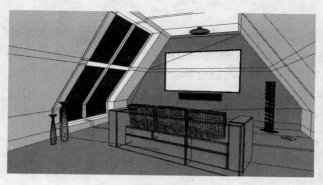 "轮廓"按钮，改变视图显示方式，如图 8-6 所示。

图 8-6　改变视图显示方式

7 在菜单栏执行"文件"/"属性"命令，打开"文件属性"对话框，如图 8-7 所示。

8 打开"文件属性"对话框内的"颜色"选项卡，在 H 参数栏内键入 225、S 参数栏内键入 0.25、V 参数栏内键入 0.75，单击"背景"行的 ← 按钮如图 8-8 所示，将设置颜色应用于背景，单击"应用"按钮，然后单击"确定"按钮，退出该对话框。

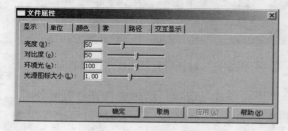

图 8-7　"文件属性"对话框

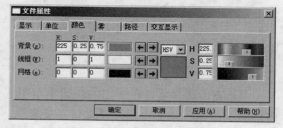

图 8-8　"颜色"选项卡

提示

通常在 Lightscape 中处理场景时，设置背景颜色会放在材质和表面处理完成后进行。由于本实例中某些对象颜色为黑色，与默认的背景颜色一致，这样在处理表面时很难观察和选择，所以本实例首先对背景颜色进行设置。

9 退出"文件属性"对话框后，可以看到背景颜色变为灰蓝色，如图 8-9 所示。

10 在 Blocks 列表中右击"房体"选项，在弹出的快捷菜单中选择"单独编辑"选项，这时将进入"房体"模型的单独编辑状态，如图 8-10 所示。

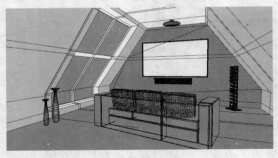

图 8-9　设置背景颜色　　　　　图 8-10　进入"房体"模型的单独编辑状态

11 在单独编辑模式下，单击"选择集"工具栏上的 🖫 "全部选择"按钮，这时该模型的所有表面处于选择状态，右击选择面，在弹出的快捷菜单中选择"表面处理"选项，这时会打开"表面处理"对话框。在"网格分辨率"参数栏内键入 6.00，然后单击"确定"按钮，退出对话框，如图 8-11 所示。

12 在视图的空白区域单击，取消面选择。在视图上右击，在弹出的快捷菜单中选择"返回到整体模式"选项，返回到整体编辑模式。

13 在"选择集"工具栏上单击 🔍 "面"和 ▶ "选择"按钮，按下键盘上的 Ctrl 键，选择所有组成窗户玻璃的面，如图 8-12 所示。

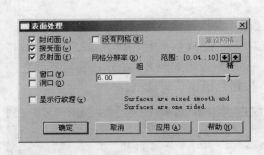
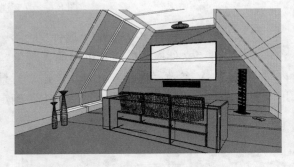

图 8-11　"表面处理"对话框　　　　　图 8-12　选择所有组成窗户玻璃的面

14 右击选择面，在弹出的快捷菜单中选择"表面处理"选项，这时会打开"表面处理"对话框。在该对话框内选择"窗口"复选框，将选择面定义为窗口，在"网格分辨率"参数栏内键入 1.00，然后单击"确定"按钮，退出对话框，如图 8-13 所示。

15 在"选择集"工具栏上单击 🔄 "取消全部选择"按钮，取消面的选择。在"选择集"工具栏上单击 🔄 "块"按钮，在视图中选择"屏幕"、"平台"、"扶手 01"、"扶手 02"、"靠背 01"、"靠背 02"、"影碟架"、"影碟 07"、"影碟 08"九个模型，如图 8-14 所示。

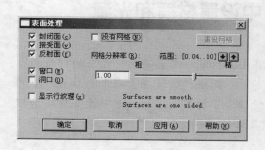

图 8-13　"表面处理"对话框

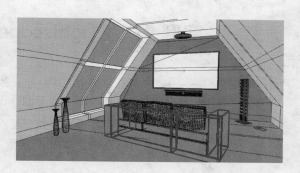

图 8-14　选择模型

16 右击选择模型，在弹出的快捷菜单中选择"单独编辑视图"选项，进入所选模型的单独编辑状态，如图 8-15 所示。

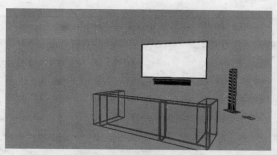

图 8-15　进入所选模型的单独编辑状态

17 在"选择集"工具栏上单击 "面"和 "全部选择"按钮，这时所选模型的所有表面处于选择状态。

18 右击选择面，在弹出的快捷菜单中选择"表面处理"选项，这时会打开"表面处理"对话框。在"网格分辨率"参数栏内键入 5.00，如图 8-16 所示。单击"确定"按钮，退出对话框。

19 在视图的空白区域单击，取消面选择。在视图上右击，在弹出的快捷菜单中选择"返回到整体模式"选项，返回整体模式。

20 现在本实例就完成了，完成后的效果如图 8-17 所示。将本实例保存，以便在下个实例中使用。

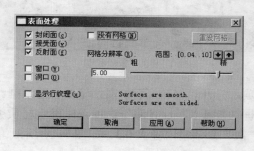

图 8-16　"表面处理"对话框

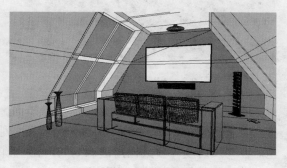

图 8-17　设置表面属性

实例 9：在 Lightscape 中设置材质和光源

实例说明　在本实例中，将指导读者在 Lightscape 设置场景中模型的材质和自然光源，然后设置渲染和输出，完成视听室场景在 Lightscape 中的处理。通过本实例，可以使读者了解在 Lightscape 中设置材质和阳光的方法，以及将场景渲染和输出的方法。

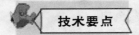

技术要点　在本实例中，首先显示贴图，然后通过材质属性对话框内提供的各种模板设置场景模型的材质，接下来设置场景中的光源，最后将场景渲染，并输出为 jpg 格式的文件。图 9-1 所示为本实例完成后的效果。

图 9-1　渲染场景后的效果

1 运行 Lightscape 3.2，打开实例 8 保存的文件，如图 9-2 所示。

2 在"显示"工具栏上单击 ⊗ "纹理"按钮，使模型表面显示纹理，效果如图 9-3 所示。

图 9-2　实例 8 保存的文件

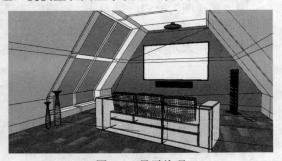

图 9-3　显示纹理

3 在 Materials 列表内双击"白色墙面"选项，打开"材料 属性-白色墙面"对话框。打开"物理性质"选项卡，在"模板"下拉列表框中选择"不反光漆"选项，以确定材质类型。在"反射度"参数栏内键入 0.50，在"颜色扩散"参数栏内键入 0.3，如图 9-4 所示。单击"确定"按钮，退出该对话框。

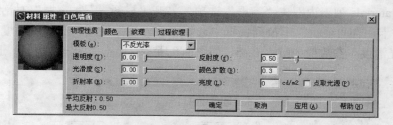

图 9-4　设置"白色墙面"材质

4 在 Materials 列表内双击"玻璃"选项，打开"材料 属性-玻璃"对话框。打开"物理性质"选项卡，在"模板"下拉列表框中选择"玻璃"选项，在"反射度"参数栏内键入 0.8，如图 9-5 所示。单击"确定"按钮，退出该对话框。

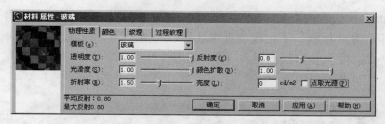

图 9-5　设置"玻璃"材质

5 在 Materials 列表内双击"布料"选项，打开"材料 属性-布料"对话框。打开"物理性质"选项卡，在"模板"下拉列表框中选择"织物"选项，在"反射度"参数栏内键入 0.4，如图 9-6 所示。单击"确定"按钮，退出该对话框。

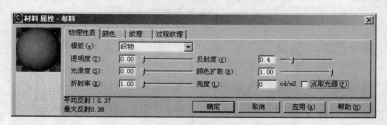

图 9-6　设置"布料"材质

6 在 Materials 列表内双击"橙色墙面"选项，打开"材料 属性-橙色墙面"对话框。打开"物理性质"选项卡，在"模板"下拉列表框中选择"不反光漆"选项，在"反射度"参数栏内键入 0.5，在"颜色扩散"参数栏内键入 0.3，如图 9-7 所示。单击"确定"按钮，退出该对话框。

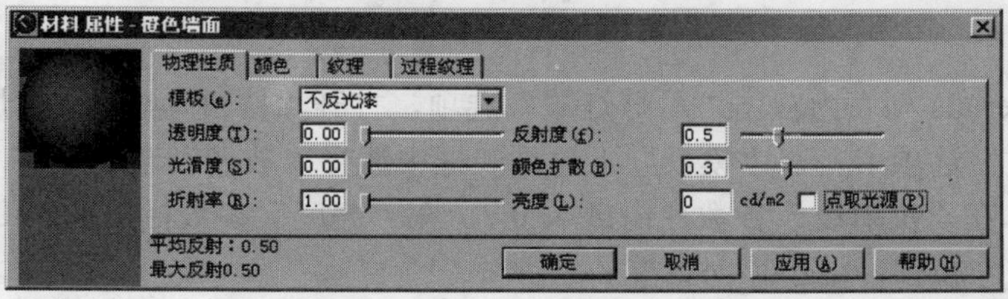

图 9-7　设置"橙色墙面"材质

7 在 Materials 列表内双击"窗框"选项,打开"材料 属性-窗框"对话框。打开"物理性质"选项卡,在"模板"下拉列表框中选择"反光漆"选项,在"反射度"参数栏内键入 0.4,在"光滑度"参数栏内键入 0.45,如图 9-8 所示。单击"确定"按钮,退出该对话框。

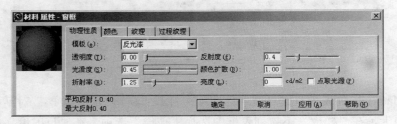

图 9-8 设置"窗框"材质

8 在 Materials 列表内双击"瓷瓶"选项,打开"材料 属性-瓷瓶"对话框。打开"物理性质"选项卡,在"模板"下拉列表框中选择"光滑瓷砖"选项,在"反射度"参数栏内键入 0.5,在"光滑度"参数栏内键入 0.7,如图 9-9 所示。单击"确定"按钮,退出该对话框。

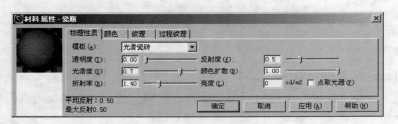

图 9-9 设置"瓷瓶"材质

9 在 Materials 列表内双击"地板"选项,打开"材料 属性-地板"对话框。打开"物理性质"选项卡,在"模板"下拉列表框中选择"未抛光木材"选项,在"反射度"参数栏内键入 0.4,在"颜色扩散"参数栏内键入 0.4,如图 9-10 所示。单击"确定"按钮,退出该对话框。

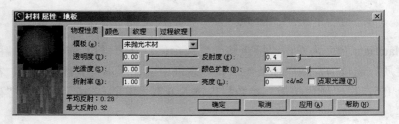

图 9-10 设置"地板"材质

10 在 Materials 列表内双击"吊灯灯罩"选项,打开"材料 属性-吊灯灯罩"对话框。打开"物理性质"选项卡,在"模板"下拉列表框中选择"玻璃"选项,在"透明度"参数栏内键入 0.10,在"反射度"参数栏内键入 0.7,在"亮度"参数栏内键入 0,如图 9-11 所示。单击"确定"按钮,退出该对话框。

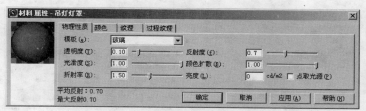

图 9-11　设置"吊灯灯罩"材质

11　在 Materials 列表内双击"吊灯金属"选项，打开"材料 属性-吊灯金属"对话框。打开"物理性质"选项卡，在"模板"下拉列表框中选择"金属"选项，如图 9-12 所示。单击"确定"按钮，退出该对话框。

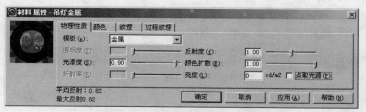

图 9-12　设置"吊灯金属"材质

12　在 Materials 列表内双击"封面 02"选项，打开"材料 属性-封面 02"对话框。打开"物理性质"选项卡，在"模板"下拉列表框中选择"纸"选项，如图 9-13 所示。单击"确定"按钮，退出该对话框。

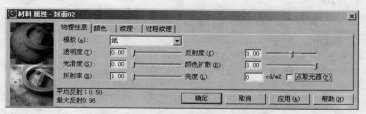

图 9-13　设置"封面 02"材质

13　在 Materials 列表内双击"封面 03"选项，打开"材料 属性-封面 03"对话框。打开"物理性质"选项卡，在"模板"下拉列表框中选择"纸"选项，如图 9-14 所示。单击"确定"按钮，退出该对话框。

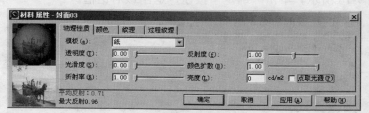

图 9-14　设置"封面 03"材质

14　在 Materials 列表内双击"黄色墙面"选项，打开"材料 属性-黄色墙面"对话框。打开"物理性质"选项卡，在"模板"下拉列表框中选择"不反光漆"选项，在"反射度"参数栏内键入 0.5，在"颜色扩散"参数栏内键入 0.3，如图 9-15 所示。单击"确定"按钮，退出该对话框。

图 9-15　设置"黄色墙面"材质

15 在 Materials 列表内双击"书脊 02"选项，打开"材料 属性-书脊 02"对话框。打开"物理性质"选项卡，在"模板"下拉列表框中选择"纸"选项，如图 9-16 所示。单击"确定"按钮，退出该对话框。

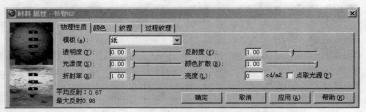

图 9-16　设置"书脊 02"材质

16 在 Materials 列表内双击"书脊 03"选项，打开"材料 属性-书脊 03"对话框。打开"物理性质"选项卡，在"模板"下拉列表框中选择"纸"选项，如图 9-17 所示。单击"确定"按钮，退出该对话框。

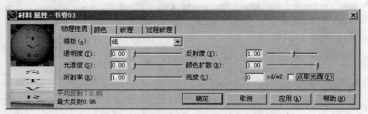

图 9-17　设置"书脊 03"　材质

17 在 Materials 列表内双击"塑胶架"选项，打开"材料 属性-塑胶架"对话框。打开"物理性质"选项卡，在"模板"下拉列表框中选择"塑料"选项，在"光滑度"参数栏内键入 0.60，如图 9-18 所示。单击"确定"按钮，退出该对话框。

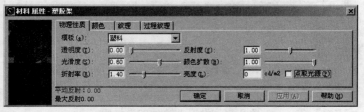

图 9-18　设置"塑胶架"材质

18 在 Materials 列表内双击"银幕"选项，打开"材料 属性-银幕"对话框。打开"物理性质"选项卡，在"模板"下拉列表框中选择"半反光漆"选项，在"反射度"参数栏内键入 0.50，如图 9-19 所示。单击"确定"按钮，退出该对话框。

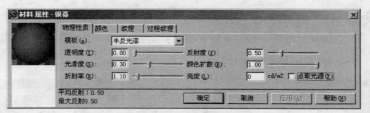

图 9-19　设置"银幕"

18 在 Materials 列表内双击"影碟 02"选项，打开"材料 属性-影碟 02"对话框。打开"物理性质"选项卡，在"模板"下拉列表框中选择"塑料"选项，在"光滑度"参数栏内键入 0.6，如图 9-20 所示。单击"确定"按钮，退出该对话框。

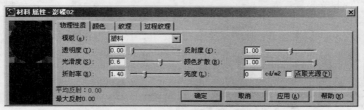

图 9-20　设置"影碟 02"材质

20 在 Materials 列表内双击"影碟 5"选项，打开"材料 属性-影碟 5"对话框。打开"物理性质"选项卡，在"模板"下拉列表框中选择"塑料"选项，在"光滑度"参数栏内键入 0.6，如图 9-21 所示。单击"确定"按钮，退出该对话框。

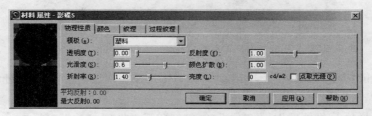

图 9-21　设置"影碟 5"材质

21 在 Materials 列表内双击"影碟架"选项，打开"材料 属性-影碟架"对话框。打开"物理性质"选项卡，在"模板"下拉列表框中选择"塑料"选项，在"光滑度"参数栏内键入 0.8，如图 9-22 所示。单击"确定"按钮，退出该对话框。

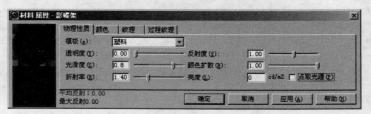

图 9-22　设置"影碟架"材质

22 现在材质就设置完毕了，接下来需要设置光源。在菜单栏执行"光照"/"日光"命令，打开"日光设置"对话框，如图 9-23 所示。

23 在"日光设置"对话框底部选择"直接控制"复选框，这时该对话框内的"位置"

和"时间"选项卡将被"直接控制"选项卡替代。打开"直接控制"选项卡,在"旋转"参数栏键入 150,在"仰角"参数栏键入 55,拖动"太阳光"滑块直到数字显示为 60982,如图 9-24 所示。单击"确定"按钮,退出该对话框。

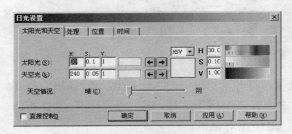

图 9-23 "日光设置"对话框   图 9-24 "直接控制"选项卡

24 在"阴影"工具栏上单击 ▥ "实体"按钮,改变视图显示方式,如图 9-25 所示。

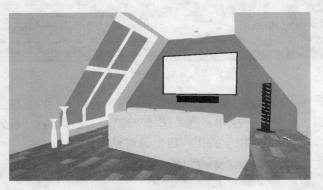

图 9-25 改变视图显示方式

25 在"光能传递"工具栏上单击 ▨ "初始化"按钮,这时会打开 Lightscape 对话框。在该对话框内单击"是"按钮,退出该对话框。

26 在菜单栏执行"处理"/"参数"命令,打开"处理参数"对话框,如图 9-26 所示。

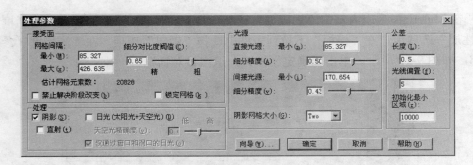

图 9-26 "处理参数"对话框

27 在"处理参数"对话框内单击"向导"按钮,打开"质量"对话框。在该对话框内选择 3 单选按钮,如图 9-27 所示。

28 在"质量"对话框内单击"下一步"按钮,打开"日光"对话框,如图 9-28 所示。

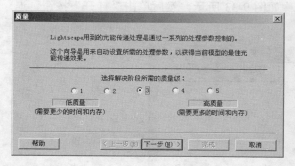

图 9-27　"质量"对话框

图 9-28　"日光"对话框

29 在"日光"对话框内选择"是"单选按钮，这时对话框内将会出现新的内容。在该对话框内选择"模型是一个仅通过窗口和洞口日光的室内模型"单选按钮，如图 9-29 所示。

30 在"日光"对话框内单击"下一步"按钮，打开"完成向导"对话框，如图 9-30 所示。

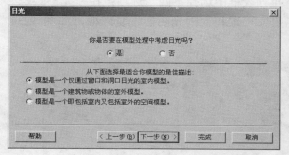

图 9-29　设置"日光"对话框

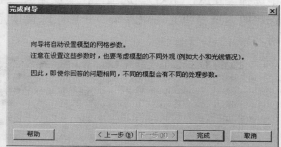

图 9-30　"完成向导"对话框

29 退出"处理参数"对话框后，在"光能传递"工具栏上单击 ![] "开始"按钮，计算机开始计算光能传递，如图 9-31 所示。

30 当场景变成如图 9-32 所示的效果时，在"光能传递"工具栏上单击 ![] "停止"按钮，结束光影传递操作。

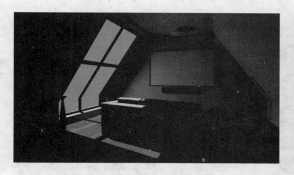

图 9-31　光影传递中

图 9-32　光影传递效果

31 在菜单栏执行"文件"/"渲染"命令，打开"渲染"对话框。在"渲染"对话框内单击"浏览"按钮，打开"图像文件名"对话框。在"查找范围"下拉列表框中选择文件保存的路径，在"文件名"文本框内键入文件名称如图 9-33 所示，然后单击"打开"按钮，退出该对话框。

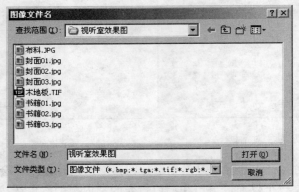

图 9-33　"图像文件名"对话框

32　退出"图像文件名"对话框后，将返回到"渲染"对话框。在"格式"下拉列表框中选择"JPEG（JPG）"选项，在"反锯齿"下拉列表框中选择"四"选项；在"光影跟踪"选项组内选择"光影跟踪"、"光影跟踪直接光照"、"柔和太阳光阴影"复选框，如图 9-34 所示。

图 9-34　"渲染"对话框

33　在"渲染"对话框内单击"确定"按钮，退出该对话框。这时会打开 Lightscape 对话框如图 9-35 所示，单击"确定"按钮退出该对话框。

34　退出 Lightscape 对话框后，开始渲染场景，渲染后的效果如图 9-36 所示，现在本实例就全部完成了。

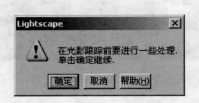

图 9-35　Lightscape 对话框

图 9-36　渲染场景后的效果

实例 10：使用 Photoshop CS4 处理视听室效果图

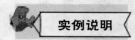

实例说明　Lightscape 中渲染完成的视听室效果图，在色调、纯度等方面还需要进行调整，在本实例中，将指导读者在 Photoshop CS4 中对视听室效果图进行编辑，完成视听室效果图的制作。

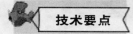

技术要点　在本实例中，首先对图像的亮度和对比度进行设置，然后需要设置饱和度，最后添加背景图像，完成视听室效果图的设置，完成后的效果如图 10-1 所示。

图 10-1　视听室效果图

1 运行 Photoshop CS4，打开实例 9 输出的图片文件，或者打开本书附带光盘中的"视听室效果图/实例 10：视听室.jpg"文件，如图 10-2 所示。

图 10-2　"实例 10：视听室.jpg"文件

2 在菜单栏执行"图像"/"调整"/"亮度/对比度"命令，打开"亮度/对比度"对话框。在"亮度"参数栏内键入 15，在"对比度"参数栏内键入 20，然后单击"确定"按钮，退出该对话框，如图 10-3 所示。

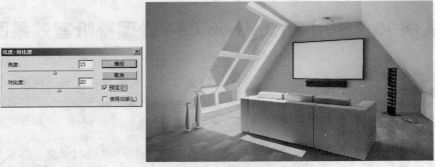

图 10-3 "亮度/对比度"对话框

3 在菜单栏执行"图像"/"调整"/"色相/饱和度"命令，打开"色相/饱和度"对话框。在"色相"参数栏内键入 0；在"饱和度"参数栏内键入 20；在"明度"参数栏内键入 0，然后单击"确定"按钮，退出该对话框，如图 10-4 所示。

图 10-4 "色相/饱和度"对话框

4 设置背景图像。在菜单栏执行"文件"/"打开"命令，打开"打开"对话框，从该对话框内选择本书光盘附带中的"视听室效果图/蓝天.jpg"文件，如图 10-5 所示。单击"打开"按钮，退出"打开"对话框。

图 10-5 "打开"对话框

5 退出"打开"对话框后，会打开"蓝天.jpg"文件。使用工具箱中的 ▭ "矩形选框工具"，然后参照图 10-6 所示来建立选区。

6 按下键盘上的 Ctrl+C 组合键，复制选区内的图像，选择"实例 8：视听室.jpg"文件，按下键盘上的 Ctrl+V 组合键，将复制的图像粘贴到该文件如图 10-7 所示，在"图层"调板中会出现一个新图层——"图层 1"。

图 10-6　建立选区

图 10-7　粘贴图像

7 在"图层"调板中选择"图层 1"，在"图层"调板中的"不透明度"参数栏内键入 30%，如图 10-8 所示。

8 选择并使用工具箱中的 ▸⊹ "移动工具"，将"图层 1"移动至如图 10-9 所示的位置。

9 在菜单栏执行"编辑"/"自由变换"命令，打开自由变换框，按住 Ctrl 键移动控制点，然后参照图 10-10 所示来调整图像。

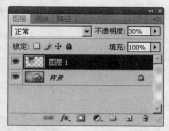

图 10-8　设置图层不透明度

图 10-9　移动图层

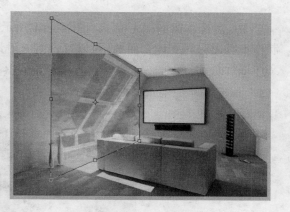

图 10-10　调整图像

10 双击鼠标退出自由变换框。使用工具箱中的 ⤳ "多边形套索工具"，然后沿窗户玻璃位置建立选区，效果如图 10-11 所示。

11 确定"图层 1"仍处于被选择状态，在菜单栏中执行"选择"/"反向"命令，反选选区，然后在键盘上按 Delete 键，删除选区内的图像，如图 10-12 所示。

图 10-11　建立选区　　　　　　　　　　图 10-12　删除选区内的图像

⓬　在"图层"调板中的"设置图层的混合模式"下拉列表框中选择"叠加"选项，如图 10-13 所示。

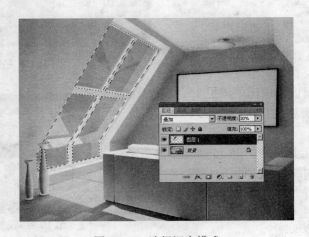

图 10-13　选择混合模式

⓭　现在本实例就完成了，图 10-14 所示为视听室效果图处理完成的效果。如果读者在制作本练习时遇到什么问题，可以打开本书附带光盘中的"视听室效果图/实例 10：视听室.tif"文件进行查看。

图 10-14　视听室效果图

第3章　制作简约风格餐厅效果图

本场景是一个简约风格的餐厅空间，浅黄色的墙体与同色系的橱窗浑然一体，白色的椅子和桌面使餐厅显得更加洁净，而红色的壁橱玻璃式餐厅颜色更具层次感。下图为简约风格餐厅效果图的最终完成效果。

餐厅效果图

实例11：在3ds max 2009 中设置材质和灯光

在本实例中，将指导读者设置房间模型的材质，并为该场景添加人造光源。Lightscape 自身没有创建光源的功能，因此需要在 3ds max 中创建人造光源。通过本实例，使读者能够使用多维/子对象材质类型设置对象的材质，并通过灯光创建面板的相关工具，为场景添加光源。

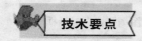

在本实例中，首先启用多维/子对象复合材质类型，使房间的各部分具有不同的质感，其中在设置洞口材质时，使用了系统默认设置，因为无论洞口为何种材质，等导入到 Lightscape 中光线将会穿过洞口，进入室内。在设置灯光时，应用了标准灯光创建面板内的泛光灯工具，创建出人造光源。图 11-1 所示为房间模型添加材质和灯光后的效果。

---

[1] 运行 3ds max 2009，打开本书附带光盘中的"简约风格餐厅效果图/实例11：餐厅.max"文件，如图 11-2 所示。

图 11-1　房间模型添加材质和灯光后的效果

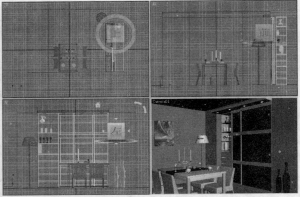

图 11-2　打开"实例 11：餐厅.max"文件

2　按下键盘上的 M 键，打开"材质编辑器"对话框。选择 1 号示例窗，将其命名为"房间"，如图 11-3 所示。

3　单击名称栏右侧的 Standard 按钮，打开"材质/贴图浏览器"对话框。在该对话框内选择"多维/子对象"选项，如图 11-4 所示。

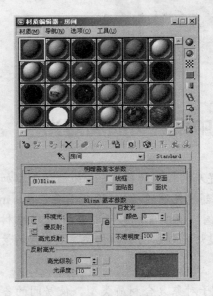

图 11-3　重命名材质

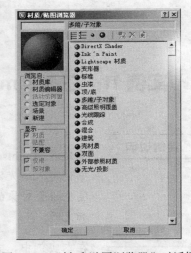

图 11-4　"材质/贴图浏览器"对话框

4　在"材质/贴图浏览器"对话框内单击"确定"按钮，退出该对话框。退出"材质/贴图浏览器"对话框后，这时会打开"替换材质"对话框如图 11-5 所示，单击"确定"按钮，退出该对话框。

5　退出"替换材质"对话框后，将启用"多维/子对象"材质，在"材质编辑器"对话框内将会出现该材质的编辑参数。在"多维/子对象基本参数"卷展栏内单击"设置数量"按钮，打开"设置材质数量"对话框。在"材质数量"参数栏内键入 4，以确定子材质的数量如图 11-6 所示，然后单击"确定"按钮，退出该对话框。

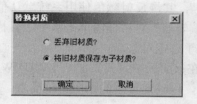

图 11-5 "替换材质"对话框

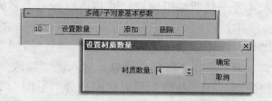

图 11-6 "设置材质数量"对话框

6 在"多维/子对象基本参数"卷展栏内单击 1 号子材质右侧的材质按钮,进入 1 号子材质编辑窗口,并将该材质命名为"地板"。

7 展开"贴图"卷展栏,从"漫反射颜色"通道导入本书附带光盘中的"简约风格餐厅效果图/DW00D01.jpg."文件,这时"材质编辑器"对话框内将会出现该贴图的编辑参数。在"坐标"卷展栏内的 W 参数栏内键入 90.0,如图 11-7 所示。

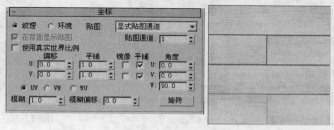

图 11-7 设置 W 参数

8 在"材质编辑器"对话框内单击水平工具栏上的 "转到父对象"按钮,返回到"地板"材质编辑层。单击 "转到下一个同级项"按钮,进入 2 号子材质编辑窗口,并将该材质层命名为"黄色墙体"。

9 在"Blinn 基本参数"卷展栏内单击"漫反射"显示窗,打开"颜色选择器:漫反射颜色"对话框。在"红"、"绿"和"蓝"参数栏内分别键入 255、244、210,然后单击"确定"按钮,退出该对话框,如图 11-8 所示。

图 11-8 "颜色选择器:漫反射颜色"对话框

10 在"材质编辑器"对话框内单击水平工具栏上 "转到下一个同级项"按钮,进入 3 号子材质编辑窗口,并将该材质层命名为"白色墙体"。

11 在"Blinn 基本参数"卷展栏内单击"漫反射"显示窗,打开"颜色选择器:漫反射颜色"对话框。在"红"、"绿"和"蓝"参数栏内均键入 255,然后单击"确定"按钮,退出该对话框。

12 在"材质编辑器"对话框内单击水平工具栏上的 "转到下一个同级项"按钮,进入 4 号子材质编辑窗口，并将该材质层命名为"洞口"，其漫反射颜色使用系统默认值。

13 确定"房间"对象处于选择状态，在"材质编辑器"对话框内单击水平工具栏上 "将材质指定给选定对象"按钮，将"房间"材质赋予选定对象。

14 选择"房间"对象，进入 ✐ "修改"面板。在该面板中为其添加一个"UVW 贴图"修改器，在"参数"卷展栏内选择"平面"单选按钮，以确定使用的贴图平铺类型；在"长度"、"宽度"参数栏内均键入 800.00，如图 11-9 所示。

15 进入 🛠 "创建"面板下的 🔦 "灯光"次面板，在该面板下的下拉列表框内选择"标准"选项，进入"标准"创建面板，在"对象类型"卷展栏内单击"泛光灯"按钮，如图 11-10 所示。

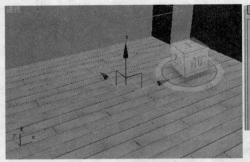

图 11-9 选择贴图平铺方式并设置 Gizmo 的尺寸   图 11-10 单击"泛光灯"按钮

16 在顶视图中创建一个 Omni01 对象，然后参照图 11-11 所示来调整该对象的位置。

> 当效果图需要进入 Lightscape 渲染时，如果使用了人造光源，所使用光源是有方向性的，所以通常在顶视图创建。

提示

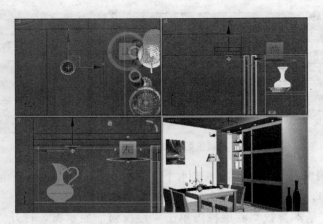

图 11-11 调整对象位置

17 确定 Omni01 对象处于选择状态，在左视图中沿 X 轴正值方向"实例"克隆 3 个选择对象，如图 11-12 所示。

在 Lightscape 中需要设置多个亮度和颜色相同的光源时,读者可以在 3ds max 中将这些光源设置为实例复制。

技巧

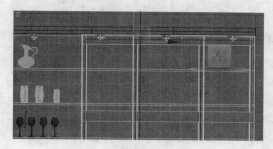

图 11-12　克隆对象

18 现在本实例就完成了,图 11-13 所示为房间模型添加材质和灯光后的效果。如果读者在制作本练习时遇到什么问题,可以打开本书附带光盘中的"简约风格餐厅效果图/实例 11:餐厅材质灯光.max"文件进行查看。将本实例保存,以便在下个实例中使用。

图 11-13　房间模型添加材质和灯光后的效果

实例 12:在 3ds max 2009 中放置摄影机并导出 LP 文件

在本实例中,将指导读者为餐厅场景放置摄影机,并将该文件导出为 LP 格式的文件。通过本实例,使读者能够将表面定义为洞口,省去了读者在 Lightscape 中为该模型设置材质,就可以使用光线进入室内。

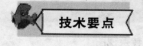

在本实例中,首先在场景中创建一个摄影机,通过选择并移动工具调整视图视角,并在备用镜头选项组内的相关设置,将镜头焦距设置为 35mm;通过选择要导出的文件对话框,定义洞口和设置文件导出的视角。图 12-1 所示为添加摄影机后的效果。

图 12-1　添加摄影机的效果

1　运行 3ds max 2009，打开实例 11 保存的文件，或者打开本书附带光盘中的"简约风格餐厅效果图/实例 11：餐厅材质灯光.max"文件，如图 12-2 所示。

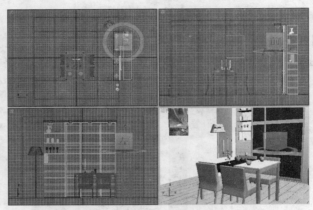

图 12-2　"实例 11：餐厅材质灯光.max"文件

2　进入 "创建"面板下的 "摄影机"次面板，在该面板下的下拉列表框内选择"标准"选项，进入"标准"创建面板，在"对象类型"卷展栏内单击"目标"按钮，如图 12-3 所示。

3　在顶视图中创建一个 Camera01 对象，然后激活透视图，按下键盘上的 C 键，这时透视图将转换为 Camera01 视图，如图 12-4 所示。

图 12-3　单击"目标"按钮

图 12-4　转换视图

4　使用主工具栏上的 "选择并移动"工具调整 Camera01、Camera01.Target 对象，如图 12-5 所示。

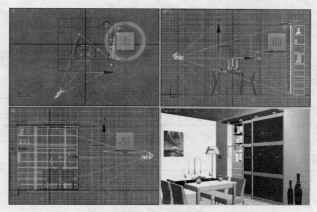

图 12-5　调整摄影机

5 选择 Camera01 对象，进入 （此图为修改面板图标）"修改"面板。在"参数"卷展栏内单击 35mm 按钮如图 12-6 所示，确定所使用的镜头类型。

6 设置了镜头后，Camera01 视图呈图 12-7 所示的效果。

图 12-6　单击 35mm 按钮　　　　　　　　　图 12-7　设置镜头后的视图效果

7 接下来需要将本场景导出 LP 格式文件，以便在 Lightscape 中进行处理。确定 Camera01 视图处于激活状态，在菜单栏执行"文件"/"导出"命令，打开"选择要导出的文件"对话框。在"保存在"下拉列表框中选择文件保存的路径，在"文件名"文本框内键入文件名称；在"保存类型"下拉列表框中选择"Lightscape 准备（*.LP）"选项，如图 12-8 所示。

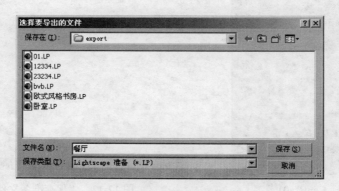

图 12-8　"选择要导出的文件"对话框

⑧ 在"选择要导出的文件"对话框内单击"保存"按钮，将会打开"导入 Lightscape 准备文件"对话框，如图 12-9 所示。

⑨ 打开"窗口"选项卡，在"开口"下拉列表框内选择"房间（窗口 4）：洞口"选项如图 12-10 所示，将赋予选择材质的对象定义为洞口。

提示

> 表面被定义为窗口后，其材质的透明程度决定光线的穿透力；表面被定义为洞口后，无论材质的透明程度如何，光线将会完全穿透洞口进入室内。

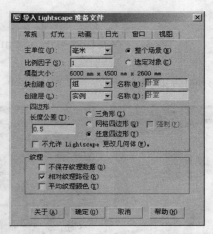

图 12-9 "导入 Lightscape 准备文件"对话框

图 12-10 选择"房间（窗口 4）：洞口"选项

⑩ 打开"视图"选项卡，在"视图"列表框内选择 Camera01 选项，如图 12-11 所示。

⑪ 单击"导入 Lightscape 准备文件"对话框内的"确定"按钮，退出该对话框。

⑫ 退出"导入 Lightscape 准备文件"对话框后，状态栏将会出现"保存准备文件"的进度条如图 12-12 所示，等进度条右侧显示为 100%时，导出工作就结束了。

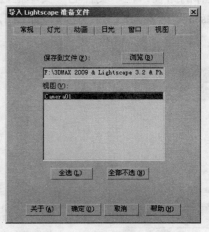

图 12-11 选择 Camera01 选项

图 12-12 "保存准备文件"进度条

13 现在本实例就全部制作完成了，完成后的效果如图 12-13 所示。

图 12-13　添加摄影机的效果

实例 13：在 Lightscape 3.2 中设置材质和光源

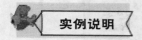

在本实例中，将指导读者在 Lightscape 中设置餐厅场景的材质和光源。通过本实例，使读者了解人造光源强度的设置方法，并能够通过导入光域网文件设置光源的形状。

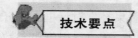

在本实例中，通过材料属性对话框内提供的各种模板设置场景模型的材质，并通过颜色选项卡设置模型的漫反射颜色；应用日光设置对话框设置自然光源，通过光照属性对话框设置光源的强度。图 13-1 所示为设置材质后的效果。

图 13-1　设置材质后的效果

1 运行 Lightscape 3.2，打开实例 12 导出的 LP 格式文件，或者打开本书附带光盘中的 "简约风格餐厅效果图/实例 13：餐厅.lp" 文件，如图 13-2 所示。

图 13-2 "实例 13：餐厅.lp"文件

2 在 Materials 列表内双击"白色墙体"选项，打开"材料 属性-白色墙体"对话框。打开"物理性质"选项卡，在"模板"下拉列表框中选择"反光漆"选项，如图 13-3 所示。单击"确定"按钮，退出该对话框。

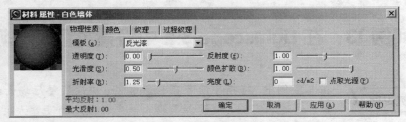

图 13-3 设置"白色墙体"材质

3 在 Materials 列表内双击"餐桌杯"选项，打开"材料 属性-餐桌杯"对话框。打开"物理性质"选项卡，在"模板"下拉列表框中选择"光滑瓷砖"选项，在"反射度"参数栏内键入 0.70，在"光滑度"参数栏内键入 1.00，如图 13-4 所示。

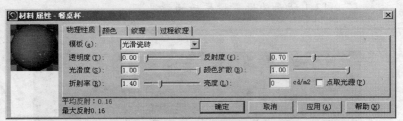

图 13-4 设置"餐桌杯"材质的物理属性

4 打开"颜色"选项卡，在 H 参数栏内键入 72.00，在 S 参数栏内键入 0.68，在 V 参数栏内键入 0.23，如图 13-5 所示。单击"确定"按钮，退出该对话框。

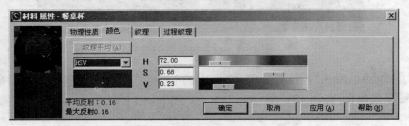

图 13-5 设置"餐桌杯"材质的颜色

5 在 Materials 列表内双击"橙色碗"选项，打开"材料 属性-橙色碗"对话框。打开"物理性质"选项卡，在"模板"下拉列表框中选择"光滑瓷砖"选项如图 13-6 所示，然后单击"确定"按钮，退出该对话框。

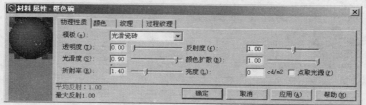

图 13-6 设置"橙色碗"材质

6 在 Materials 列表内双击"灯罩"选项，打开"材料 属性-灯罩"对话框。打开"物理性质"选项卡，在"模板"下拉列表框中选择"玻璃"选项，在"透明度"参数栏内键入0.20，在"亮度"参数栏内键入 50，如图 13-7 所示。单击"确定"按钮，退出该对话框。

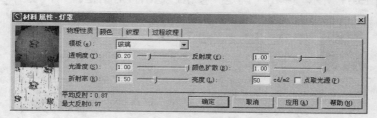

图 13-7 设置"灯罩"材质

7 在 Materials 列表内双击"地板"选项，打开"材料 属性-地板"对话框。打开"物理性质"选项卡，在"模板"下拉列表框中选择"抛光木材"选项。如图 13-8 所示，然后单击"确定"按钮，退出该对话框。

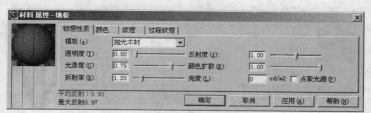

图 13-8 设置"地板"材质

8 在 Materials 列表内双击"垫子"选项，打开"材料 属性-垫子"对话框。打开"物理性质"选项卡，在"模板"下拉列表框中选择"织物"选项，在"反射度"参数栏内键入0.75，如图 13-9 所示。单击"确定"按钮，退出该对话框。

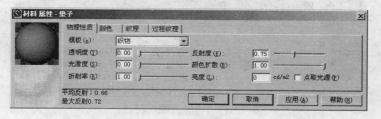

图 13-9 设置"垫子"材质

9 在 Materials 列表内双击"轨道"选项，打开"材料 属性-轨道"对话框。打开"物理性质"选项卡，在"模板"下拉列表框中选择"金属"选项，在"光滑度"参数栏内键入0.9，如图 13-10 所示。单击"确定"按钮，退出该对话框。

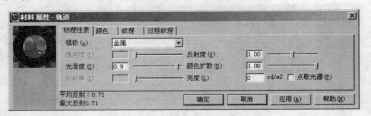

图 13-10　设置"轨道"材质

10 在 Materials 列表内双击"柜子"选项，打开"材料 属性-柜子"对话框。打开"物理性质"选项卡，在"模板"下拉列表框中选择"抛光木材"选项，在"光滑度"参数栏内键入 0.60，如图 13-11 所示。单击"确定"按钮，退出该对话框。

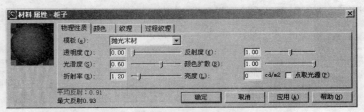

图 13-11　设置"柜子"材质

11 在 Materials 列表内双击"红苹果"选项，打开"材料 属性-红苹果"对话框。打开"物理性质"选项卡，在"模板"下拉列表框中选择"塑料"选项，在"反射度"参数栏内键入 0.40，如图 13-12 所示。单击"确定"按钮，退出该对话框。

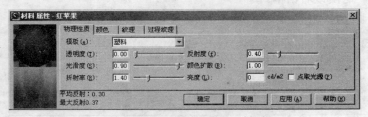

图 13-12　设置"红苹果"材质

12 在 Materials 列表内双击"画"选项，打开"材料 属性-画"对话框。打开"物理性质"选项卡，在"模板"下拉列表框中选择"光滑瓷砖"选项，在"反射度"参数栏内键入0.00，在"光滑度"参数栏内键入 0.3，如图 13-13 所示。单击"确定"按钮，退出该对话框。

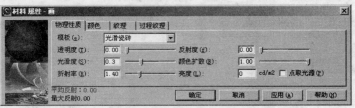

图 13-13　设置"画"材质

13 在 Materials 列表内双击"黄色墙体"选项，打开"材料 属性-黄色墙体"对话框。打开"物理性质"选项卡，在"模板"下拉列表框中选择"反光漆"选项，在"光滑度"参数栏内键入 0.50，如图 13-14 所示。单击"确定"按钮，退出该对话框。

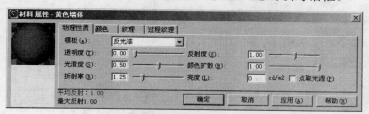

图 13-14 设置"黄色墙体"材质

14 在 Materials 列表内双击"金属"选项，打开"材料 属性-金属"对话框。打开"物理性质"选项卡，在"模板"下拉列表框中选择"金属"选项如图 13-15 所示，单击"确定"按钮，退出该对话框。

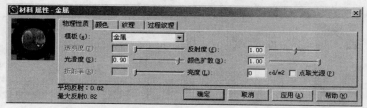

图 13-15 设置"金属"材质

15 在 Materials 列表内双击"酒杯"选项，打开"材料 属性-酒杯"对话框。打开"物理性质"选项卡，在"模板"下拉列表框中选择"玻璃"选项如图 13-16 所示，然后单击"确定"按钮，退出该对话框。

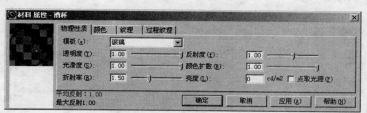

图 13-16 设置"酒杯"材质

16 在 Materials 列表内双击"蜡烛"选项，打开"材料 属性-蜡烛"对话框。打开"物理性质"选项卡，在"模板"下拉列表框中选择"玻璃"选项，在"透明度"参数栏内键入 0.04，在"亮度"参数栏内键入 20，如图 13-17 所示。单击"确定"按钮，退出该对话框。

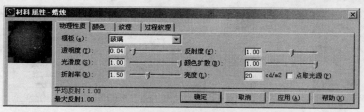

图 13-17 设置"蜡烛"材质

17 在 Materials 列表内双击"苹果"选项，打开"材料 属性-苹果"对话框。打开"物理性质"选项卡，在"模板"下拉列表框中选择"塑料"选项，在"反射度"参数栏内键入 0.50，如图 13-18 所示。单击"确定"按钮，退出该对话框。

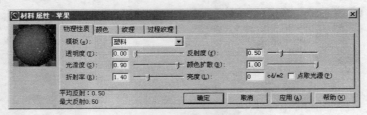

图 13-18 设置"苹果"材质

18 在 Materials 列表内双击"苹果柄"选项，打开"材料 属性-苹果柄"对话框。打开"物理性质"选项卡，在"模板"下拉列表框中选择"光滑瓷砖"选项如图 13-19 所示。单击"确定"按钮，退出该对话框。

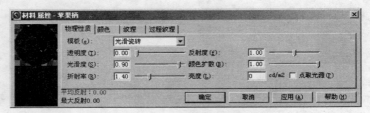

图 13-19 设置"苹果柄"材质

19 在 Materials 列表内双击"台布"选项，打开"材料 属性-台布"对话框。打开"物理性质"选项卡，在"模板"下拉列表框中选择"织物"选项，在"反射度"参数栏内键入 1.65，如图 13-20 所示。单击"确定"按钮，退出该对话框。

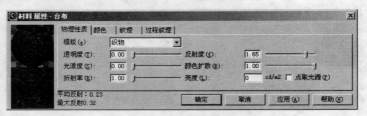

图 13-20 设置"台布"材质

20 在 Materials 列表内双击"推拉门玻璃"选项，打开"材料 属性-推拉门玻璃"对话框。打开"物理性质"选项卡，在"模板"下拉列表框中选择"玻璃"选项，在"透明"参数栏内键入 0.30，在"反射度"参数栏内键入 1.50，如图 13-21 所示。

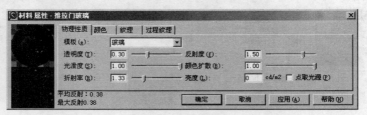

图 13-21 设置"推拉门玻璃"材质的物理属性

21 打开"颜色"选项卡，在 S 参数栏内键入 1.00，在 V 参数栏内键入 0.25，如图 13-22 所示。单击"确定"按钮，退出该对话框。

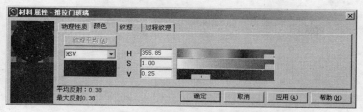

图 13-22　设置"推拉门玻璃"材质的颜色

22 在 Materials 列表内双击"装饰瓶"选项，打开"材料 属性-装饰瓶"对话框。打开"物理性质"选项卡，在"模板"下拉列表框中选择"光滑瓷砖"选项如图 13-23 所示，单击"确定"按钮，退出该对话框。

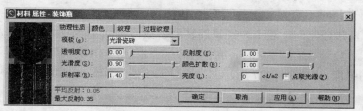

图 13-23　设置"装饰瓶"材质

23 在 Materials 列表内双击"桌面"选项，打开"材料 属性-桌面"对话框。打开"物理性质"选项卡，在"模板"下拉列表框中选择"光滑瓷砖"选项，在"反射度"参数栏内键入 2.00，如图 13-24 所示。单击"确定"按钮，退出该对话框。

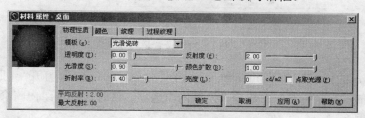

图 13-24　设置"桌面"材质

24 场景中的其他材质使用系统默认设置，在"显示"工具栏上单击▨"增强"和▧"纹理"按钮，使模型表面显示透视和纹理，效果如图 13-25 所示。

图 13-25　显示纹理

25 设置自然光。在菜单栏执行"光照"/"日光"命令，打开"日光设置"对话框，如图 13-26 所示。

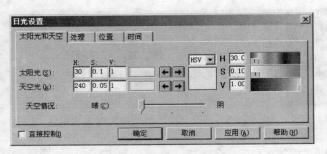

图 13-26 "日光设置"对话框

26 在"日光设置"对话框底部选择"直接控制"复选框，这时该对话框内的"位置"和"时间"选项卡将被"直接控制"选项卡替代。

27 打开"直接控制"选项卡，在"旋转"参数栏键入 265，以确定日光的方向，在"仰角"参数栏键入 52，以确定日光的高度。拖动"太阳光"滑块直到数字显示为 4025 为止，以确定太阳光的强度，如图 13-27 所示。单击"确定"按钮，退出该对话框。

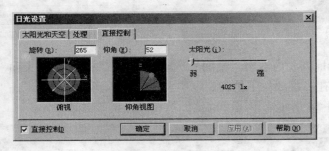

图 13-27 设置日光

28 设置射灯的强度。在 Luminaires 列表内双击 Omni01 选项，打开"光照 属性-Omni01"对话框。"光分布"下拉列表框中选择"光域网"选项，这时该选项组内将会出现新的设置内容，如图 13-28 所示。

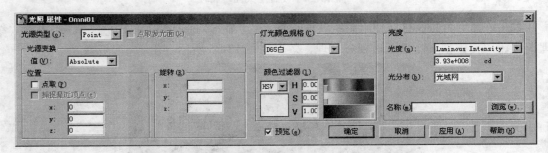

图 13-28 "亮度"选项组内出现新的内容

29 在"亮度"选项组内单击"浏览"按钮，打开"打开"对话框。在该对话框内导入本书附带光盘中的"简约风格餐厅效果图/光圈射灯 04.ies."文件如图 13-29 所示，单击"打开"按钮，退出该对话框。

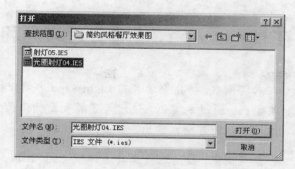

图 13-29　导入"光圈射灯 04.ies."文件

30　退出"打开"对话框后，将返回到"光照 属性-Omni01"对话框。在"亮度"选项组内的参数栏内键入 800，以确定灯光的强度。如图 13-30 所示，单击"确定"按钮，退出该对话框。

图 13-30　"光照 属性-Omni01"对话框

31　退出"光照 属性-Omni01"对话框后，将会打开 Lightscape 对话框，如图 13-31 所示。在该对话框内单击"是"按钮，退出该对话框。

32　材质和光源设置结束后，本实例就全部制作完成了，完成后的效果如图 13-32 所示。将本实例保存，以便在下个实例中使用。

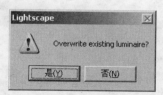

图 13-31　Lightscape 对话框

图 13-32　设置材质后的效果

实例 14：在 Lightscape 3.2 中处理表面和渲染输出

 **实例说明**　在本实例中，将指导读者在 Lightscape 中处理模型表面并将场景渲染输出。通过本实例，使读者了解表面细化的方法，以及如何将三维场景以图片形式输出。

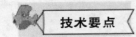 **技术要点**　在本实例中，应用选择工具选择模型的表面，通过表面处理对话框内的网格分辨率参数细化表面；应用 Lightscape 中的向导设置，使自然光能够进入室内；通过渲染对话框设置图像输出的尺寸、格式、名称和保存位置。图 14-1 所示为设置餐厅效果图渲染输出后的效果。

图 14-1　渲染输出后的效果

1 运行 Lightscape 3.2，打开实例 13 保存的文件，如图 14-2 所示。

图 14-2　实例 13 保存的文件

2 在"选择集"工具栏上单击 "选择"和 "面"按钮，按下键盘上的 Ctrl 键，在视图中选择可见的墙体和地板所在的面，如图 14-3 所示。

3 右击选择面，在弹出的快捷菜单中选择"表面处理"选项，这时会打开"表面处理"对话框。在"网格分辨率"参数栏内键入 10，然后单击"确定"按钮，退出对话框，如图 14-4 所示。

图 14-3　选择面

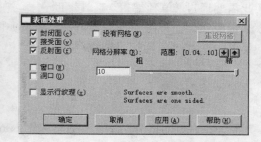

图 14-4　"表面处理"对话框

4 在"选择集"工具栏上单击 ![icon] "取消全部选择"按钮，取消面的选择。按下键盘上的 Ctrl 键，在视图上选择画和推拉门玻璃模型的表面，如图 14-5 所示。

5 右击选择面，在弹出的快捷菜单中选择"表面处理"选项，这时会打开"表面处理"对话框。在"网格分辨率"参数栏内键入 5，然后单击"确定"按钮，退出对话框，如图 14-6 所示。

图 14-5　选择画和推拉门玻璃模型的表面

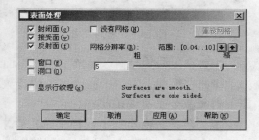

图 14-6　"表面处理"对话框

6 取消面的选择，按下键盘上的 Ctrl 键，在视图上选择可见的顶板和桌子模型的面，如图 14-7 所示。

7 右击选择面，在弹出的快捷菜单中选择"表面处理"选项，这时会打开"表面处理"对话框。在"网格分辨率"参数栏内键入 7，然后单击"确定"按钮，退出对话框，如图 14-8 所示。

图 14-7　选择顶板和桌子模型的表面

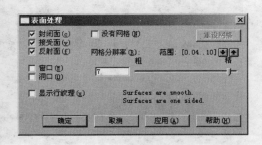

图 14-8　"表面处理"对话框

⑧ 细化柜子模型的面，由于该模型的面较多，在视图上通过点选的方法很难选择，因此需要通过"单独编辑"工具辅助选择。在"选择集"工具栏上单击 🔯 "块"按钮，进入"块"编辑模式。在视图中选择"柜子"模型如图 14-9 所示，然后在该模型上右击，在弹出的快捷菜单中选择"单独编辑"选项，进入"柜子"模型的单独编辑模式。

⑨ 在单独编辑模式下，单击"选择集"工具栏上的 🔯 "全部选择"和 🔍 "面"按钮，这时该模型的所有表面处于选择状态。

⑩ 右击选择面，在弹出的快捷菜单中选择"表面处理"选项，这时会打开"表面处理"对话框。在"网格分辨率"参数栏内键入 6，然后单击"确定"按钮，退出对话框，如图 14-10 所示。

图 14-9　选择"柜子"模型

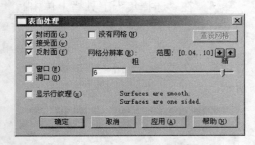

图 14-10　"表面处理"对话框

⑪ 在视图的空白区域单击，取消面选择。

⑫ 在视图上右击，在弹出的快捷菜单中选择"返回到整体模式"选项，这时视图中的所有对象都处于可编辑状态。

⑬ 在"选择集"工具栏上单击 🔯 "块"按钮，进入"块"编辑模式。在视图中选图 14-11 所示推拉门模型，然后在该模型上右击，在弹出的快捷菜单中选择"单独编辑"选项，进入选择模型的单独编辑模式。

⑭ 在单独编辑模式下，单击"选择集"工具栏上的 🔍 "面"和 🔯 "全部选择"按钮，这时该模型的所有表面处于选择状态。

⑮ 右击选择面，在弹出的快捷菜单中选择"表面处理"选项，这时会打开"表面处理"对话框。在"网格分辨率"参数栏内键入 10，然后单击"确定"按钮，退出对话框，如图 14-12 所示。

图 14-11　选择推拉门模型

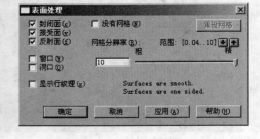

图 14-12　"表面处理"对话框

16 在视图的空白区域单击，取消面选择。

17 在视图上右击，在弹出的快捷菜单中选择"返回到整体模式"选项，这时视图中的所有对象都处于可编辑状态。

技巧　作者在细化推拉门表面时，只细化了一个模型，因为另外一个模型和该模型在 3ds max 中使用了实例克隆的方法来创建，因此读者在创建模型时可以尽量使用实例克隆的方法来创建模型，以提高工作效率。

18 使用同样的方法，细化桌子腿和椅子腿模型，并将"网格分辨率"参数设为 5。

19 细化表面工作结束后，在"光能传递"工具栏上单击 "初始化"按钮，这时会打开 Lightscape 对话框，如图 14-13 所示。单击"是"按钮，退出该对话框。

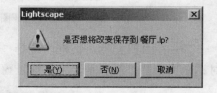

图 14-13　Lightscape 对话框

20 在菜单栏执行"处理"/"参数"命令，打开"处理参数"对话框，如图 14-14 所示。

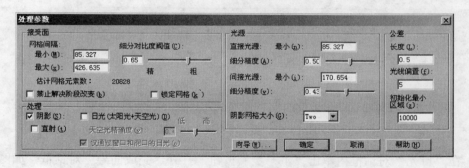

图 14-14　"处理参数"对话框

21 在"处理参数"对话框内单击"向导"按钮，打开"质量"对话框。在该对话框内选择 3 单选按钮，如图 14-15 所示。

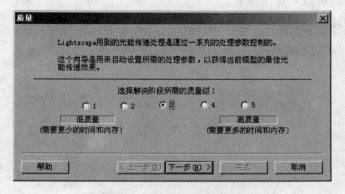

图 14-15　"质量"对话框

22 在"质量"对话框内单击"下一步"按钮，打开"日光"对话框，如图 14-16 所示。

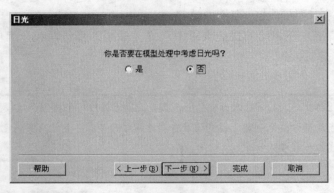

图 14-16 "日光" 对话框

23 在 "日光" 对话框内选择 "是" 单选按钮，这时对话框内将会出现新的内容。在该对话框内选择 "模型是一个仅通过窗口和洞口日光的室内模型" 单选按钮，如图 14-17 所示。

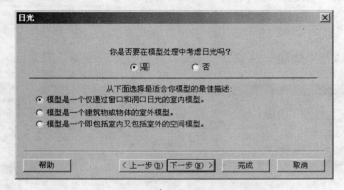

图 14-17 设置 "日光" 对话框

24 在 "日光" 对话框内单击 "下一步" 按钮，打开 "完成向导" 对话框，如图 14-18 所示。

25 在 "完成向导" 对话框内单击 "完成" 按钮，返回到 "处理参数" 对话框。在该对话框内单击 "确定" 按钮，退出该对话框。

26 退出 "处理参数" 对话框后，在 "光能传递" 工具栏上单击 "开始" 按钮，计算机开始计算光能传递，如图 14-19 所示。

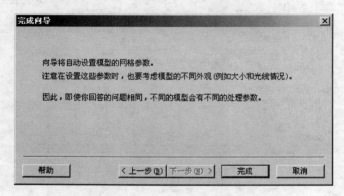

图 14-18 "完成向导" 对话框

图 14-19 光能传递中

27 当场景变成如图 14-20 所示的效果时，在"光能传递"工具栏上单击 [图] "停止"按钮，结束光影传递操作。

图 14-20 光影传递效果

28 在菜单栏执行"文件"/"渲染"命令，打开"渲染"对话框，如图 14-21 所示。

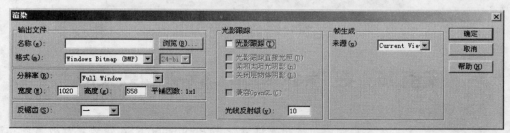

图 14-21 "渲染"对话框

29 在"渲染"对话框内单击"浏览"按钮，打开"图像文件名"对话框。在"查找范围"下拉列表框中选择文件保存的路径，在"文件名"文本框内键入文件名称，如图 14-22 所示。然后单击"打开"按钮，退出该对话框。

30 退出"图像文件名"对话框后，将返回到"渲染"对话框。在"格式"下拉列表框中选择"JPEG（JPG）"选项，在"宽度"

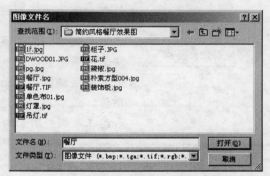

图 14-22 "图像文件名"对话框

参数栏内键入 2040，在"高度"参数栏内键入 1116，在"反锯齿"下拉列表框中选择"四"
选项；在"光影跟踪"选项组内选择"光影跟踪"、"光影跟踪直接光照"、"柔和太阳光阴影"
复选框，如图 14-23 所示。

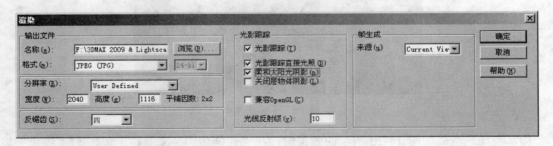

图 14-23　设置渲染参数

31 在"渲染"对话框内单击"确定"按钮，退出该对话框。渲染后的效果如图 14-24
所示，现在本实例就全部完成了。

图 14-24　渲染场景

实例 15：在 Photoshop CS4 处理效果图

在本实例中，将指导读者使用 Photoshop CS4 处理餐厅效果图。通
过本实例，使读者能够为效果图添加配景，并应用多边形套索工具
绘制出配景的阴影图像。

在本实例中，应用裁剪工具裁剪效果图，并应用亮度/对比度工具
提高效果图的亮度；应用色调调整工具调整墙体亮度；应用复制图
像的方法编辑破损面；从外部导入位图图像为效果图添加花和吊灯
图像，最后应用多边形套索工具绘制出阴影选区，并通过色相/饱
和度工具调整阴影的色调。图 15-1 所示为效果图进行处理后的效果。

图 15-1　进行处理后的效果

1 运行 Photoshop CS4，打开实例 14 输出的图片文件，或者打开本书附带光盘中的"简约风格餐厅效果图/实例 15：餐厅.jpg"文件，如图 15-2 所示。

图 15-2　"实例 15：餐厅.jpg"文件

2 使用工具箱中的 耳，"裁剪工具"，参照图 15-3 所示创建裁剪框，然后按下键盘上的 Enter 键，结束"裁剪"操作。

图 15-3　创建裁剪框

3 在菜单栏执行"图像"/"调整"/"亮度/对比度"命令，打开"亮度/对比度"对话框。在"亮度"参数栏内键入 20，在"对比度"参数栏内键入 19，如图 15-4 所示。然后单击"确定"按钮，退出该对话框。

图 15-4　"亮度/对比度"对话框

4 接下来调整白色墙体的亮度。在菜单栏执行"选择"/"色彩范围"命令，打开"色彩范围"对话框。在白色墙体图像的白色区域单击选择颜色，在"颜色容差"参数栏内键入 50，如图 15-5 所示。然后单击"确定"按钮，退出该对话框。

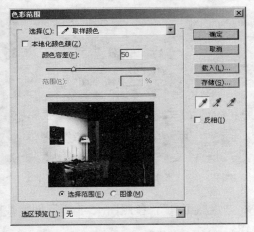

图 15-5　"色彩范围"对话框

5 在菜单栏执行"图像"/"调整"/"亮度/对比度"命令，打开"亮度/对比度"对话框。在"亮度"参数栏内键入 29，单击"确定"按钮，退出该对话框，如图 15-6 所示。

图 15-6　"亮度/对比度"对话框

⑥　按下键盘上的 Ctrl+D 组合键，取消选区。

⑦　下面需要对图像曝光过度进行处理，使用工具箱中的  "多边形套索工具"，然后参照图 15-7 所示将瓶子内的图像建立选区。

图 15-7　建立选区

⑧　在菜单栏执行"图像"/"调整"/"色相/饱和度"命令，打开"色相/饱和度"对话框。在"饱和度"参数栏内键入 33，在"明度"参数栏内键入-40，然后单击"确定"按钮，退出该对话框，如图 15-8 所示。

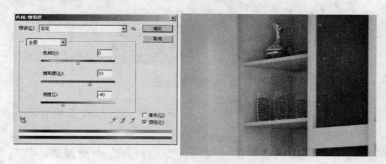

图 15-8　"色相/饱和度"对话框

⑨　接下来处理餐桌图像上的破损面，使用工具箱中的 "多边形套索工具"，然后参照图 15-9 所示建立选区。

图 15-9　建立选区

⑩　在菜单栏执行"图层"/"新建"/"通过拷贝图层"命令，将选区内的图像复制到新图层。

⑪ 按下键盘上的 Ctrl+T 组合键，打开自由变换框。按下键盘上的↓键，将图像向下轻移，并参照图 15-10 所示来编辑图像，使其覆盖破损面，然后双击鼠标，结束"自由变换"操作。

图 15-10 编辑图像

⑫ 选择并使用工具箱中的 ![图标] "多边形套索工具"，然后参照图 15-11 所示来建立选区。

图 15-11 建立选区

⑬ 确定"背景"图层处于可编辑状态，按下键盘上的 Ctrl+J 组合键，将选区内的图像复制到新图层。

⑭ 在菜单栏执行"编辑"/"自由变换"命令，打开自由变换框，然后参照图 15-12 所示来编辑图像。

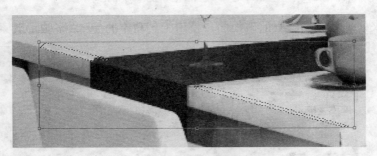

图 15-12 编辑图像

⑮ 确定"背景"图层处于可编辑状态，使用工具箱中的 ![图标] "矩形选框工具"，然后参照图 15-13 所示来建立选区。

图 15-13　建立选区

16 使用工具箱中的 ➤⊕ "移动工具"，按住键盘上的 **Ctrl+Alt** 组合键，向左水平移动鼠标，复制选区图像，如图 15-14 所示。

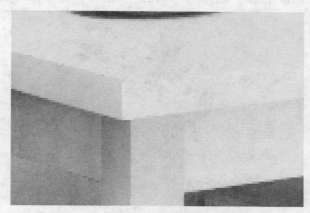

图 15-14　复制图像

17 使用同样的方法，然后参照图 15-15 所示来编辑台布的破损面。

图 15-15　编辑台布的破损面

18 使用同样的方法，然后参照图 15-16 所示来编辑桌腿和椅子腿的破损面。

图 15-16　编辑桌腿和椅子腿的破损面

19 破损面处理结束后，下面导入配景文件，为餐桌添加花图像。打开本书附带光盘中的"简约风格餐厅效果图/花.tif"文件，如图 15-17 所示。

图 15-17　"花.tif"文件

20 使用工具箱中的 ![移动工具图标]"移动工具"拖动"花.tif"图像到"餐厅.jpg"文档中，复制图像，如图 15-18 所示。

图 15-18　复制图像

21 确定新图层处于可编辑状态，应用"自由变换"命令，然后参照图 15-19 所示来调整图像的大小和位置。

图 15-19　调整图像的大小和位置

22 接下来绘制花的阴影，使用工具箱中的 ▽ "多边形套索工具"，然后参照图 15-20 所示来建立选区。

图 15-20　建立选区

23 确定"背景"图层处于可编辑状态，在菜单栏执行"图像"/"调整"/"色相/饱和度"命令，打开"色相/饱和度"对话框。在"明度"参数栏内键入-9，然后单击"确定"按钮，退出该对话框，如图 15-21 所示。

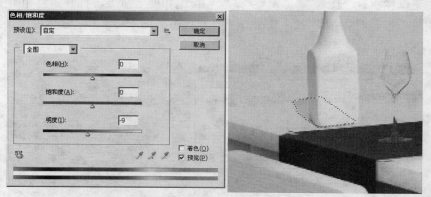

图 15-21　"色相/饱和度"对话框

24 为餐厅天花板上添加吊灯图形。打开本书附带光盘中的"简约风格餐厅效果图/吊灯.tif"文件，如图 15-22 所示。

25 使用工具箱中的 ⊹ "移动工具"，将"吊灯.tif"文件的图像复制到"餐厅.jpg"文档中，然后参照图 15-23 所示来调整该图像的位置。

图 15-22　"吊灯.tif"文件　　　　　　　　　图 15-23　调整图像的位置

26 使用工具箱中的 ⧓ "多边形套索工具"，然后参照图 15-24 所示来建立选区。

图 15-24　建立选区

27 在菜单栏执行"图像"/"调整"/"色相/饱和度"命令，打开"色相/饱和度"对话框。在"明度"参数栏内键入 92，使吊灯呈打开状态如图 15-25 所示，然后单击"确定"按钮，退出该对话框。

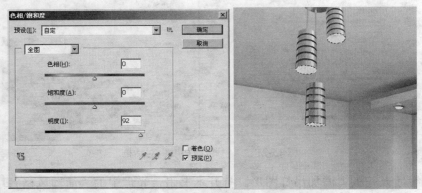

图 15-25　"色相/饱和度"对话框

28 吊灯色调调整结束，下面需要为吊灯绘制阴影图影。确定"图层 4"处于可编辑状态，按下键盘上的 Ctrl+J 组合键，创建"图层 4 副本"图层。

29 确定"图层 4"处于可编辑状态，然后参照图 15-26 所示来调整图像的位置。

图 15-26　调整图像位置

30 按下键盘上的 Alt 键，然后参照图 15-27 所示来减选选区。

图 15-27　减选选区

31 在"图层"调板中将"图层 4"拖动到 🗑 "删除图层"按钮上，删除选择图层，如图 15-28 所示。

32 使"背景"图层处于可编辑状态，在菜单栏执行"图像"/"调整"/"色相/饱和度"命令，打开"色相/饱和度"对话框。在"色相"参数栏内键入 0 ；在"饱和度"参数栏内键入 0 ；在"明度"参数栏内键入–18，然后单击"确定"按钮，退出该对话框，如图 15-29 所示。

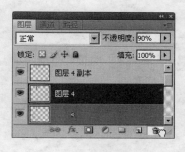

图 15-28　删除图层

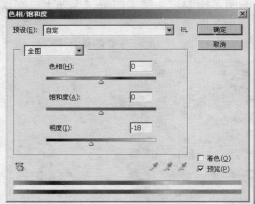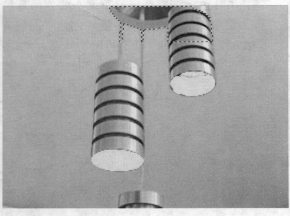

图 15-29　"色相/饱和度"对话框

33 现在本实例就完成了，图 15-30 所示为餐厅效果图处理完成的效果。如果读者在制作本练习时遇到什么问题，可以打开本书附带光盘中的"简约风格餐厅效果/实例 15：餐厅.tif"文件进行查看。

图 15-30　餐厅效果图

第 4 章　厨房效果图

在本部分的实例中，将指导读者制作厨房效果图。该厨房面积较大，橱柜为整体橱柜，造型简洁，色调以黑色和红色为主，整体风格庄重大方，对餐桌、炉灶、调料瓶等部分的刻画也较为细致，增加了效果图的逼真感。下图为厨房效果图的最终完成效果。

厨房效果图

实例 16：创建房间模型

Lightscape 自身并没有创建模型的功能，在 Lightscape 中处理的场景通常需要在 3ds max 等三维软件中创建模型。建筑物的模型是建筑效果图中常见的模型形式，由于在 Lightscape 中使用的模型如果出现交叠面，容易出现不正确的阴影，所以在 3ds max 中创建模型时，需要把握好其精确度。

在本实例中，将指导读者在 3ds max 2009 中创建一个用于 Lightscape 3.2 的房间模型。通过本实例，可以使读者了解在 3ds max 2009 中创建建筑模型的方法，以及创建多边形模型的方法。

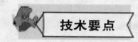

在本实例中，首先创建一个长方体对象，然后将其塌陷为多边形对象，通过对多边形对象的编辑，来完成房间模型的创建。图 16-1 所示为房间模型添加材质和灯光后的效果。

图 16-1　房间模型添加材质和灯光后的效果

1　运行 3ds max 2009，创建一个新的场景，将系统单位设置为毫米，并将显示单位比例设置为毫米。

2　进入 "创建" 面板下的 "几何体" 次面板，单击 "长方体" 按钮，在顶视图中创建一个 Box01 对象，将其命名为 "房间"。选择新创建的对象，进入 "修改" 面板，在 "参数" 卷展栏内的 "长度"、"宽度" 和 "高度" 参数栏内分别键入 9300.0 mm、6000.0 mm、3000.0 mm，在 "长度分段"、"宽度分段"、"高度分段" 参数栏内分别键入 6、8、5，如图 16-2 所示。

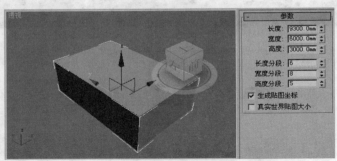

图 16-2　设置对象的创建参数

3　选择 "房间" 对象，进入 "修改" 面板。在堆栈栏内右击，在弹出的快捷菜单中选择 "可编辑多边形" 选项，将其塌陷为多边形对象。在 "选择" 卷展栏内单击 "顶点" 按钮，进入 "顶点" 子对象编辑层。

4　在顶视图中沿 Y 轴移动横向 "顶点" 子对象，如图 16-3 所示。

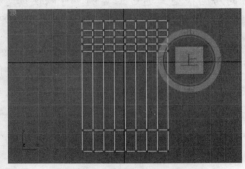

图 16-3　移动子对象

5 在前视图中沿 Y 轴移动横向"顶点"子对象，如图 16-4 所示。

6 在"选择"卷展栏内单击 ■ "多边形"按钮，进入"多边形"子对象编辑层，在左视图中选择如图 16-5 所示的子对象。

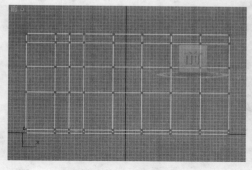 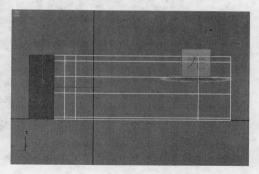

图 16-4　编辑顶点　　　　　　　　　　　　　　图 16-5　选择子对象

7 进入"编辑多边形"卷展栏，单击"挤出"按钮右侧的 □ "设置"按钮，打开"挤出多边形"对话框。在该对话框内的"挤出高度"参数栏内键入 1500.0 mm，然后单击"确定"按钮，退出该对话框，如图 16-6 所示。

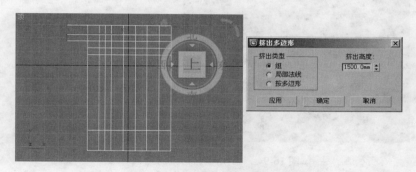

图 16-6　"挤出多边形"对话框

8 在透视图中选择如图 16-7 所示的子对象。

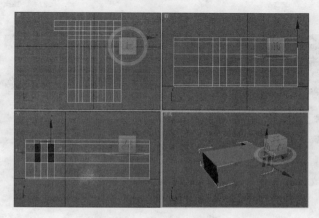

图 16-7　选择子对象

8 单击"挤出"按钮右侧的 □ "设置"按钮，打开"挤出多边形"对话框。在该对话框内的"挤出高度"参数栏内键入 70.0 mm，然后单击"确定"按钮，退出该对话框，如图 16-8 所示。

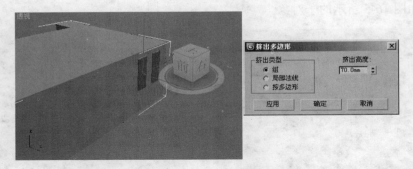

图 16-8 "挤出多边形"对话框

10 单击"倒角"按钮右侧的 □ "设置"按钮，打开"倒角多边形"对话框。在该对话框内选择"按多边形"单选按钮，在"高度"参数栏内键入 0.0 mm，在"轮廓量"参数栏内键入-40.0 mm，然后单击"确定"按钮，退出该对话框，如图 16-9 所示。

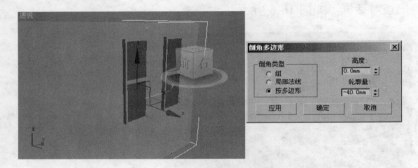

图 16-9 "倒角多边形"对话框

11 单击"挤出"按钮右侧的 □ "设置"按钮，打开"挤出多边形"对话框。在该对话框内的"挤出高度"参数栏内键入 10.0 mm，然后单击"确定"按钮，退出该对话框，如图 16-10 所示。

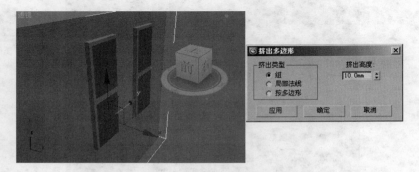

图 16-10 "挤出多边形"对话框

12 在视图中选择如图 16-11 所示的子对象。

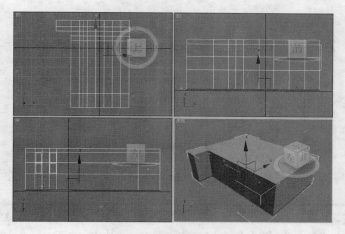

图 16-11 选择子对象

13 单击"挤出"按钮右侧的 □ "设置"按钮，打开"挤出多边形"对话框，在该对话框内选择"局部法线"单选按钮，在"挤出高度"参数栏内键入-5.0 mm，然后单击"确定"按钮，退出该对话框，如图 16-12 所示。

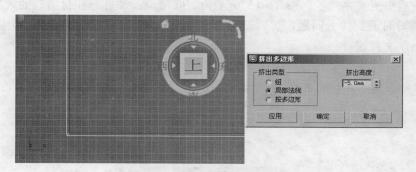

图 16-12 "挤出多边形"对话框

14 选择"房间"对象所有的多边形子对象，在"编辑多边形"卷展栏内单击"翻转"按钮，效果如图 16-13 所示。

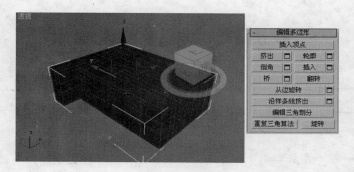

图 16-13 翻转多边形

15 进入 □ "显示"面板，在"显示属性"卷展栏内选择"背面消隐"复选框，消隐对象背面，效果如图 16-14 所示。

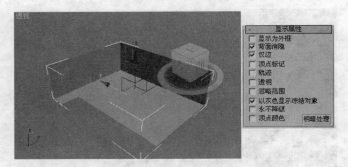

图 16-14　消隐对象背面

 提示

在制作建筑效果图时，使用较少的面能够提高编辑和渲染的速度，所以通常室内建筑效果图会使用单面模型，本实例中创建的模型就使用了这种方法。在 3ds max 2009 中，默认状态下没有背面消隐设置，这样使模型的背面呈黑色显示，影响观察和编辑；设置背面消隐后，背面不显示，更容易设置摄影机并能够大大提高工作效率。

16 现在本实例就完成了，图 16-15 所示为房间模型添加灯光和材质后的效果。如果读者在制作本练习时遇到什么问题，可以打开本书附带光盘中的"厨房效果图/实例 16：创建房间模型.max"文件进行查看。

图 16-15　房间模型添加材质和灯光后的效果

实例 17：创建桌椅模型

 实例说明

在本实例中，将指导读者创建桌椅模型，桌椅模型为酒吧椅和酒吧高脚桌，在创建过程中主要使用了多边形建模方法。通过本实例，可以使读者了解使用多边形创建家具模型的方法。

 技术要点

在本实例中，首先创建圆柱体，然后将其塌陷为多边形对象，创建出桌腿和椅子腿，使用二维型方法创建椅子面轮廓线，使用挤出方法将其转化为实体，并将其塌陷为多边形，通过编辑子对象来完成椅子面的制作。图 17-1 所示为桌椅模型添加材质和灯光后的效果。

图 17-1　桌椅模型添加材质和灯光后的效果

1　运行 3ds max 2009，创建一个新的场景，将系统单位设置为毫米，将显示单位比例设置为毫米。

2　进入 "创建" 面板下的 "几何体" 次面板，在该面板的下拉列表框内选择 "标准基本体" 选项，进入 "标准基本体" 创建面板，在 "对象类型" 卷展栏内单击 "圆柱体" 按钮。

3　在顶视图中创建一个 Cylinder01 对象，进入 "修改" 面板，将其命名为 "桌子"，在 "参数" 卷展栏内的 "半径" 和 "高度" 参数栏内分别键入 180.0 mm、15.0 mm，其他参数均使用默认值，如图 17-2 所示。

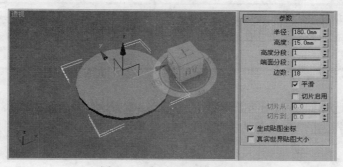

图 17-2　创建 "桌子" 对象

4　选择 "桌子" 对象，进入 "修改" 面板，在堆栈栏内右击，在弹出的快捷菜单中选择 "可编辑多边形" 选项，将其塌陷为多边形对象。在 "选择" 卷展栏内单击 "多边形" 按钮，进入 "多边形" 子对象编辑层，在顶视图中选择如图 17-3 所示的多边形。

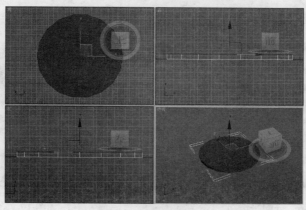

图 17-3　选择多边形

5 在"编辑多边形"卷展栏内单击"倒角"按钮右侧的▢ "设置"按钮，打开"倒角多边形"对话框。在该对话框内的"高度"参数栏内键入 45.0 mm，在"轮廓量"参数栏内键入−150.0 mm，如图 17-4 所示。然后单击"确定"按钮，退出该对话框。

6 在"选择"卷展栏内选择"按角度"复选框，在其右侧的参数栏内键入 15.0，如图 17-5 所示。

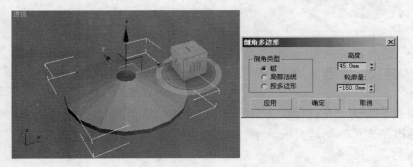

图 17-4 "倒角多边形"对话框	图 17-5 "选择"卷展栏

在编辑模型时，实用逐一点选的方式选择对象，既麻烦又不准确，选择"按角度"复选框后，会基于复选框右侧的角度设置选择相邻多边形，此值确定将选择的相邻多边形之间的最大角度。

提示

7 在视图中选择如图 17-6 左图所示的多边形，进入"多边形：平滑组"卷展栏。在该卷展栏内单击 32 号按钮，为当前选择集分配 32 号平滑组，如图 17-6 右图所示。

在默认状态下，挤出或倒角产生的子对象没有分配平滑组，如果面的数量达不到一定的程度，子对象之间会产生明显的边界，分配平滑组后，子对象会产生较为光滑的效果。

提示

8 在透视图中选择如图 17-7 所示的多边形。

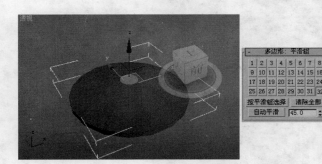
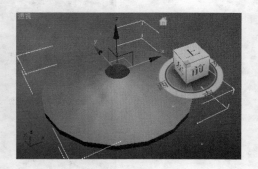

图 17-6 分配平滑组	图 17-7 选择多边形

9 单击"挤出"按钮右侧的 ▫ "设置"按钮，打开"挤出多边形"对话框。在该对话框内的"挤出高度"参数栏内键入 745.0 mm，如图 17-8 所示。然后单击"确定"按钮，退出该对话框。

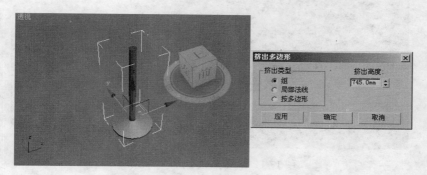

图 17-8　"挤出多边形"对话框

10 单击"倒角"按钮右侧的 ▫ "设置"按钮，打开"倒角多边形"对话框。在该对话框内的"高度"参数栏内键入 0.0 mm，在"轮廓量"参数栏内键入-12.0 mm，如图 17-9 所示。然后单击"确定"按钮，退出该对话框。

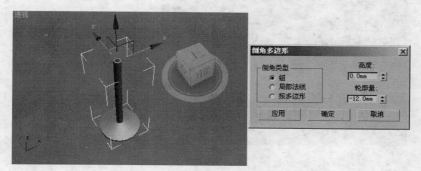

图 17-9　"倒角多边形"对话框

11 单击"挤出"按钮右侧的 ▫ "设置"按钮，打开"挤出多边形"对话框。在该对话框内的"挤出高度"参数栏内键入 160.0 mm，如图 17-10 所示。然后单击"确定"按钮，退出该对话框。

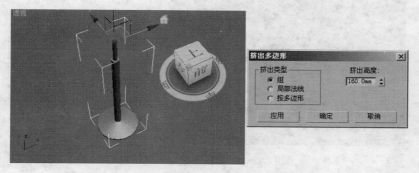

图 17-10　"挤出多边形"对话框

12 单击"倒角"按钮右侧的 ▫ "设置"按钮，打开"倒角多边形"对话框。在该对话框内的"高度"参数栏内键入 20.0 mm，在"轮廓量"参数栏内键入 30.0 mm，如图 17-11 所示。然后单击"确定"按钮，退出该对话框。

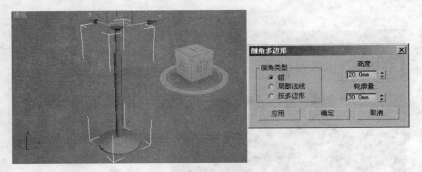

图 17-11   "倒角多边形"对话框

🔢 单击"倒角"按钮右侧的 □ "设置"按钮，打开"倒角多边形"对话框。在该对话框内的"高度"参数栏内键入 0.0 mm，在"轮廓量"参数栏内键入 280.0 mm，如图 17-12 所示。然后单击"确定"按钮，退出该对话框。

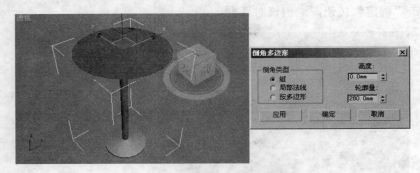

图 17-12   设置倒角效果

🔢 单击"挤出"按钮右侧的 □ "设置"按钮，打开"挤出多边形"对话框。在该对话框内的"挤出高度"参数栏内键入 15.0 mm，如图 17-13 所示。然后单击"确定"按钮，退出该对话框。

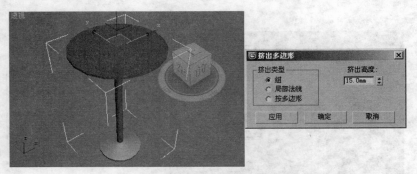

图 17-13   "挤出多边形"对话框

🔢 使用前面步骤中讲述的方法，为子对象分配平滑组，完成后的效果如图 17-14 所示。

图 17-14　为子对象分配平滑组

16　接下来需要创建酒吧椅。在"标准基本体"创建面板内单击"圆柱体"按钮，在顶视图中创建一个 Cylinder01 对象，进入 "修改"面板，将其命名为"椅子腿"。在"参数"卷展栏内的"半径"和"高度"参数栏内分别键入 222.0 mm、15.0 mm，其他参数均使用默认值，如图 17-15 所示。

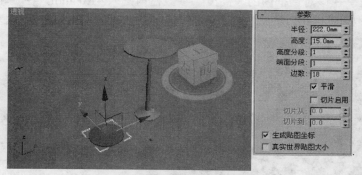

图 17-15　创建"椅子腿"对象

17　选择"椅子腿"对象，进入 "修改"面板。在堆栈栏内右击，在弹出的快捷菜单中选择"可编辑多边形"选项，将其塌陷为多边形对象。在"选择"卷展栏内单击 "多边形"按钮，进入"多边形"子对象编辑层，在顶视图中选择如图 17-16 所示的多边形。

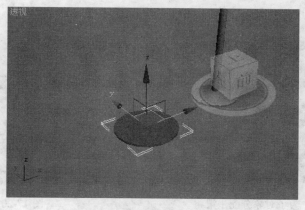

图 17-16　选择多边形子对象

⑱ 在"编辑多边形"卷展栏内单击"倒角"按钮右侧的 ▭ "设置"按钮，打开"倒角多边形"对话框。在该对话框内的"高度"参数栏内键入 30.0 mm，在"轮廓量"参数栏内键入-140.0 mm，如图 17-17 所示。然后单击"确定"按钮，退出该对话框。

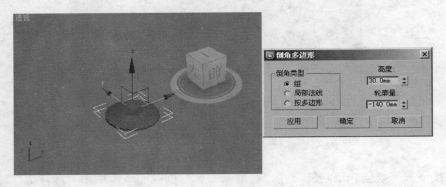

图 17-17 "倒角多边形"对话框

⑲ 在"编辑多边形"卷展栏内单击"倒角"按钮右侧的 ▭ "设置"按钮，打开"倒角多边形"对话框。在该对话框内的"高度"参数栏内键入 41.0 mm，在"轮廓量"参数栏内键入-47.0 mm，如图 17-18 所示。然后单击"确定"按钮，退出该对话框。

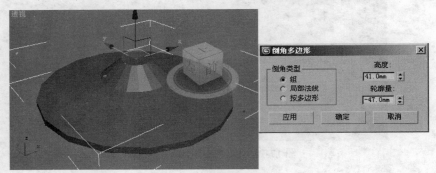

图 17-18 "倒角多边形"对话框

⑳ 在视图中选择如图 17-19 左图所示的多边形，进入"多边形：平滑组"卷展栏，在该卷展栏内单击 32 号按钮，为当前选择集分配 32 号平滑组，如图 17-19 右图所示。

㉑ 在透视图中选择如图 17-20 所示的多边形。

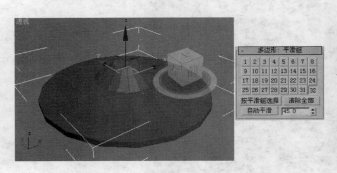

图 17-19 为子对象分配平滑组

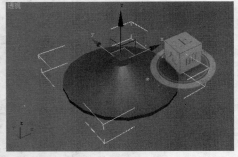

图 17-20 选择多边形

22 单击"挤出"按钮右侧的□"设置"按钮，打开"挤出多边形"对话框。在该对话框内的"挤出高度"参数栏内键入 58.0 mm，如图 17-21 所示。然后单击"确定"按钮，退出该对话框。

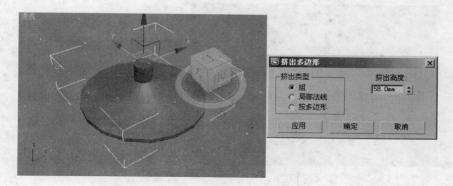

图 17-21 "挤出多边形"对话框

23 单击"倒角"按钮右侧的□"设置"按钮，打开"倒角多边形"对话框。在该对话框内的"高度"参数栏内键入 0.0 mm，在"轮廓量"参数栏内键入-12.0 mm，如图 17-22 所示。然后单击"确定"按钮，退出该对话框。

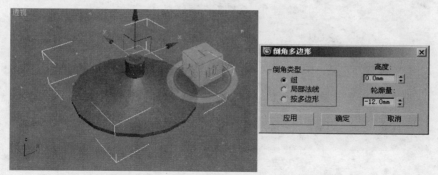

图 17-22 "倒角多边形"对话框

24 单击"挤出"按钮右侧的□"设置"按钮，打开"挤出多边形"对话框。在该对话框内的"挤出高度"参数栏内键入 120.0 mm，如图 17-23 所示。然后单击"确定"按钮，退出该对话框。

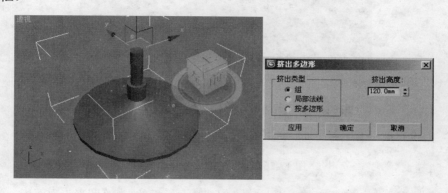

图 17-23 "挤出多边形"对话框

25 单击"倒角"按钮右侧的 □ "设置"按钮,打开"倒角多边形"对话框。在该对话框内的"高度"参数栏内键入 0.0 mm,在"轮廓量"参数栏内键入 12.0 mm,如图 17-24 所示。然后单击"确定"按钮,退出该对话框。

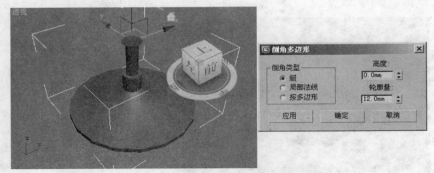

图 17-24　"倒角多边形"对话框

26 单击"挤出"按钮右侧的 □ "设置"按钮,打开"挤出多边形"对话框。在该对话框内的"挤出高度"参数栏内键入 535.0 mm,如图 17-25 所示。然后单击"确定"按钮,退出该对话框。

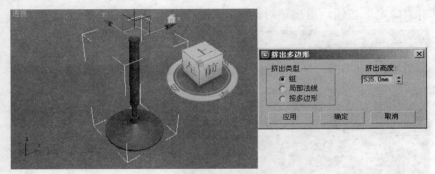

图 17-25　"挤出多边形"对话框

27 使用前面步骤中讲述的方法,为子对象分配平滑组,完成后的效果如图 17-26 所示。

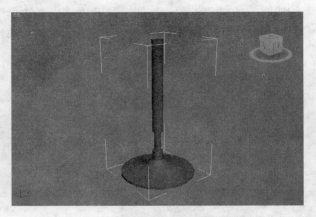

图 17-26　为子对象分配平滑组

28 制作椅子面,创建酒吧椅。进入 "创建"面板下的 "图形"次面板,单击"线"

按钮，在左视图中创建一个 Line01 对象，将其命名为"椅子面"，并将其编辑为如图 17-27
所示的形态。

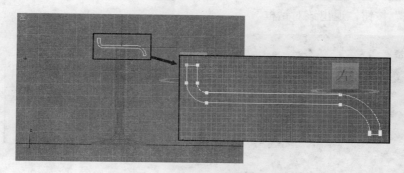

图 17-27　创建"椅子面"对象

29 选择"椅子面"对象，进入 ⌒ "修改"面板，为"椅子面"对象添加一个"挤出"
修改器，在"参数"卷展栏内的"数量"参数栏内键入 390.0 mm，在"分段"参数栏内键入
3，效果如图 17-28 所示。

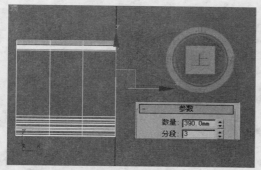

图 17-28　添加一个"挤出"修改器

30 为"椅子面"对象添加一个"编辑多边形"修改器，将其定义为"多边形"对象。
在"选择"卷展栏内激活 ⦂⦂ "顶点"按钮，进入"顶点"子对象编辑层。在顶视图中沿 X
轴移动纵向顶点，如图 17-29 所示。

31 在"选择"卷展栏内单击 ■ "多边形"按钮，进入"多边形"子对象编辑层，在透
视图中选择如图 17-30 所示的多边形。

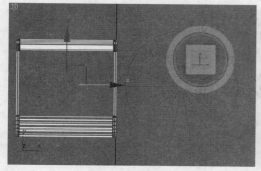

图 17-29　移动纵向顶点

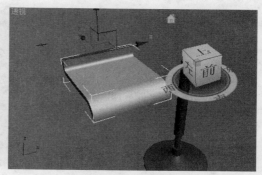

图 17-30　选择多边形

32 在"编辑多边形"卷展栏内单击"挤出"按钮右侧的 □ "设置"按钮,打开"挤出多边形"对话框。在该对话框内的"挤出高度"参数栏内键入 5.0 mm,如图 17-31 所示。然后单击"确定"按钮,退出该对话框。

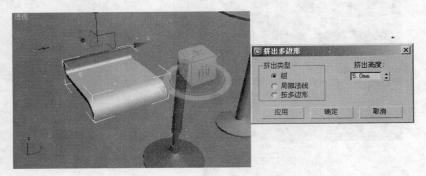

图 17-31 "挤出多边形"对话框

33 在透视图中选择如图 17-32 所示的多边形。

图 17-32 选择多边形

34 在"编辑多边形"卷展栏内单击"挤出"按钮右侧的 □ "设置"按钮,打开"挤出多边形"对话框。在该对话框内的"挤出高度"参数栏内键入 343.0 mm,如图 17-33 所示。然后单击"确定"按钮,退出该对话框。

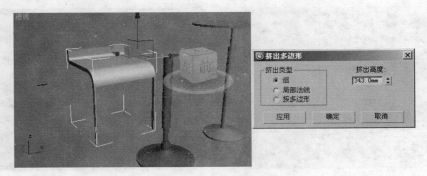

图 17-33 "挤出多边形"对话框

35　在"编辑多边形"卷展栏内单击"挤出"按钮右侧的 ⬜ "设置"按钮，打开"挤出多边形"对话框。在该对话框内的"挤出高度"参数栏内键入 5.0 mm，如图 17-34 所示。然后单击"确定"按钮，退出该对话框。

图 17-34　"挤出多边形"对话框

36　在透视图中选择如图 17-35 所示的多边形。

37　在"编辑多边形"卷展栏内单击"桥"按钮，打开"跨越多边形"对话框，如图 17-36 所示。使用默认设置，单击"确定"按钮，退出该对话框。

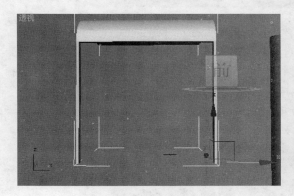

图 17-35　选择多边形

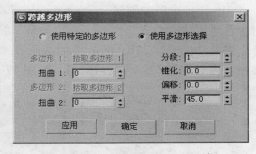

图 17-36　"跨越多边形"对话框

38　退出"跨越多边形"对话框后，在所选多边形之间会形成新的多边形，如图 17-37 所示。

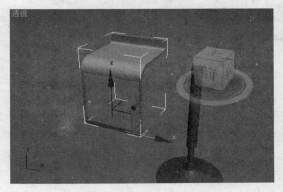

图 17-37　生成新的多边形

39 退出"椅子面"对象的子对象编辑层,然后将"椅子面"对象放置于如图 17-38 所示的位置。

40 进入 "创建"面板下的 "几何体"次面板,在该面板下的下拉列表框中选择"扩展基本体"选项,进入"扩展基本体"创建面板,在"对象类型"卷展栏中单击"切角圆柱体"按钮。

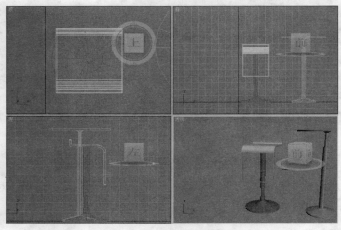

图 17-38 移动对象位置

41 在顶视图中创建一个 ChamferCyl01 对象,将其命名为"椅子把手"。选择新创建的对象,进入 "修改"面板,在"参数"卷展栏内的"半径"、"高度"和"圆角"参数栏内分别键入 7.0 mm、270.0 mm、5.0 mm,在"高度分段"、"圆角分段"、"边数"和"端面分段"参数栏内分别键入 28、4、12、1,如图 17-39 所示。

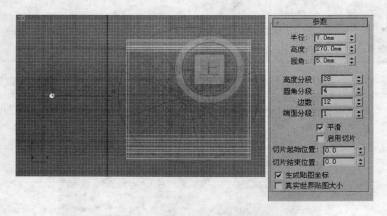

图 17-39 创建"椅子把手"对象

42 选择"椅子把手"对象,进入 "修改"面板,为该对象添加一个"弯曲"修改器。

43 在堆栈栏中单击 Bend 修改器左侧的 按钮,展开该项修改器的层级选项。在展开的层级选项中选择"中心"选项,进入"中心"子对象编辑层,在前视图中沿 Y 轴的正方向移动"中心"子对象,如图 17-40 所示。

44 在"限制"选项组内选择"限制效果"复选框,在"上限"参数栏内键入 45.0 mm,在"弯曲"选项组内的"角度"参数栏内键入 54.0,如图 17-41 所示。

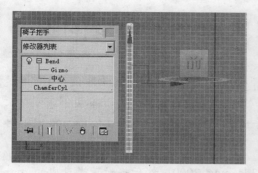

图 17-40 移动"中心"子对象

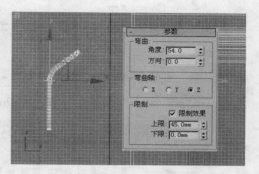

图 17-41 设置弯曲效果

45 退出"中心"子对象编辑层，在前视图中将"椅子把手"对象沿 Z 轴逆时针旋转 180°，如图 17-42 所示。

46 将"椅子把手"对象移动至如图 17-43 所示的位置。

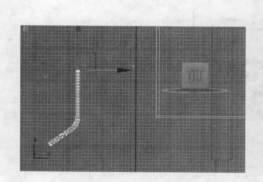

图 17-42 旋转对象

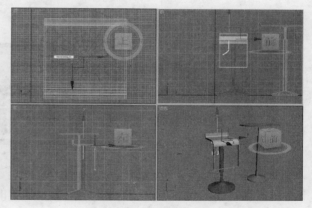

图 17-43 移动对象

47 将所有组成吧台椅的对象复制，然后旋转两把吧台椅的角度，效果如图 17-44 所示。

48 现在本实例就完成了，图 17-45 所示为桌椅模型添加灯光和材质后的效果。如果读者在制作本练习时遇到什么问题，可以打开本书附带光盘中的"厨房效果图/实例 16：创建桌椅模型.max"文件进行查看。

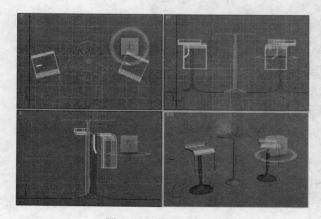

图 17-44 复制吧台椅

图 17-45 桌椅模型添加材质和灯光后的效果

实例 18：导出 LP 文件并在 Lightscape 中编辑材质

在本实例中，将指导读者从 3ds max 中将厨房场景导出为 LP 格式文件，然后在 Lightscape 中对材质进行编辑，通过本实例，可以使读者了解从 3ds max 中导出文件的方法，以及在 Lightscape 中编辑材质的方法。

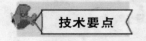

在本实例中，首先运行 3ds max 2009，然后将附带光盘中的 max 文件导出为 LP 格式文件，在 Lightscape 3.2 中打开 LP 格式文件，调整视图，并对材质进行设置，图 18-1 所示为完成后的效果。

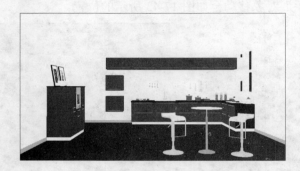

图 18-1　设置材质后的效果

1 运行 3ds max 2009，打开本书附带光盘中的"厨房效果图/实例 18：厨房.max"文件，如图 18-2 所示。

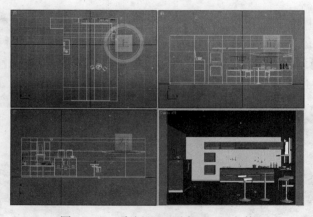

图 18-2　"实例 18：厨房.max"文件

2 激活 Camera01 视图，在菜单栏执行"文件"/"导出"命令，打开"选择要导出的文件"对话框。在"保存在"下拉列表框中选择文件保存的路径，在"文件名"文本框内键入文件名称；在"保存类型"下拉列表框中选择"Lightscape 准备（*.LP）"选项，如图 18-3 所示。

3 在"选择要导出的文件"对话框内单击"保存"按钮,打开"导入 Lightscape 准备文件"对话框。打开"视图"选项卡,在"视图"显示窗内选择"Camera01"选项,如图 18-4 所示。

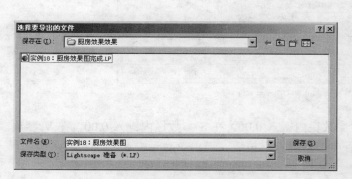

图 18-3 "选择要导出的文件"对话框   图 18-4 "导入 Lightscape 准备文件"对话框

4 单击"导入 Lightscape 准备文件"对话框内的"确定"按钮,退出该对话框。

5 运行 Lightscape 3.2,然后打开上个步骤中导出的 LP 格式文件,或者打开本书附带光盘中的"厨房效果图/实例 18:厨房.lp"文件,如图 18-5 所示。

6 首先需要对视图进行调整,在"视图控制"工具栏内单击 🔍 "放缩"按钮,调整视图,完成后的效果如图 18-6 所示。

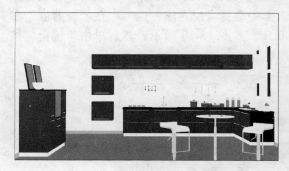

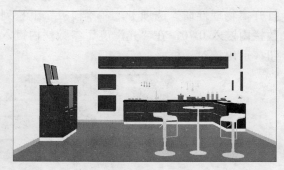

图 18-5 "实例 18:厨房.lp"文件   图 18-6 调整视图

7 在"显示"工具栏上单击 🟦 "纹理"按钮,使模型表面显示纹理,效果如图 18-7 所示。

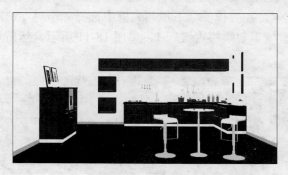

图 18-7 显示纹理

[8] 在 Materials 列表内双击"把手"选项，打开"材料 属性-把手"对话框。打开"物理性质"选项卡，在"模板"下拉列表框中选择"金属"选项，在"反射度"参数栏内键入0.9，在"光滑度"参数栏内键入 1.00，如图 18-8 所示。

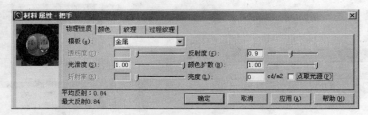

图 18-8　设置"把手"材质

[9] 打开"颜色"选项卡，在 H 参数栏内键入 0.00，在 S 参数栏内键入 0.00，在 V 参数栏内键入 0.77，如图 18-9 所示。然后单击"确定"按钮，退出该对话框。

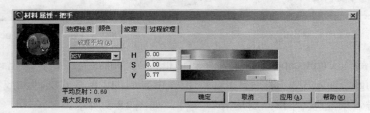

图 18-9　设置"把手"材质的颜色

[10] 在 Materials 列表内双击"白色板材"选项，打开"材料 属性-白色板材"对话框。打开"物理性质"选项卡，在"模板"下拉列表框中选择"反光漆"选项，在"反射度"参数栏内键入 0.70，在"光滑度"参数栏内键入 0.50，如图 18-10 所示。然后单击"确定"按钮，退出该对话框。

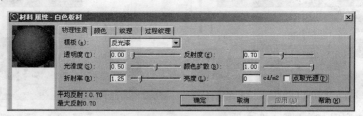

图 18-10　设置"白色板材"材质

[11] 在 Materials 列表内双击"白色塑料"选项，打开"材料 属性-白色塑料"对话框。打开"物理性质"选项卡，在"模板"下拉列表框中选择"塑料"选项，在"反射度"参数栏内键入 0.6，在"光滑度"参数栏内键入 1，如图 18-11 所示。然后单击"确定"按钮，退出该对话框。

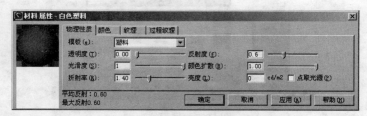

图 18-11　设置"白色塑料"材质

⑫　在 Materials 列表内双击"半透明塑料"选项，打开"材料 属性-半透明塑料"对话框。打开"物理性质"选项卡，在"模板"下拉列表框中选择"塑料"选项，在"透明度"参数栏内键入 0.5，在"反射度"参数栏内键入 0.8，在"光滑度"参数栏内键入 0.8，如图18-12 所示。然后单击"确定"按钮，退出该对话框。

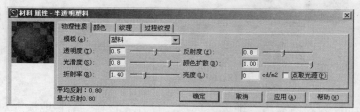

图 18-12　设置"半透明塑料"材质

⑬　在 Materials 列表内双击"玻璃"选项，打开"材料 属性-玻璃"对话框。打开"物理性质"选项卡，在"模板"下拉列表框中选择"玻璃"选项，如图 18-13 所示。

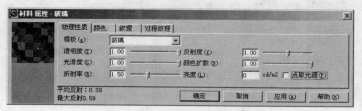

图 18-13　设置"玻璃"材质

⑭　打开"颜色"选项卡，在 H 参数栏内键入 0.00，在 S 参数栏内键入 0.00，在 V 参数栏内键入 1.00，如图 18-14 所示。然后单击"确定"按钮，退出该对话框。

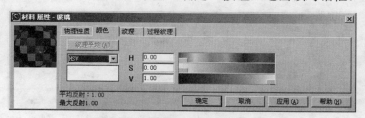

图 18-14　设置"玻璃"材质的颜色

⑮　在 Materials 列表内双击"窗户玻璃"选项，打开"材料 属性-窗户玻璃"对话框。打开"物理性质"选项卡，在"模板"下拉列表框中选择"玻璃"选项，在"反射度"参数栏内键入 0.9，如图 18-15 所示。然后单击"确定"按钮，退出该对话框。

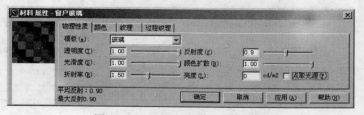

图 18-15　设置"窗户玻璃"材质

⑯　在 Materials 列表内双击"窗框"选项，打开"材料 属性-窗框"对话框。打开"物

理性质"选项卡,在"模板"下拉列表框中选择"不反光漆"选项,在"反射度"参数栏内键入 0.8,如图 18-16 所示。然后单击"确定"按钮,退出该对话框。

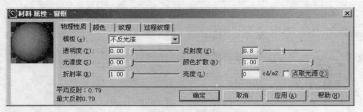

图 18-16 设置"窗框"材质

17 在 Materials 列表内双击"地板"选项,打开"材料 属性-地板"对话框。打开"物理性质"选项卡,在"模板"下拉列表框中选择"光滑瓷砖"选项,在"光滑度"参数栏内键入 0.7,如图 18-17 所示。然后单击"确定"按钮,退出该对话框。

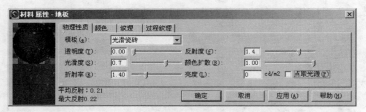

图 18-17 设置"地板"材质

18 在 Materials 列表内双击"豆子 01"选项,打开"材料 属性-豆子 01"对话框。打开"物理性质"选项卡,在"模板"下拉列表框中选择"纸"选项,如图 18-18 所示。然后单击"确定"按钮,退出该对话框。

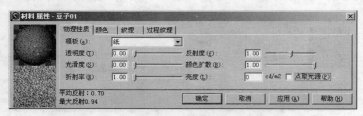

图 18-18 设置"豆子 01"材质

19 在 Materials 列表内双击"豆子 02"选项,打开"材料 属性-豆子 02"对话框。打开"物理性质"选项卡,在"模板"下拉列表框中选择"纸"选项,如图 18-19 所示。然后单击"确定"按钮,退出该对话框。

图 18-19 设置"豆子 02"材质

20 在 Materials 列表内双击"豆子 03"选项,打开"材料 属性-豆子 03"对话框。打开

"物理性质"选项卡，在"模板"下拉列表框中选择"纸"选项，如图 18-20 所示。然后单击"确定"按钮，退出该对话框。

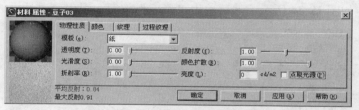

图 18-20 设置"豆子 03"材质

21 在 Materials 列表内双击"锅把手"选项，打开"材料 属性-锅把手"对话框。打开"物理性质"选项卡，在"模板"下拉列表框中选择"塑料"选项，在"光滑度"参数栏内键入 0.7，如图 18-21 所示。然后单击"确定"按钮，退出该对话框。

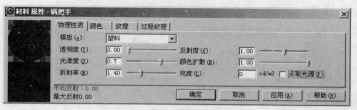

图 18-21 设置"锅把手"材质

22 在 Materials 列表内双击"锅盖"选项，打开"材料 属性-锅盖"对话框。打开"物理性质"选项卡，在"模板"下拉列表框中选择"玻璃"选项，在"透明度"参数栏内键入 0.3，在"光滑度"参数栏内键入 0.8，如图 18-22 所示。然后单击"确定"按钮，退出该对话框。

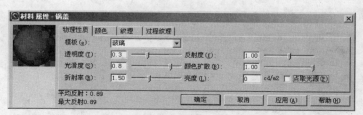

图 18-22 设置"锅盖"材质

23 在 Materials 列表内双击"锅身"选项，打开"材料 属性-锅身"对话框。打开"物理性质"选项卡，在"模板"下拉列表框中选择"反光漆"选项，在"反射度"参数栏内键入 0.9，在"光滑度"参数栏内键入 0.50，如图 18-23 所示。然后单击"确定"按钮，退出该对话框。

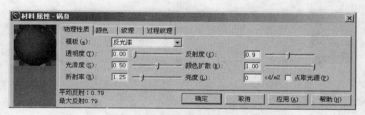

图 18-23 设置"锅身"材质

24 在 Materials 列表内双击"黑色板材"选项，打开"材料 属性-黑色板材"对话框。打开"物理性质"选项卡，在"模板"下拉列表框中选择"反光漆"选项，在"光滑度"参数栏内键入 0.7，如图 18-24 所示。然后单击"确定"按钮，退出该对话框。

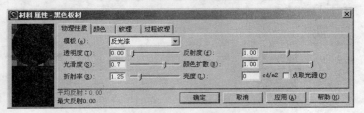

图 18-24　设置"黑色板材"材质

25 在 Materials 列表内双击"黑色金属"选项，打开"材料 属性-黑色金属"对话框。打开"物理性质"选项卡，在"模板"下拉列表框中选择"金属"选项，在"反射度"参数栏内键入 0.7，如图 18-25 所示。然后单击"确定"按钮，退出该对话框。

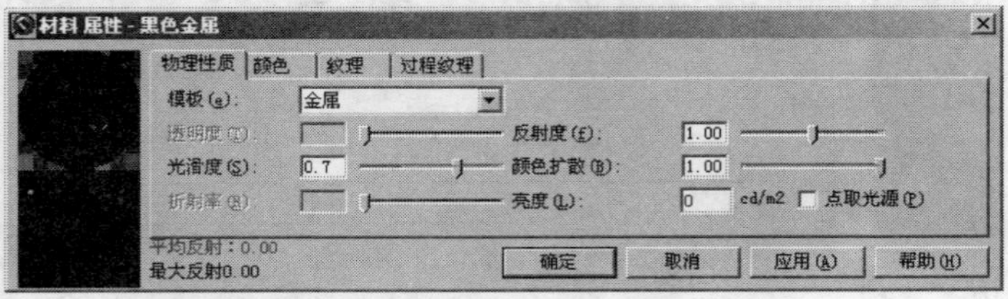

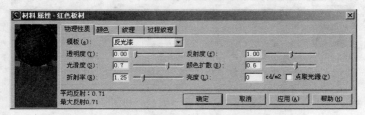

图 18-25　设置"黑色金属"材质

26 在 Materials 列表内双击"红色板材"选项，打开"材料 属性-红色板材"对话框。打开"物理性质"选项卡，在"模板"下拉列表框中选择"反光漆"选项，在"光滑度"参数栏内键入 0.7，在"颜色扩散"参数栏内键入 0.6，如图 18-26 所示。然后单击"确定"按钮，退出该对话框。

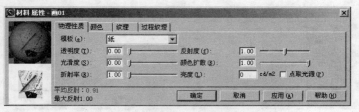

图 18-26　设置"红色板材"材质

27 在 Materials 列表内双击"画 01"选项，打开"材料 属性-画 01"对话框。打开"物理性质"选项卡，在"模板"下拉列表框中选择"纸"选项，如图 18-27 所示。然后单击"确定"按钮，退出该对话框。

图 18-27　设置"画 01"材质

28 在 Materials 列表内双击"画 3"选项，打开"材料 属性-画 3"对话框。打开"物理性质"选项卡，在"模板"下拉列表框中选择"纸"选项，如图 18-28 所示。然后单击"确定"按钮，退出该对话框。

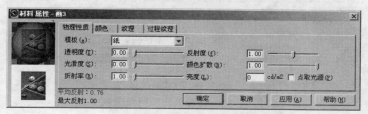

图 18-28　设置"画 3"材质

28 在 Materials 列表内双击"画框 01"选项，打开"材料 属性-画框 01"对话框。打开"物理性质"选项卡，在"模板"下拉列表框中选择"塑料"选项，在"光滑度"参数栏内键入 0.40，如图 18-29 所示。然后单击"确定"按钮，退出该对话框。

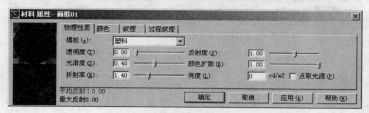

图 18-29　设置"画框 01"材质

30 在 Materials 列表内双击"画框 02"选项，打开"材料 属性-画框 02"对话框。打开"物理性质"选项卡，在"模板"下拉列表框中选择"塑料"选项，在"光滑度"参数栏内键入 0.4，如图 18-30 所示。然后单击"确定"按钮，退出该对话框。

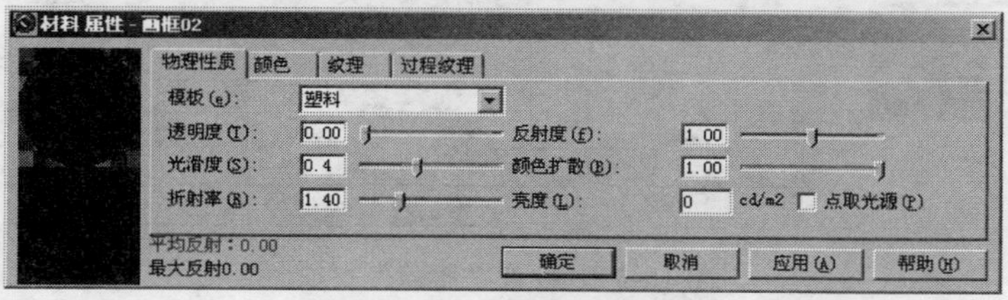

图 18-30　设置"画框 02"材质

31 在 Materials 列表内双击"酒"选项，打开"材料 属性-酒"对话框。打开"物理性质"选项卡，在"模板"下拉列表框中选择"水"选项，在"透明度"参数栏内键入 0.7，如图 18-31 所示。

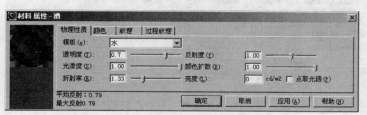

图 18-31　设置"酒"材质

32 进入"颜色"选项卡，在 H 参数栏内键入 350，在 S 参数栏内键入 1，在 V 参数栏内键入 0.6，如图 18-32 所示。然后单击"确定"按钮，退出该对话框。

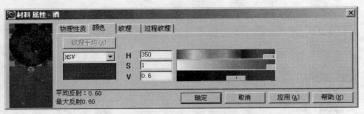

图 18-32　设置"酒"材质颜色

33 在 Materials 列表内双击"苹果"选项，打开"材料 属性-苹果"对话框。打开"物理性质"选项卡，在"模板"下拉列表框中选择"反光漆"选项，在"光滑度"参数栏内键入 0.3，如图 18-33 所示。然后单击"确定"按钮，退出该对话框。

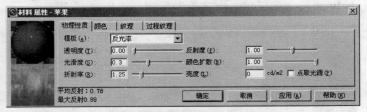

图 18-33　设置"苹果"材质

34 在 Materials 列表内双击"瓶盖"选项，打开"材料 属性-瓶盖"对话框。打开"物理性质"选项卡，在"模板"下拉列表框中选择"金属"选项，在"光滑度"参数栏内键入 0.5，如图 18-34 所示。然后单击"确定"按钮，退出该对话框。

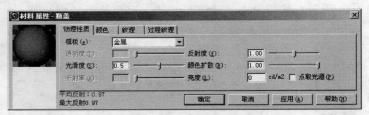

图 18-34　设置"瓶盖"材质

35 在 Materials 列表内双击"瓶身"选项，打开"材料 属性-瓶身"对话框。打开"物理性质"选项卡，在"模板"下拉列表框中选择"玻璃"选项，在"光滑度"参数栏内键入 0.9，如图 18-35 所示。然后单击"确定"按钮，退出该对话框。

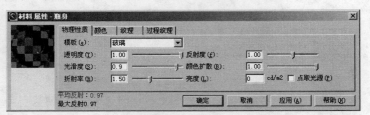

图 18-35　设置"瓶身"材质

36 在 Materials 列表内双击"墙体"选项，打开"材料 属性-墙体"对话框。打开"物理性质"选项卡，在"模板"下拉列表框中选择"不反光漆"选项，在"反射度"参数栏内键入 0.8，如图 18-36 所示。然后单击"确定"按钮，退出该对话框。

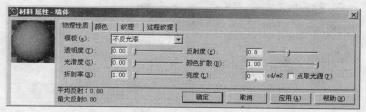

图 18-36　设置"墙体"材质

37 在 Materials 列表内双击"勺把"选项，打开"材料 属性-勺把"对话框。打开"物理性质"选项卡，在"模板"下拉列表框中选择"塑料"选项，在"光滑度"参数栏内键入 0.6，如图 18-37 所示。然后单击"确定"按钮，退出该对话框。

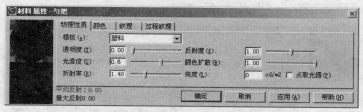

图 18-37　设置"勺把"材质

38 在 Materials 列表内双击"勺子"选项，打开"材料 属性-勺子"对话框。打开"物理性质"选项卡，在"模板"下拉列表框中选择"抛光木材"选项，在"光滑度"参数栏内键入 0.5，如图 18-38 所示。然后单击"确定"按钮，退出该对话框。

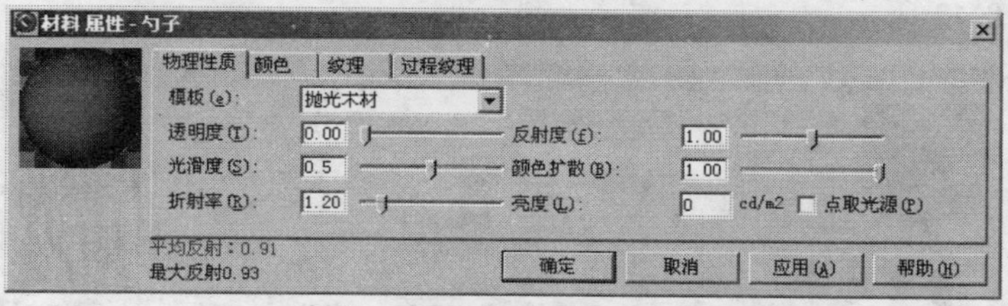

图 18-38　设置"勺子"材质

39 在 Materials 列表内双击"陶瓷"选项，打开"材料 属性-陶瓷"对话框。打开"物理性质"选项卡，在"模板"下拉列表框中选择"光滑瓷砖"选项，在"反射度"参数栏内键入 0.6，如图 18-39 所示。然后单击"确定"按钮，退出该对话框。

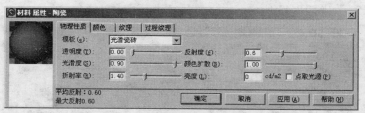

图 18-39　设置"陶瓷"材质

40 在 Materials 列表内双击"踢脚线"选项，打开"材料 属性-踢脚线"对话框。打开

"物理性质"选项卡,在"模板"下拉列表框中选择"不反光漆"选项,如图 18-40 所示。然后单击"确定"按钮,退出该对话框。

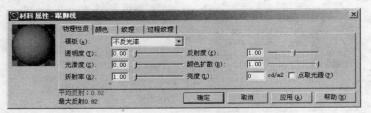

图 18-40 设置"踢脚线"材质

41 在 Materials 列表内双击"透明塑料"选项,打开"材料 属性-透明塑料"对话框。打开"物理性质"选项卡,在"模板"下拉列表框中选择"塑料"选项,在"透明度"参数栏内键入 0.9,在"反射度"参数栏内键入 0.6,在"光滑度"参数栏内键入 1,如图 18-41 所示。然后单击"确定"按钮,退出该对话框。

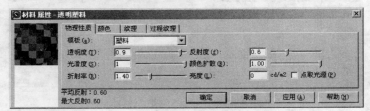

图 18-41 设置"透明塑料"材质

42 在 Materials 列表内双击"微波炉"选项,打开"材料 属性-微波炉"对话框。打开"物理性质"选项卡,在"模板"下拉列表框中选择"金属"选项,在"光滑度"参数栏内键入 0.6,如图 18-42 所示。

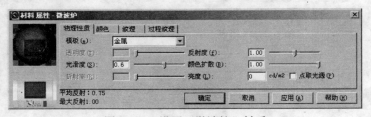

图 18-42 设置"微波炉"材质

43 在 Materials 列表内双击"微波炉玻璃"选项,打开"材料 属性-微波炉玻璃"对话框。打开"物理性质"选项卡,在"模板"下拉列表框中选择"金属"选项,在"光滑度"参数栏内键入 0.5,如图 18-43 所示。

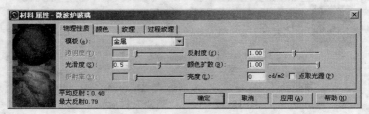

图 18-43 设置"微波炉玻璃"材质

44 在 Materials 列表内双击"香料 01"选项，打开"材料 属性-香料 01"对话框。打开"物理性质"选项卡，在"模板"下拉列表框中选择"纸"选项，如图 18-44 所示。然后单击"确定"按钮，退出该对话框。

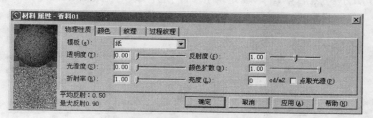

图 18-44　设置"香料 01"材质

45 在 Materials 列表内双击"香料 02"选项，打开"材料 属性-香料 02"对话框。打开"物理性质"选项卡，在"模板"下拉列表框中选择"纸"选项，如图 18-45 所示。然后单击"确定"按钮，退出该对话框。

图 18-45　设置"香料 02"材质

46 在 Materials 列表内双击"油烟机塑料"选项，打开"材料 属性-油烟机塑料"对话框。打开"物理性质"选项卡，在"模板"下拉列表框中选择"塑料"选项，在"光滑度"参数栏内键入 0.7，如图 18-46 所示。然后单击"确定"按钮，退出该对话框。

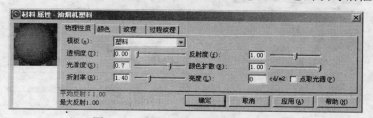

图 18-46　设置"油烟机塑料"材质

47 在 Materials 列表内双击"芝麻"选项，打开"材料 属性-芝麻"对话框。打开"物理性质"选项卡，在"模板"下拉列表框中选择"纸"选项，如图 18-47 所示。然后单击"确定"按钮，退出该对话框。

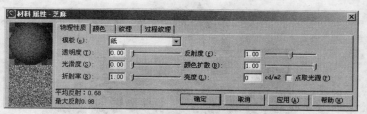

图 18-47　设置"芝麻"材质

48 在 Materials 列表内双击"桌面"选项，打开"材料 属性-桌面"对话框。打开"物理性质"选项卡，在"模板"下拉列表框中选择"塑料"选项，在"光滑度"参数栏内键入 0.7，如图 18-48 所示。然后单击"确定"按钮，退出该对话框。

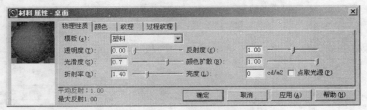

图 18-48　设置"桌面"材质

48 在 Materials 列表内双击"桌腿"选项，打开"材料 属性-桌腿"对话框。打开"物理性质"选项卡，在"模板"下拉列表框中选择"金属"选项，在"反射度"参数栏内键入 0.9，在"光滑度"参数栏内键入 1.00，如图 18-49 所示。

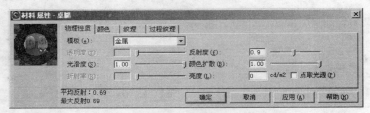

图 18-49　设置"桌腿"材质

50 打开"颜色"选项卡，在 H 参数栏内键入 0.00，在 S 参数栏内键入 0.00，在 V 参数栏内键入 0.77，如图 18-50 所示。然后单击"确定"按钮，退出该对话框。

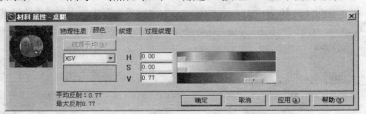

图 18-50　设置"桌腿"材质颜色

51 材质设置结束后，本实例就全部制作完成了，完成后的效果如图 18-51 所示。将本实例保存，以便在下个实例中使用。

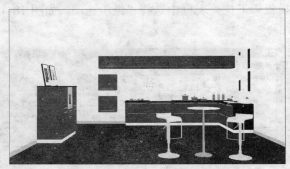

图 18-51　设置材质后的效果

实例 19：在 Lightscape 中处理表面和渲染输出

 **实例说明**　在本实例中，将继续上个实例中的练习，处理模型表面、设置背景颜色，并设置渲染输出，通过本实例，使读者了解在 Lightscape 中定义洞口和窗口，并编辑洞口和窗口的细化面，然后将场景渲染输出。

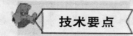 **技术要点**　在本实例中，首先将背景设置为白色，然后处理模型表面，设置网格分辨率，并定义窗口和洞口，最后设置渲染和输出，图 19-1 所示为本实例完成后的效果。

图 19-1　厨房效果图渲染输出后的效果

① 运行 Lightscape 3.2，打开实例 18 保存的文件，如图 19-2 所示。

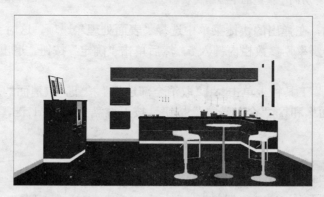

图 19-2　实例 18 保存的文件

② 在菜单栏执行"文件"/"属性"命令，打开"文件属性"对话框。打开"文件属性"对话框内的"颜色"选项卡，在 H 参数栏内键入 0、S 参数栏内键入 0.00、V 参数栏内键入 1，单击"背景"行的◀按钮，如图 19-3 所示。将设置颜色应用于背景，单击"应用"按钮，然后单击"确定"按钮，退出该对话框。

③ 在"阴影"工具栏上单击◈"轮廓"按钮，改变视图显示方式，如图 19-4 所示。

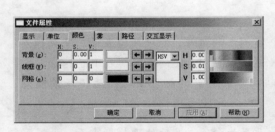

图 19-3　"文件属性"对话框

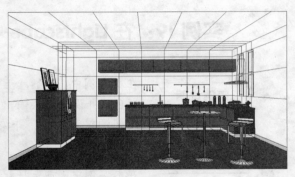

图 19-4　设置视图显示方式

4 在 Blocks 列表中右击"房间"选项，在弹出的快捷菜单中选择"单独编辑"选项，这时将进入"房间"模型的单独编辑状态，如图 19-5 所示。

5 在"选择集"工具栏上单击 ⬚ "局部区域选择"和 ⬚ "面"按钮，在视图中选择如图 19-6 所示的面。

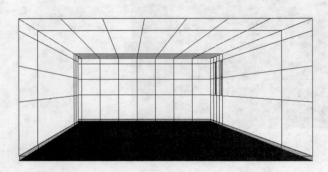

图 19-5　进入"房间"模型的单独编辑状态

图 19-6　选择面

6 右击选择面，在弹出的快捷菜单中选择"表面处理"选项，这时会打开"表面处理"对话框。在"网格分辨率"参数栏内键入 5，然后单击"确定"按钮，退出对话框，如图 19-7 所示。

7 在"选择集"工具栏上单击 ⬚ "取消全部选择"按钮，取消面的选择。在"选择集"工具栏上单击 ⬚ "面"和 ⬚ "全部选择"按钮，按下键盘上的 Ctrl 键，在视图中选择如图 19-8 所示的面。

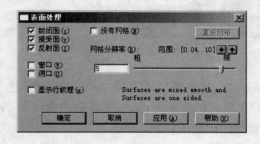

图 19-7　"表面处理"对话框

图 19-8　选择面

⑧ 右击选择面，在弹出的快捷菜单中选择"表面处理"选项，这时会打开"表面处理"对话框。在"网格分辨率"参数栏内键入 1，并选择"洞口"复选框如图 19-9 所示，然后单击"确定"按钮，退出对话框。

⑨ 在"选择集"工具栏上单击 🔲 "取消全部选择"按钮，取消面的选择。在"选择集"工具栏上单击 ▶ "选择"和 🔲 "面"按钮，按下键盘上的 Ctrl 键，在视图中选择如图 19-10 所示的面。

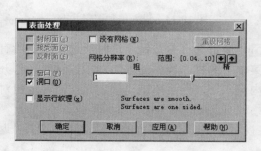

图 19-9 "表面处理"对话框

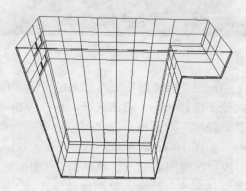

图 19-10 选择面

⑩ 右击选择面，在弹出的快捷菜单中选择"表面处理"选项，这时会打开"表面处理"对话框。选择"洞口"复选框，然后单击"确定"按钮，退出对话框。

⑪ 在"选择集"工具栏上单击 🔲 "取消全部选择"按钮，取消面的选择。在"选择集"工具栏上单击 🔲 "面"和 🔲 "全部选择"按钮，按下键盘上的 Ctrl 键，在视图中选择窗户玻璃部分的面，如图 19-11 所示。

⑫ 右击选择面，在弹出的快捷菜单中选择"表面处理"选项，这时会打开"表面处理"对话框。在"网格分辨率"参数栏内键入 1，并选择"窗口"复选框如图 19-12 所示，然后单击"确定"按钮，退出对话框。

图 19-11 选择窗户玻璃部分的面

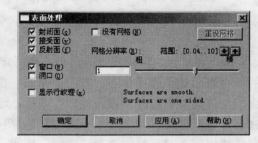

图 19-12 "表面处理"对话框

⑬ 在视图的空白区域单击，取消面选择。在视图上右击，在弹出的快捷菜单中选择"返回到整体模式"选项，返回到整体编辑模式。

⑭ 在"选择集"工具栏上单击 🔲 "块"按钮，在视图中选择"壁柜 01"、"壁柜 02"、"壁柜 03"、"拐角橱柜"和"立式橱柜"五个模型，如图 19-13 所示。

⑮ 右击选择模型，在弹出的快捷菜单中选择"单独编辑视图"选项，进入所选模型的单独编辑状态，如图 19-14 所示。

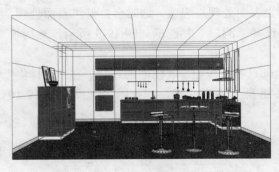

图 19-13 选择模型

图 19-14 进入单独编辑状态

16 在"选择集"工具栏上单击 "面"和 "全部选择"按钮,这时所选模型的所有表面处于选择状态。右击选择面,在弹出的快捷菜单中选择"表面处理"选项,这时会打开"表面处理"对话框。在"网格分辨率"参数栏内键入 5,然后单击"确定"按钮,退出对话框,如图 19-15 所示。

17 在视图的空白区域单击,取消面选择。在视图上右击,在弹出的快捷菜单中选择"返回到整体模式"选项,返回整体模式。

18 在 Blocks 列表中右击"抽油烟机"选项,在弹出的快捷菜单中选择"单独编辑"选项,这时将进入"抽油烟机"模型的单独编辑状态,如图 19-16 所示。

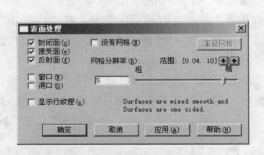

图 19-15 "表面处理"对话框

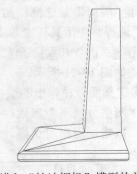

图 19-16 进入"抽油烟机"模型的单独编辑状态

19 在单独编辑模式下,单击"选择集"工具栏上的 "全部选择"按钮,这时该模型的所有表面处于选择状态。右击选择面,在弹出的快捷菜单中选择"表面处理"选项,这时会打开"表面处理"对话框。在"网格分辨率"参数栏内键入 4,然后单击"确定"按钮,退出对话框,如图 19-17 所示。

20 在视图的空白区域单击,取消面选择。在视图上右击,在弹出的快捷菜单中选择"返回到整体模式"选项,返回到整体编辑模式。

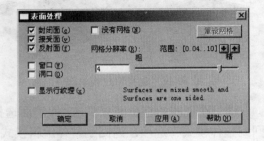

图 19-17 "表面处理"对话框

21 在"选择集"工具栏上单击 "块"按钮,在视图中选择"椅面 01"和"椅面 02"两个模型,如图 19-18 所示。

22 右击选择模型,在弹出的快捷菜单中选择"单独编辑视图"选项,进入所选模型的单独编辑状态。在"选择集"工具栏上单击 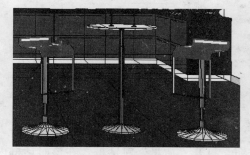 "面"和 "全部选择"按钮，这时所选模型的所有表面处于选择状态。右击选择面，在弹出的快捷菜单中选择"表面处理"选项，这时会打开"表面处理"对话框。在"网格分辨率"参数栏内键入 3，然后单击"确定"按钮，退出对话框，如图 19-19 所示。

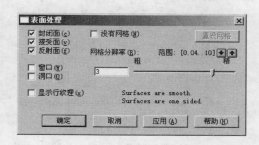

图 19-18　选择模型　　　　　　　　　　　　图 19-19　"表面处理"对话框

23 在菜单栏执行"光照"/"日光"命令，打开"日光设置"对话框。在"日光设置"对话框底部选择"直接控制"复选框，这时该对话框内的"位置"和"时间"选项卡将被"直接控制"选项卡替代。打开"直接控制"选项卡，在"旋转"参数栏键入 182，在"仰角"参数栏键入 60，拖动"太阳光"滑块直到数字显示为 56356，如图 19-20 所示。然后单击"确定"按钮，退出该对话框。

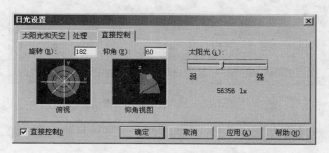

图 19-20　"日光设置"对话框

24 在"阴影"工具栏上单击 "实体"按钮，改变视图显示方式，如图 19-21 所示。

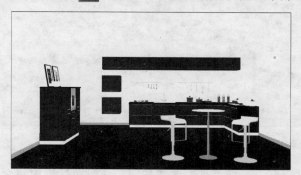

图 19-21　改变视图显示方式

25 在"光能传递"工具栏上单击 "初始化"按钮，这时会打开 Lightscape 对话框。在该对话框内单击"是"按钮，退出该对话框。

26 在菜单栏执行"处理"/"参数"命令，打开"处理参数"对话框，如图 19-22 所示。

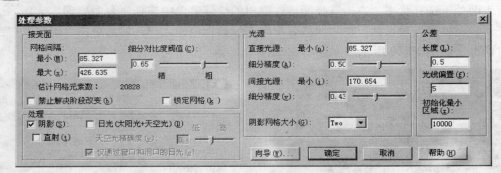

图 19-22 "处理参数"对话框

27 在"处理参数"对话框内单击"向导"按钮，打开"质量"对话框。在该对话框内选择 3 单选按钮，如图 19-23 所示。

图 19-23 "质量"对话框

28 在"质量"对话框内单击"下一步"按钮，打开"日光"对话框，如图 19-24 所示。

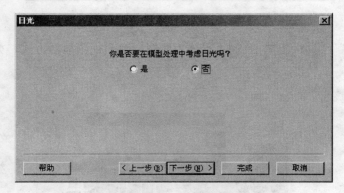

图 19-24 "日光"对话框

29 在"日光"对话框内选择"是"单选按钮，这时对话框内将会出现新的内容，然后在该对话框内选择"模型是一个仅通过窗口和洞口日光的室内模型"单选按钮，如图 19-25 所示。

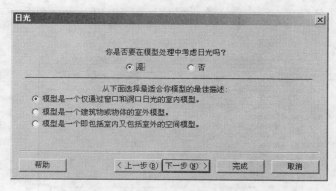

图 19-25　设置"日光"对话框

30　在"日光"对话框内单击"下一步"按钮，打开"完成向导"对话框，如图 19-26 所示。

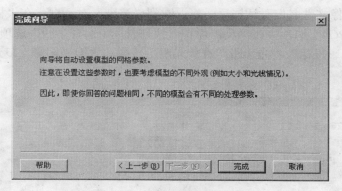

图 19-26　"完成向导"对话框

31　退出"处理参数"对话框后，在"光能传递"工具栏上单击 ✖ "开始"按钮，计算机开始计算光能传递，如图 19-27 所示。

32　当场景变成如图 19-28 所示的效果时，在"光能传递"工具栏上单击 ♦ "停止"按钮，结束光影传递操作。

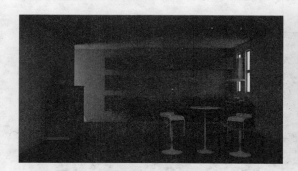

图 19-27　光影传递中

图 19-28　光影传递效果

33　在菜单栏执行"文件"/"渲染"命令，打开"渲染"对话框。在"渲染"对话框内单击"浏览"按钮，打开"图像文件名"对话框。在"查找范围"下拉列表框中选择文件保存的路径,在"文件名"文本框内键入文件名称如图 19-29 所示,然后单击"打开"按钮,退出该对话框。

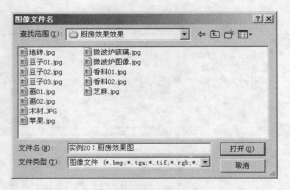

图 19-29 "图像文件名"对话框

34 退出"图像文件名"对话框后,将返回到"渲染"对话框。在"格式"下拉列表框中选择"JPEG(JPG)"选项,在"反锯齿"下拉列表框中选择"四"选项;在"光影跟踪"选项组内选择"光影跟踪"、"光影跟踪直接光照"、"柔和太阳光阴影"复选框,如图 19-30 所示。

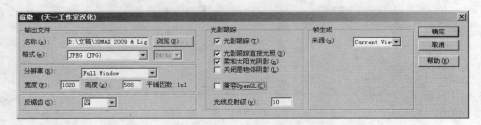

图 19-30 "渲染"对话框

35 在"渲染"对话框内单击"确定"按钮,退出该对话框。这时会打开 Lightscape 对话框如图 19-31 所示,单击"确定"按钮退出该对话框。

36 退出 Lightscape 对话框后,开始渲染场景,渲染后的效果如图 19-32 所示,现在本实例就全部完成了。

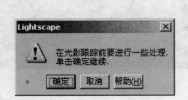

图 19-31 Lightscape 对话框

图 19-32 厨房效果图渲染输出后的效果

实例 20：使用 Photoshop CS4 处理厨房效果图

 **实例说明** 在本实例中，将指导读者在 Photoshop CS4 中处理厨房效果图，通过裁切图像、调节色相饱和度、添加配景等来完成厨房效果图的制作。通过本实例，可以使读者了解光源类配景的制作方法。

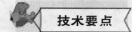 **技术要点** 在本实例中，首先需要裁切图像，然后编辑图像的亮度和饱和度，接下来添加花瓶配景，最后添加壁灯配景，在添加壁灯配景时需要设置阴影和光源的照射效果，图 20-1 所示为本实例完成后的效果。

图 20-1 进行处理后的效果

1 运行 Photoshop CS4，打开实例 19 输出的图片文件，或者打开本书附带光盘中的"厨房效果图/实例 20：厨房.jpg"文件，如图 20-2 所示。

2 使用工具箱中的 ⊐"裁剪工具"，然后参照图 20-3 所示来创建裁剪框，按下键盘上的 Enter 键，结束"裁剪"操作。

图 20-2 "实例 20：厨房.jpg"文件

图 20-3 创建裁剪框

3 在菜单栏执行"图像"/"调整"/"亮度/对比度"命令，打开"亮度/对比度"对话框。在"亮度"参数栏内键入 35，在"对比度"参数栏内键入 25，然后单击"确定"按钮，退出该对话框，如图 20-4 所示。

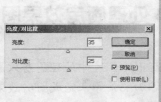

图 20-4　"亮度/对比度"对话框

4　在菜单栏执行"图像"/"调整"/"色相/饱和度"命令，打开"色相/饱和度"对话框。在"色相"参数栏内键入 0；在"饱和度"参数栏内键入 5；在"明度"参数栏内键入 5，然后单击"确定"按钮，退出该对话框，如图 20-5 所示。

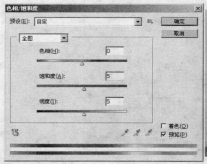

图 20-5　"色相/饱和度"对话框

5　打开本书附带光盘中的"厨房效果图/花瓶.tif"文件，如图 20-6 所示。

6　使用工具箱中的 ▸┼ "移动工具"拖动"花瓶.tif"图像到"实例 20：厨房.jpg"文档中，复制图像如图 20-7 所示，在"图层"调板中会出现"图层 1"层。

图 20-6　"花瓶.tif"文件　　　　　　　　　　　　图 20-7　复制图像

7　在"图层"调板中选择"图层 1"，在菜单栏执行"编辑"/"自由变换"命令，打开自由变换框，将"图层 1"的图像缩放并移动至如图 20-8 所示的位置。

8　选择工具箱中的 ▭ "渐变工具"，在属性栏中单击 ▭ "线性渐变"按钮，单击工具箱中的 ◙ "以快速蒙版模式编辑"按钮，进入快速蒙版模式编辑状态，然后参照图 20-9 所示设置蒙版区域。

图 20-8 缩放并移动图层

图 20-9 设置蒙版区域

9 单击工具箱中的 "以标准模式编辑" 按钮，进入标准模式编辑状态，生成如图 20-10 所示的选区。

图 20-10 生成选区

10 在菜单栏执行 "图像" / "调整" / "亮度/对比度" 命令，打开 "亮度/对比度" 对话框。在 "亮度" 参数栏内键入 35，在 "对比度" 参数栏内键入 20，然后单击 "确定" 按钮，退出该对话框，如图 20-11 所示。

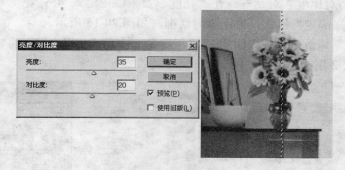

图 20-11 "亮度/对比度" 对话框

11 在键盘上按 Ctrl+Shift+I 组合键反选选区，在菜单栏执行 "图像" / "调整" / "亮度/对比度" 命令，打开 "亮度/对比度" 对话框。在 "亮度" 参数栏内键入-50，在 "对比度" 参数栏内键入-30，然后单击 "确定" 按钮，退出该对话框，如图 20-12 所示。

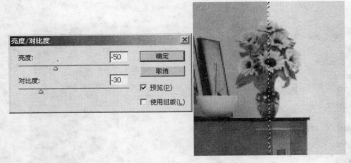

图 20-12　设置花瓶暗部效果

⓬ 打开本书附带光盘中的"厨房效果图/壁灯.tif"文件，如图 20-13 所示。

⓭ 用工具箱中的 ⊹"移动工具"拖动"壁灯.tif"图像到"实例 20：厨房.jpg"文档中，复制图像，在"图层"调板中会出现"图层 2"层。

⓮ 在"图层"调板中选择"图层 2"，在菜单栏执行"编辑"/"自由变换"命令，打开自由变换框，将"图层 2"层缩放并移动至如图 20-14 所示的位置。

图 20-13　"壁灯.tif"文件

图 20-14　编辑图层

⓯ 在"图层"调板中选择"图层 2"，在菜单栏执行"图像"/"调整"/"亮度/对比度"命令，打开"亮度/对比度"对话框。在"亮度"参数栏内键入 45；在"对比度"参数栏内键入 0，然后单击"确定"按钮，退出该对话框，如图 20-15 所示。

⓰ 在"图层"调板中选择"图层 2"，在键盘上按 Ctrl+J 组合键，将该层复制，复制的图层名称为"图层 2 副本"层，如图 20-16 所示。

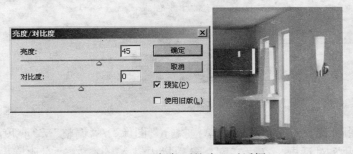

图 20-15　"亮度/对比度"对话框

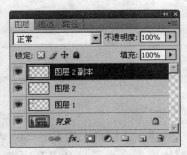

图 20-16　复制图层

17 在"图层"调板中选择"图层 2"，在菜单栏执行"编辑"/"变换"/"水平翻转"命令，将"图层 2"层水平翻转，如图 20-17 所示。

18 将"图层 2"移动至如图 20-18 所示的位置。

19 选择工具箱中的 "渐变工具"，单击工具箱中的 "以快速蒙版模式编辑"按钮，进入快速蒙版模式编辑状态，然后参照图 20-19 所示设置蒙版区域。

图 20-17　水平翻转图像　　　　图 20-18　移动图层　　　　图 20-19　设置蒙版区域

20 单击工具箱中的 "以标准模式编辑"按钮，进入标准模式编辑状态，生成如图 20-20 所示的选区。

图 20-20　生成选区

21 在菜单栏中执行"滤镜"/"模糊"/"高斯模糊"命令，打开"高斯模糊"对话框。在"半径"参数栏内键入 2.5，单击"确定"按钮，退出该对话框，如图 20-21 所示。

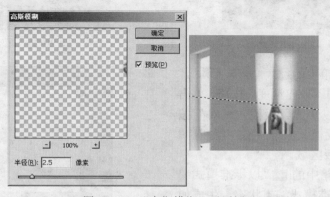

图 20-21　"高斯模糊"对话框

22 在"图层"调板中单击"图层 2"缩览图，设置选区，然后单击 "指示图层可见性"按钮，关闭该层。

23 在"图层"调板单击 ![按钮] "创建新的填充或调整图层"按钮，在弹出的快捷菜单中选择"亮度/对比度"选项，进入"调整"调板，在"亮度"参数栏内键入-30，如图 20-22 所示，在"图层"调板会出现"亮度/对比度 1"层。

24 在"图层"调板中选择"亮度/对比度 1"，在"图层"调板单击 ![按钮] "创建新图层"按钮，创建一个新图层——"图层 3"，如图 20-23 所示。

图 20-22　"调整"调板

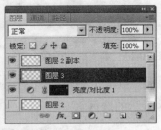

图 20-23　创建新图层

25 在"图层"调板中选择"图层 3"，在工具箱中选择 ![按钮] "矩形选框工具"按钮，建立如图 20-24 所示的矩形选区。

26 将矩形选区填充为白色，如图 20-25 所示。

图 20-24　建立矩形选区

图 20-25　填充选区

27 选择工具箱中的 ![按钮] "渐变工具"，在属性栏中单击 ![按钮] "径向渐变"按钮，单击工具箱中的 ![按钮] "以快速蒙版模式编辑"按钮，进入快速蒙版模式编辑状态，参照图 20-26 所示设置蒙版区域。

28 单击工具箱中的 ![按钮] "以标准模式编辑"按钮，进入标准模式编辑状态，生成如图 20-27 所示的选区。

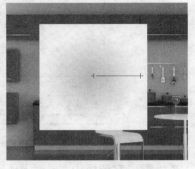

图 20-26　设置蒙版区域

图 20-27　生成选区

29 在键盘上按 Delete 键，删除选区内的图像，效果如图 20-28 所示。

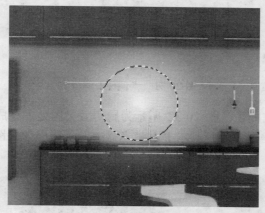

图 20-28　删除选区内的图像

30 按下键盘上的 Ctrl+D 组合键，取消选区，将"图层 3"的图像移动至如图 20-29 所示的位置。

31 按下键盘上的 Ctrl+T 组合键，打开自由变换框，然后参照图 20-30 所示来编辑图像。

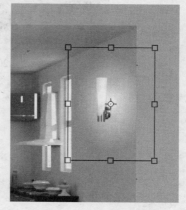

图 20-29　移动图层　　　　　　　　图 20-30　编辑图像

32 在"图层"调板中单击"图层 3"缩览图，加载该图层的选区，然后单击 👁 "指示图层可见性"按钮，关闭该层。

33 在"图层"调板中单击 ⬚ "创建新的填充或调整图层"按钮，在弹出的菜单中选择"亮度/对比度"选项，进入"调整"调板。在"亮度"参数栏内键入 90，如图 20-31 所示。

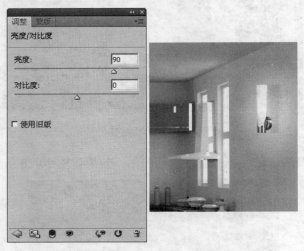

图 20-31 "调整"调板

34 现在本实例就完成了，图 20-32 所示为厨房效果图处理完成的效果。如果读者在制作本练习时遇到什么问题，可以打开本书附带光盘中的"厨房效果图/实例 20：厨房.tif"文件进行查看。

图 20-32 厨房效果图

第 5 章　制作清新风格儿童房效果图

　　本场景是一个清新风格的儿童房空间。儿童房不同于成人的卧室,具有卧室、书房、会客室的多种功能,并且需要有足够的空间供儿童娱乐,在床板和柜子处都添加了一些苹果绿的颜色,还选用了带滑轮的储物柜,减少了空间的单调。下图为清新风格儿童房效果图的最终完成效果。

清新风格儿童房效果图

实例 21：在 3ds max 2009 中创建床头柜模型

在本实例中,将指导读者创建一个床头柜模型。本实例创建的床头柜为一体成型,使用基础型建模很难实现,因此将指导读者使用弯曲修改器来编辑该模型。通过本实例,使读者能够应用弯曲修改器来编辑型外形,并启用限制功能,使对象局部弯曲。

在本实例中,应用扩展基本体创建面板内的切角长方体作为框架的基础型;应用弯曲修改器使框架产生两侧的挡板;应用切角圆柱体工具创建出框架间的金属模型;应用复制克隆方式创建出其他挡板。图 21-1 所示为床头柜模型添加灯光和材质后的效果。

图 21-1　床头柜模型添加灯光和材质后的效果

1 运行 3ds max 2009，创建一个新的场景，将系统单位设置为毫米，将显示单位比例设置为毫米。

2 进入 "创建" 面板下的 "几何体" 次面板，在该面板下的下拉列表框内选择 "扩展基本体" 选项，进入 "扩展基本体" 创建面板，在 "对象类型" 卷展栏内单击 "切角长方体" 按钮。

3 在顶视图中创建一个 ChamferBox01 对象，将其命名为 "框架 01"。选择新创建的对象，进入 "修改" 面板，在 "参数" 卷展栏内的 "长度"、"宽度"、"高度" 和 "圆角" 参数栏内分别键入 450.0 mm、610.0 mm、20.0 mm、1.0 mm，在 "宽度分段" 参数栏内键入 40，其他参数均使用默认值，如图 21-2 所示。

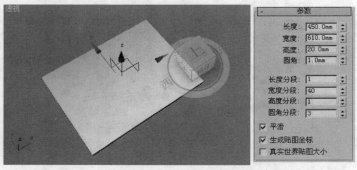

图 21-2　设置对象的创建参数

4 选择 "框架 01" 对象，在 "修改" 面板内的 "修改器列表" 中选择 "弯曲" 选项，这时便为选择对象添加了此项修改器，同时 "修改" 面板内将会出现该项修改器的编辑参数。

5 在 "参数" 卷展栏内的 "角度" 参数栏内键入-90.0，以确定弯曲的程度，选择 "弯曲轴" 选项组内的 X 单选按钮，以确定弯曲的轴向，如图 21-3 所示。

6 读者从图 21-3 中可以看到 "框架 01" 对象整体弯曲，不符合挡板呈 90 度弯曲的效果，这时作者将指导读者启用 "弯曲" 修改器的 "限制" 功能，使对象局部弯曲。在 "限制" 选项组内选择 "限制效果" 复选框，在 "上限" 参数栏内键入 70.0 mm，如图 21-4 所示。

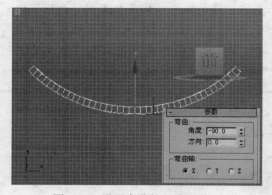

图 21-3　设置弯曲的程度和轴向

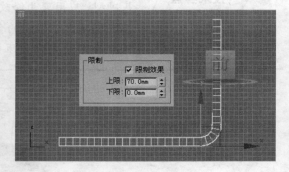

图 21-4　启用 "限制效果" 并设置 "上限" 参数

7 在 "修改" 面板的堆栈栏内单击 Bend 选项左侧的 ➕ 按钮，展开该项修改器的层级选项。在层级选项中选择 Gizmo 选项，进入 Gizmo 子对象编辑层，在前视图中参照图 21-5 所示来调整子对象的位置。

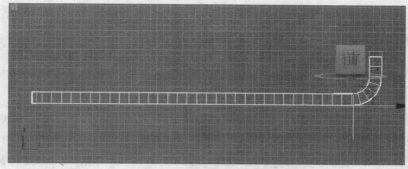

图 21-5　调整子对象的位置

⑧　退出子对象编辑层，再次为该对象添加一个"弯曲"修改器。在"参数"卷展栏内的"角度"参数栏内键入-90.0，以确定弯曲的程度，选择"弯曲轴"选项组内的 X 单选按钮，以确定弯曲的轴向。在"限制"选项组内选择"限制效果"复选框，在"下限"参数栏内键入-70.0 mm，如图 21-6 所示。

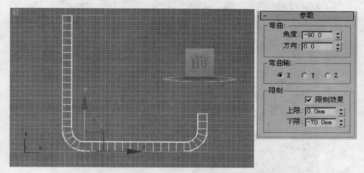

图 21-6　设置"参数"卷展栏内的相关参数

⑨　进入 Gizmo 子对象编辑层。在前视图中参照图 21-7 所示来调整子对象的位置，然后退出子对象编辑层。

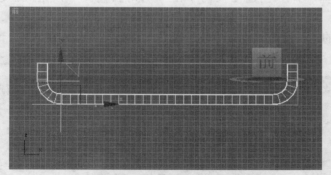

图 21-7　调整子对象的位置

⑩　"框架 01"对象创建结束，如图 21-8 所示。

⑪　在前视图中选择"框架 01"对象，在主工具栏上单击　"镜像"按钮，打开"镜像：屏幕 坐标"对话框。在"镜像轴"选项组内选择 Y 单选按钮，确定镜像的轴向，在"克隆当前选择"选项组内选择"复制"单选按钮，确定克隆类型，在"偏移"参数栏内键入

180.0 mm，如图 21-9 所示。单击"确定"按钮，退出"镜像：屏幕 坐标"对话框。

图 21-8 "框架 01"对象   图 21-9 "镜像：屏幕 坐标"对话框

12 退出"镜像：屏幕 坐标"对话框，结束镜像克隆操作，效果如图 21-10 所示。

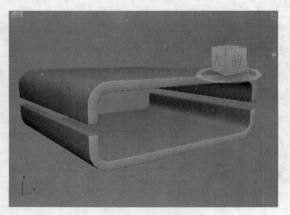

图 21-10 镜像克隆对象

13 在"扩展基本体"创建面板内单击"切角圆柱体"按钮，在顶视图中创建一个 Chamfercyl01 对象，将其命名为"金属 01"。选择新创建的对象，进入 "修改"面板，在"参数"卷展栏内的"长度"、"高度"和"圆角"参数栏内分别键入 4.0 mm、22.0 mm、0.0 mm，其他参数均使用默认值，如图 21-11 所示。

图 21-11 设置对象的创建参数

14 选择"金属 01"对象，在顶视图中克隆三个选择对象，并参照图 21-12 所示来调整对象位置。

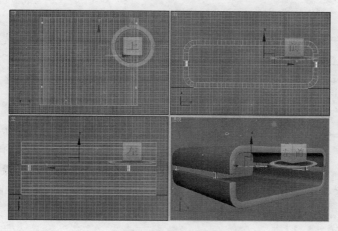

图 21-12　调整对象位置

15 选择所有的"框架"和"金属"对象，在前视图中沿 Y 轴移动克隆选择对象，如图 21-13 所示。

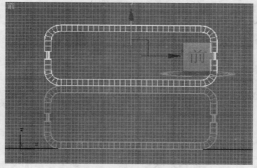

图 21-13　移动克隆对象

16 现在本实例就完成了，图 21-14 所示为床头柜模型添加灯光和材质后的效果。如果读者在制作本练习时遇到什么问题，可以打开本书附带光盘中的"清新风格儿童房效果图/实例 21：创建床头柜模型.max"文件进行查看。

图 21-14　床头柜模型添加灯光和材质后的效果

实例 22：3ds max 2009 中设置材质、灯光和摄影机

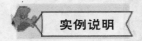

在本实例中，将指导读者设置儿童房的材质、灯光和摄影机。通过本实例，使读者能够通过 UVW 贴图修改器设置不同模型上纹理大小一致，并可以通过材质编辑器对话框克隆材质。

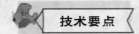

在本实例中，首先设置床垫材质，为确保床垫和枕头对象表面的纹理大小一致，为对象添加了 UVW 贴图修改器，并设置了相同的参数；衣柜、画材质均使用了在材质编辑器对话框内克隆材质的方法来实现；应用泛光灯模拟吊灯光源，并添加目标摄影机确定效果图的输出视角；最后将该场景导出 LP 格式的文件。图 22-1 所示为房间模型添加材质、灯光和摄影机后的效果。

图 22-1　房间模型添加材质、灯光和摄影机的效果

1 运行 3ds max 2009，打开本书附带光盘中的"清新风格儿童房效果图/实例 22：儿童房.max"文件，如图 22-2 所示。

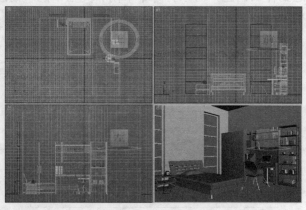

图 22-2　打开"实例 22：儿童房.max"文件

2 按下键盘上的 M 键，打开"材质编辑器"对话框。选择 1 号示例窗，将其命名为"床垫"，如图 22-3 所示。

3 展开"贴图"卷展栏，单击"漫反射颜色"通道右侧的 None 按钮，打开"材质/贴图浏览器"对话框。在该对话框内选择"位图"选项，如图 22-4 所示。

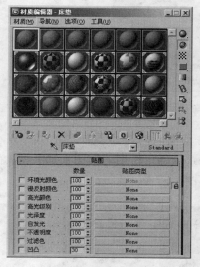

图 22-3 重命名材质

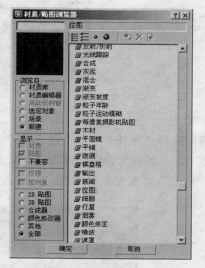

图 22-4 "材质/贴图浏览器"对话框

4 退出"材质/贴图浏览器"对话框后，将会打开"选择位图图像文件"对话框。在该对话框内导入本书附带光盘中的"清新风格儿童房效果图/床单.jpg."文件，如图 22-5 所示。

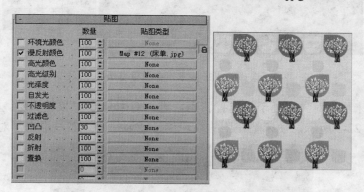

图 22-5 导入"床单.jpg."文件

5 导入"床单.jpg."文件后，单击水平工具栏上的 "在视口中显示标准贴图"按钮，使贴图在视图中显示。

6 确定"床垫"和"枕头"对象处于选择状态，在"材质编辑器"对话框内单击水平工具栏上 "将材质指定给选定对象"按钮，将"床垫"材质赋予选定对象，如图 22-6 所示。

7 读者从图 22-6 中可以看到"枕头"和"床垫"对象表面的贴图大小不一致，这时就需要为对象添加"UVW 贴图"修改器，使纹理大小一致。

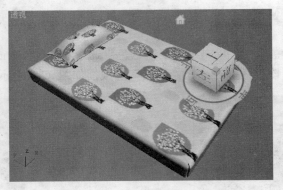

图 22-6 赋予材质的对象效果

8 选择"床垫"对象，进入 ✐"修改"面板。在该面板内为其添加一个"UVW 贴图"修改器，在"参数"卷展栏内选择"长方体"单选按钮，以确定使用的贴图平铺类型；在"长度"、"宽度"、"宽度"参数栏内均键入 600.0 mm，如图 22-7 所示。

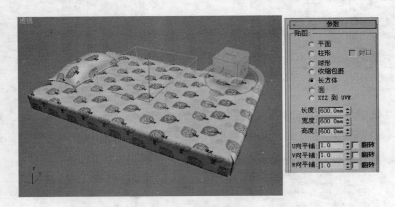

图 22-7 选择贴图平铺方式并设置 Gizmo 的尺寸

9 确定"床垫"对象仍处于被选择状态，进入 Gizmo 子对象编辑层。在视图中调整子对象的位置如图 22-8 所示，使床垫左侧的纹理尽量能够拼接，然后退出子对象编辑层。

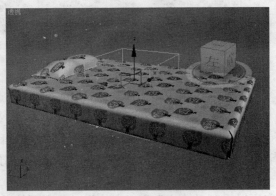

图 22-8 调整对象位置

10 选择"枕头"对象，进入 ✐"修改"面板。在该面板内为其添加一个"UVW 贴图"

修改器，在"参数"卷展栏内选择"平面"单选按钮，以确定使用的贴图平铺类型；在"长度"、"宽度"参数栏内均键入 600.0 mm，如图 22-9 所示。

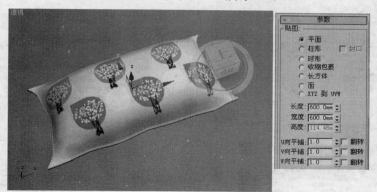

图 22-9　选择贴图平铺方式并设置 Gizmo 的尺寸

11 材质设置结束后，选择 2 号示例窗，并将其命名为"床板"。

12 在"Blinn 基本参数"卷展栏内单击"漫反射"显示窗，打开"颜色选择器：漫反射颜色"对话框。在"红"、"绿"和"蓝"参数栏内分别键入 208、210、55，然后单击"确定"按钮，退出该对话框，如图 22-10 所示。

图 22-10　"颜色选择器：漫反射颜色"对话框

13 在主工具栏上单击 "按名称选择"按钮，打开"从场景选择"对话框。在该对话框内选择"床板"、"床板 02"、"床头"、"隔板 01"、"隔板 02"、"隔板 03"、"隔板 04"、"推拉桌"、"柜门"、"椅子 01"选项如图 22-11 所示，然后单击"确定"按钮，退出该对话框。

14 退出"从场景选择"对话框，将"床板"材质赋予当前场景中的选定对象。

15 选择 3 号示例窗，并将其命名为"白色木头"。

16 在"Blinn 基本参数"卷展栏内单击"漫反射"显示窗，打开"颜色选择器：漫反射颜色"对话框。在"红"、"绿"和"蓝"参数栏内分别键入 255、255、255，然后单击"确定"按钮，退出该对话框。

17 将"白色木头"材质赋予场景中的"床头外框"、"桌子"、"后挡板"、"纵向挡板"、"置物架"。

18 选择 4 号示例窗，将其命名为"衣柜"，为该材质启用"多维/子对象"材质类型，并使其拥有两个子对象。

19 确定"衣柜"材质处于激活状态，拖动"白色木头"示例窗到"衣柜"材质的 1 号子材质按钮上，这时会打开"实例（副本）材质"对话框。选择"实例"单选按钮，然后单击"确定"按钮，退出该对话框，如图 22-12 所示。

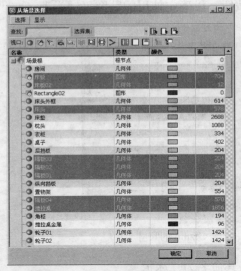

图 22-11　"从场景选择"对话框

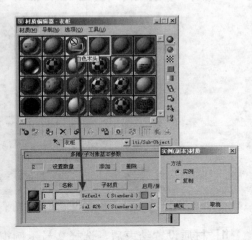

图 22-12　克隆材质

20　使用同样的方法，将"床板"材质实例克隆到"衣柜"材质的 2 号子材质中。

21　"衣柜"材质设置结束，将其赋予场景中的"衣柜"、"角柜"和"床头桌"对象。

22　选择 5 号示例窗，将其命名为"画"，为该材质启用"多维/子对象"材质类型，并使其拥有两个子对象。

23　确定"画"材质处于激活状态，拖动"床板"示例窗到"画"材质的 1 号子材质按钮上，这时会打开"实例（副本）材质"对话框。选择"实例"单选按钮，然后单击"确定"按钮，退出该对话框。

24　在"多维/子对象基本参数"卷展栏内单击 2 号子材质右侧的材质按钮，进入 2 号子材质编辑窗口，并将该材质命名为"照片"。

25　展开"贴图"卷展栏，从"漫反射颜色"通道导入本书附带光盘中的"清新风格儿童房效果图/照片.jpg."文件，如图 22-13 所示。

26　接下来为场景添加吊灯光源。进入 "创建"面板下的 "灯光"次面板，在该面板下的下拉列表框内选择"标准"选项，进入"标准"创建面板，在"对象类型"卷展栏内单击"泛光灯"按钮，如图 22-14 所示。

图 22-13　导入"照片.jpg."文件

图 22-14　单击"泛光灯"按钮

27　在顶视图中创建一个 Omni01 对象，然后参照图 22-15 所示来调整该对象的位置。

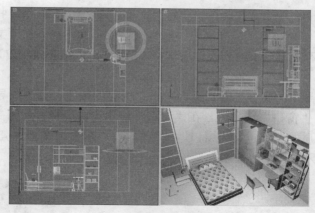

图 22-15　调整对象的位置

28 进入 "创建"面板下的 "摄影机"次面板，在该面板下的下拉列表框内选择"标准"选项，进入"标准"创建面板，在"对象类型"卷展栏内单击"目标"按钮，如图 22-16 所示。

29 在顶视图中创建一个 Camera01 对象，然后激活透视图，按下键盘上的 C 键，这时透视图将转换为 Camera01 视图，如图 22-17 所示。

图 22-16　单击"目标"按钮

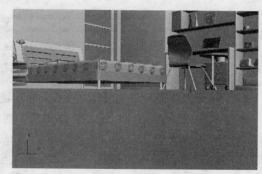

图 22-17　转换视图

30 使用主工具栏上的 "选择并移动"工具调整 Camera01、Camera01.Target 对象，如图 22-18 所示。

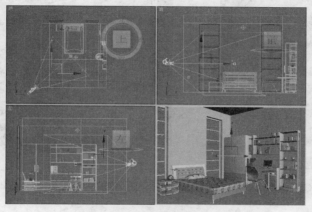

图 22-18　调整摄影机

31 激活 Camera01 视图，在菜单栏执行"文件"/"导出"命令，打开"选择要导出的文件"对话框。在"保存在"下拉列表框中选择文件保存的路径，在"文件名"文本框内键入文件名称；在"保存类型"下拉列表框中选择"Lightscape 准备（*.LP）"选项，如图 22-19 所示。

32 在"选择要导出的文件"对话框内单击"保存"按钮，打开"导入 Lightscape 准备文件"对话框。打开"窗口"选项卡，在"窗口"显示窗内选择"房间（窗口 3）：窗玻璃"选项，将赋予选择材质的对象定义为窗口。在"开口"显示窗内选择"房间（窗口 4）：洞口"选项，如图 22-20 所示。

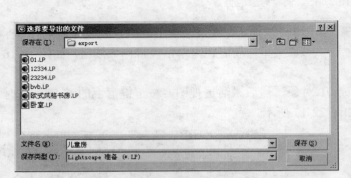

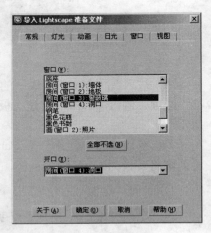

图 22-19　"选择要导出的文件"对话框　　　　图 22-20　定义窗口和开口

33 打开"视图"选项卡，在"视图"显示窗内选择 Camera01 选项，如图 22-21 所示。

34 单击"导入 Lightscape 准备文件"对话框内的"确定"按钮，退出该对话框。

35 现在本实例就全部制作完成了，完成后的效果如图 22-22 所示。如果读者在制作本练习时遇到什么问题，可以打开本书附带光盘中的"清新风格儿童房效果图/实例 22：儿童房材质灯光摄影机.max"文件进行查看。

图 22-21　选择 Camera01 选项　　　　图 22-22　设置材质灯光和摄影机后的效果

实例 23：在 Lightscape 3.2 中设置材质和光源

实例说明
在本实例中，将指导读者在 Lightscape 设置儿童场景的材质和光源。通过本实例，使读者了解怎样在 Lightscape 中创建材质，并将创建的材质赋予选定的表面。

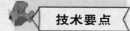
技术要点
在本实例中，使用了创建工具在场景中创建材质，并通过赋材质对话框将该材质赋予选定的表面；应用视图控制工具栏上的工具调整视图，查看隐藏的表面；应用日光设置对话框设置太阳光的强度和方向；应用光源属性对话框设置室内吊灯的强度。图 23-1 所示为设置材质后的效果。

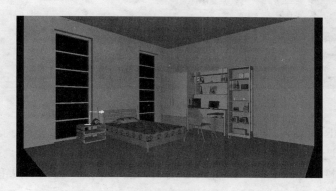

图 23-1　设置材质后的效果

1 运行 Lightscape 3.2，打开实例 22 导出的 LP 格式文件，或者打开本书附带光盘中的"清新风格儿童房效果图/实例 23：儿童房.lp"文件，如图 23-2 所示。

图 23-2　"实例 23：儿童房.lp"文件

2 在 Materials 列表内双击"白色木头"选项，打开"材料 属性-白色木头"对话框。打开"物理性质"选项卡，在"模板"下拉列表框中选择"抛光木材"选项，以确定材质类型，在"反射度"参数栏内键入 0.4，在"光滑度"参数栏内键入 0.40，如图 23-3 所示。然后单击"确定"按钮，退出该对话框。

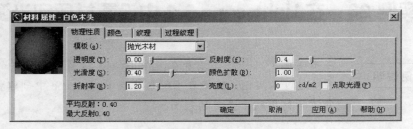

图 23-3　设置"白色木头"材质

3 在 Materials 列表内双击"白色书封"选项，打开"材料 属性-白色书封"对话框。打开"物理性质"选项卡，在"模板"下拉列表框中选择"纸"选项，在"反射度"参数栏内键入 0.5，如图 23-4 所示。然后单击"确定"按钮，退出该对话框。

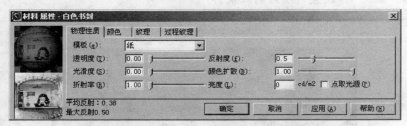

图 23-4　设置"白色书封"材质

4 在 Materials 列表内双击"白色塑料"选项，打开"材料 属性-白色塑料"对话框。打开"物理性质"选项卡，在"模板"下拉列表框中选择"塑料"选项，以确定材质类型，在"反射度"参数栏内键入 0.80，如图 23-5 所示。然后单击"确定"按钮，退出该对话框。

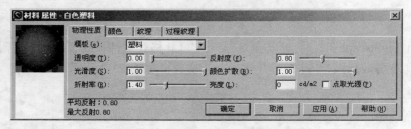

图 23-5　设置"白色塑料"材质

5 在 Materials 列表内双击"杯子"选项，打开"材料 属性-杯子"对话框。打开"物理性质"选项卡，在"模板"下拉列表框中选择"光滑瓷砖"选项，以确定材质类型，在"反射度"参数栏内键入 2.00，如图 23-6 所示。然后单击"确定"按钮，退出该对话框。

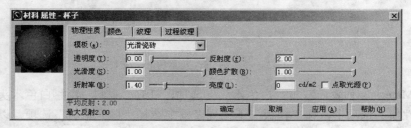

图 23-6　设置"杯子"材质

6 在 Materials 列表内双击"笔架"选项，打开"材料 属性-笔架"对话框。打开"物理性质"选项卡，在"模板"下拉列表框中选择 User Defined Metal 选项，以确定材质类型，在"反射度"参数栏内键入 1.3，如图 23-7 所示。然后单击"确定"按钮，退出该对话框。

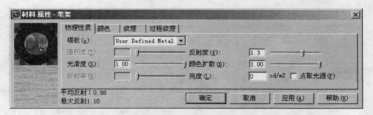

图 23-7　设置"笔架"材质

7 在 Materials 列表内双击"表"选项，打开"材料 属性-表"对话框。打开"物理性质"选项卡，在"模板"下拉列表框中选择"玻璃"选项，以确定材质类型，在"反射度"参数栏内键入 0.8，如图 23-8 所示。

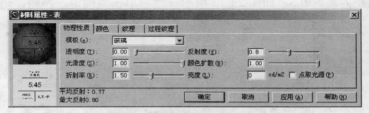

图 23-8　设置"表"材质

8 在 Materials 列表内双击"彩色书封"选项，打开"材料 属性-彩色书封"对话框。打开"物理性质"选项卡，在"模板"下拉列表框中选择"纸"选项，以确定材质类型，如图 23-9 所示。

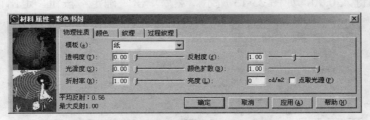

图 23-9　设置"彩色书封"材质

9 在 Materials 列表内双击"橙色塑料"选项，打开"材料 属性-橙色塑料"对话框。打开"物理性质"选项卡，在"模板"下拉列表框中选择"塑料"选项，以确定材质类型，在"透明度"参数栏内键入 0.70，如图 23-10 所示。然后单击"确定"按钮，退出该对话框。

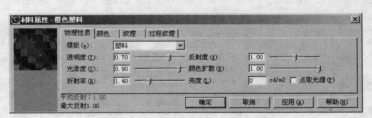

图 23-10　设置"橙色书封"材质

⑩ 在 Materials 列表内双击"窗玻璃"选项，打开"材料 属性-窗玻璃"对话框。打开"物理性质"选项卡，在"模板"下拉列表框中选择"玻璃"选项，以确定材质类型，在"反射度"参数栏内键入 0.00，在"光滑度"参数栏内键入 0.00，如图 23-11 所示。然后单击"确定"按钮，退出该对话框。

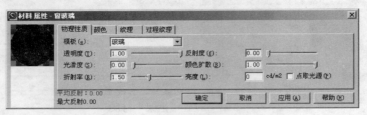

图 23-11　设置"窗玻璃"材质

⑪ 在 Materials 列表内双击"窗框"选项，打开"材料 属性-窗框"对话框。打开"物理性质"选项卡，在"模板"下拉列表框中选择"未抛光木材"选项，以确定材质类型，在"反射度"参数栏内键入 0.5，如图 23-12 所示。然后单击"确定"按钮，退出该对话框。

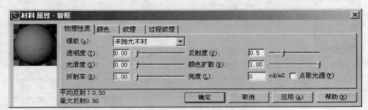

图 23-12　设置"窗框"材质

⑫ 在 Materials 列表内双击"床板"选项，打开"材料 属性-床板"对话框。打开"物理性质"选项卡，在"模板"下拉列表框中选择"反光漆"选项，以确定材质类型，在"反射度"参数栏内键入 0.90，如图 23-13 所示。然后单击"确定"按钮，退出该对话框。

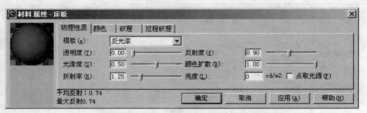

图 23-13　设置"床板"材质

⑬ 在 Materials 列表内双击"床垫"选项，打开"材料 属性-床垫"对话框。打开"物理性质"选项卡，在"模板"下拉列表框中选择"织物"选项，以确定材质类型，在"反射度"参数栏内键入 0.80，如图 23-14 所示。然后单击"确定"按钮，退出该对话框。

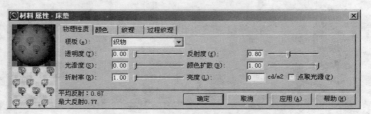

图 23-14　设置"床垫"材质

14 在 Materials 列表内双击"刀片"选项，打开"材料 属性-刀片"对话框。打开"物理性质"选项卡，在"模板"下拉列表框中选择"金属"选项，以确定材质类型，在"反射度"参数栏内键入 2.00，如图 23-15 所示。然后单击"确定"按钮，退出该对话框。

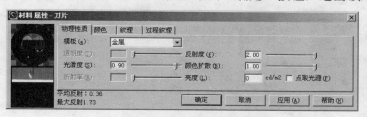

图 23-15　设置"刀片"材质

15 在 Materials 列表内双击"低反光金属"选项，打开"材料 属性-低反光金属"对话框。打开"物理性质"选项卡，在"模板"下拉列表框中选择 User Defined Metal 选项，以确定材质类型，在"光滑度"参数栏内键入 0.85，如图 23-16 所示。然后单击"确定"按钮，退出该对话框。

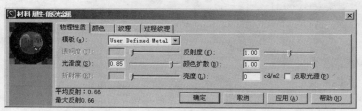

图 23-16　设置"低反光金属"材质

16 在 Materials 列表内双击"底座"选项，打开"材料 属性-底座"对话框。打开"物理性质"选项卡，在"模板"下拉列表框中选择"半反光漆"选项，以确定材质类型，如图 23-17 所示。然后单击"确定"按钮，退出该对话框。

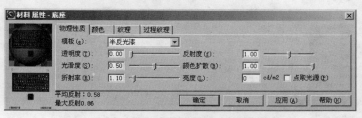

图 23-17　设置"底座"材质

17 在 Materials 列表内双击"地板"选项，打开"材料 属性-地板"对话框。打开"物理性质"选项卡，在"模板"下拉列表框中选择"抛光木材"选项，以确定材质类型，在"反射度"参数栏内键入 0.30，如图 23-18 所示。然后单击"确定"按钮，退出该对话框。

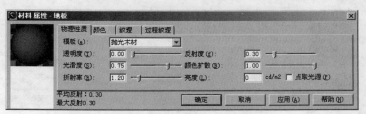

图 23-18　设置"地板"材质

18 在 Materials 列表内双击"钢笔"选项，打开"材料 属性-钢笔"对话框。打开"物理性质"选项卡，在"模板"下拉列表框中选择 Use Defined Metal 选项，以确定材质类型，在"光滑度"参数栏内键入 0.60，如图 23-19 所示。然后单击"确定"按钮，退出该对话框。

图 23-19　设置"钢笔"材质

19 在 Materials 列表内双击"黑色花瓶"选项，打开"材料 属性-黑色花瓶"对话框。打开"物理性质"选项卡，在"模板"下拉列表框中选择"光滑瓷砖"选项，以确定材质类型，在"反射度"参数栏内键入 2.00，如图 23-20 所示。然后单击"确定"按钮，退出该对话框。

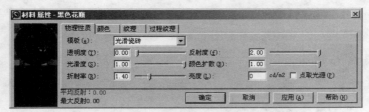

图 23-20　设置"黑色花瓶"材质

20 在 Materials 列表内双击"黑色金属"选项，打开"材料 属性-黑色金属"对话框。打开"物理性质"选项卡，在"模板"下拉列表框中选择 Use Defined Metal 选项，以确定材质类型，在"光滑度"参数栏内键入 1.00，如图 23-21 所示。然后单击"确定"按钮，退出该对话框。

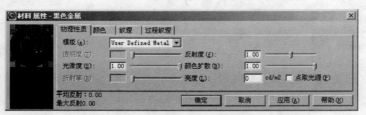

图 23-21　设置"黑色金属"材质

21 在 Materials 列表内双击"黑色书封"选项，打开"材料 属性-黑色书封"对话框。打开"物理性质"选项卡，在"模板"下拉列表框中选择"纸"选项，以确定材质类型如图 23-22 所示，然后单击"确定"按钮，退出该对话框。

图 23-22　设置"黑色书封"材质

22 在 Materials 列表内双击"红色塑料"选项，打开"材料 属性-红色塑料"对话框。打开"物理性质"选项卡，在"模板"下拉列表框中选择"塑料"选项，以确定材质类型，在"透明度"参数栏内键入 0.70，如图 23-23 所示。然后单击"确定"按钮，退出该对话框。

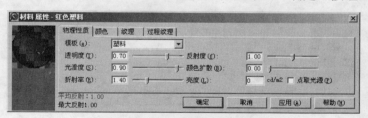

图 23-23　设置"红色塑料"材质

23 在 Materials 列表内双击"金属"选项，打开"材料 属性-金属"对话框。打开"物理性质"选项卡，在"模板"下拉列表框中选择"金属"选项，以确定材质类型如图 23-24 所示，然后单击"确定"按钮，退出该对话框。

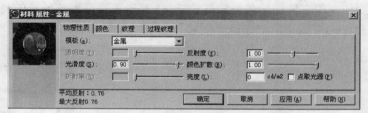

图 23-24　设置"金属"材质

24 在 Materials 列表内双击"屏幕"选项，打开"材料 属性-屏幕"对话框。打开"物理性质"选项卡，在"模板"下拉列表框中选择"玻璃"选项，以确定材质类型，在"透明度"参数栏内键入 0.00，如图 23-25 所示。然后单击"确定"按钮，退出该对话框。

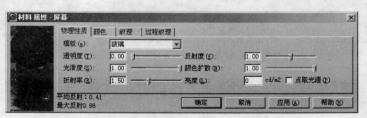

图 23-25　设置"屏幕"材质

25 在 Materials 列表内双击"墙体"选项，打开"材料 属性-墙体"对话框。打开"物理性质"选项卡，在"模板"下拉列表框中选择"反光漆"选项，以确定材质类型，在"反射度"参数栏内键入 0.50，如图 23-26 所示。然后单击"确定"按钮，退出该对话框。

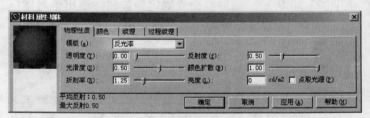

图 23-26　设置"墙体"材质

26 在 Materials 列表内双击"台灯"选项,打开"材料 属性-台灯"对话框。打开"物理性质"选项卡,在"模板"下拉列表框中选择 User Defined Metal 选项,以确定材质类型,在"光滑度"参数栏内键入 0.75,如图 23-27 所示。然后单击"确定"按钮,退出该对话框。

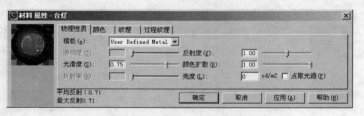

图 23-27　设置"台灯"材质

27 在 Materials 列表内双击"外壳"选项,打开"材料 属性-外壳"对话框。打开"物理性质"选项卡,在"模板"下拉列表框中选择"半反光漆"选项,以确定材质类型,在"光滑度"参数栏内键入 0.30,如图 23-28 所示。然后单击"确定"按钮,退出该对话框。

28 下面需要使视图右侧的墙体为粉红色墙体,首先需要设置该场景的材质。在 Materials 列表内右击,在弹出的快捷菜单中选择"创建"选项,如图 23-29 所示。

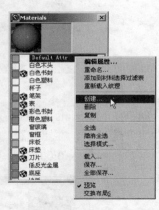

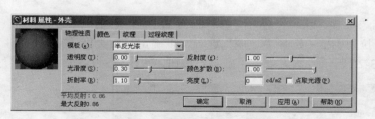

图 23-28　设置"外壳"材质　　　　　　图 23-29　选择"创建"选项

29 选择"创建"选项后,Materials 列表将会出现一个新的材质,并且该材质名称处于可编辑状态,然后键入"粉色墙体"。

30 在 Materials 列表内双击"粉色墙体"选项,打开"材料 属性-粉色墙体"对话框。打开"物理性质"选项卡,在"模板"下拉列表框中选择"半反光漆"选项,以确定材质类型,在"光滑度"参数栏内键入 0.3。

31 打开"颜色"选项卡,在 H 参数栏内键入 346.86,在 S 参数栏内键入 0.20,在 V 参数栏内键入 1.00,如图 23-30 所示。然后单击"确定"按钮,退出该对话框

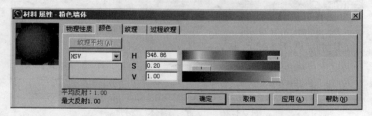

图 23-30　设置"粉色墙体"材质的颜色

32 在"视图控制"工具栏上单击 ⊞ "放缩"按钮，然后参照图 23-31 所示来调整视图。

图 23-31　调整视图

33 在"选择集"工具栏上单击 ▶ "选择"和 △ "面"按钮，按下键盘上的 Ctrl 键，在视图中选择右侧墙体的面，如图 23-32 所示。

34 在选择面上右击，在弹出的快捷菜单中选择"赋材质"选项，这时会打开"赋材质"对话框。在该对话框的显示窗内选择"粉色墙体"选项，然后单击"确定"按钮，退出该对话框，如图 23-33 所示。

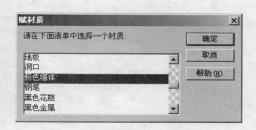

图 23-32　选择面　　　　　　　　　　　图 23-33　"赋材质"对话框

35 场景中的其他材质使用系统默认值。在"显示"工具栏上单击 ⊡ "增强"和 ◙ "纹理"按钮，使模型表面显示透视和纹理，效果如图 23-34 所示。

图 23-34　显示纹理

36 接下来设置自然光。在菜单栏执行"光照"/"日光"命令，打开"日光设置"对话框，如图 23-35 所示。

37 在"日光设置"对话框底部选择"直接控制"复选框，这时该对话框内的"位置"和"时间"选项卡将被"直接控制"选项卡替代。

38 打开"直接控制"选项卡，在"旋转"参数栏键入 78，以确定日光的方向，在"仰角"参数栏键入 42，以确定日光的高度，拖动"太阳光"滑块直到数字显示为 29184 为止，以确定太阳光的强度，如图 23-36 所示。然后单击"确定"按钮，退出该对话框。

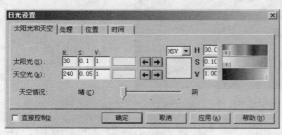

图 23-35　"日光设置"对话框

图 23-36　设置日光

39 在 Luminaires 列表内双击 Omni01 选项，打开"光照 属性-Omni01"对话框。在"亮度"选项组内的参数栏内键入 1500，以确定灯光的强度，如图 23-37 所示。然后单击"确定"按钮，退出该对话框。

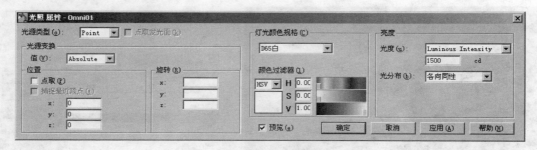

图 23-37　"光照 属性-Omni01"对话框

40 退出"光照 属性-Omni01"对话框后，将会打开 Lightscape 对话框，如图 23-38 所示。在该对话框内单击"是"按钮，退出该对话框。

41 材质和光源设置结束后，本实例就全部制作完成了，完成后的效果如图 23-39 所示。将本实例保存，以便在下个实例中使用。

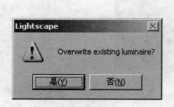

图 23-38　Lightscape 对话框

图 23-39　设置材质后的效果

实例 24：在 Lightscape 3.2 中处理表面和渲染输出

实例说明

在本实例中，将指导读者在 Lightscape 中处理儿童房模型表面并将场景渲染输出。通过本实例，使读者通过选择多个块，并进入选择块编辑模式，快速细化表面。

技术要点

在本实例中，首先应用选择工具选择地板和墙体的面，并通过表面处理对话框内的"网格分辨率"参数细化表面；在块的编辑状态下，选择多个块同时细化表面；通过 Lightscape 中一系列的向导设置，定义模型接受光源的特性；应用光能传递工具栏上的相关工具，使模型进行光能传递处理；通过渲染对话框将场景输出为 jpg 格式的二维图像。图 24-1 所示为儿童房效果图渲染输出后的效果。

图 24-1　儿童房效果图渲染输出后的效果

1️⃣ 运行 Lightscape 3.2，打开实例 23 保存的文件，如图 24-2 所示。

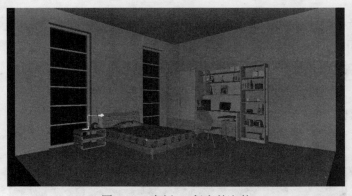

图 24-2　实例 23 保存的文件

2️⃣ 在"选择集"工具栏上单击 ▶ "选择"和 ◣ "面"按钮，按下键盘上的 Ctrl 键，在视图中选择可见的墙体和地板所在的面，如图 24-3 所示。

3️⃣ 右击选择面，在弹出的快捷菜单中选择"表面处理"选项，这时会打开"表面处理"

对话框。在"网格分辨率"参数栏内键入 10，然后单击"确定"按钮，退出对话框，如图 24-4 所示。

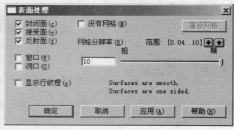

图 24-3　选择面　　　　　　　　　　　　图 24-4　"表面处理"对话框

4　在"选择集"工具栏上单击 ⬚ "取消全部选择"按钮，取消面的选择，然后在"选择集"工具栏上单击 ⬚ "块"按钮，在视图中选择"衣柜"、"后挡板"、"纵向挡板"、"柜门"、"桌子"、"置物架""隔板 01"和"隔板 04"八个模型，如图 24-5 所示。

图 24-5　选择模型

5　右击选择模型，在弹出的快捷菜单中选择"单独编辑视图"选项，进入所选模型的单独编辑状态，如图 24-6 所示。

图 24-6　进入所选模型的单独编辑状态

6 在"选择集"工具栏上单击 🔲 "面"和 🔲 "全部选择"按钮，这时所选模型的所有表面处于选择状态。

7 右击选择面，在弹出的快捷菜单中选择"表面处理"选项，这时会打开"表面处理"对话框。在"网格分辨率"参数栏内键入 7，如图 24-7 所示，然后单击"确定"按钮，退出对话框。

8 在视图的空白区域单击，取消面选择，在视图上右击，在弹出的快捷菜单中选择"结束单独编辑视图"选项，返回整体模式。

8 在"选择集"工具栏上单击 🔲 "块"按钮，在视图中参照图 24-8 所示来选择模型。

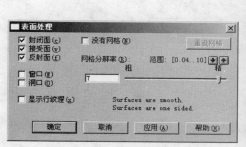

图 24-7　"表面处理"对话框　　　　　　　　图 24-8　选择模型

10 右击选择模型，在弹出的快捷菜单中选择"单独编辑视图"选项，进入所选模型的单独编辑状态，如图 24-9 所示。

11 在"选择集"工具栏上单击 🔲 "面"和 🔲 "全部选择"按钮，这时所选模型的所有表面处于选择状态。

12 右击选择面，在弹出的快捷菜单中选择"表面处理"选项，这时会打开"表面处理"对话框。在"网格分辨率"参数栏内键入 5，然后单击"确定"按钮，退出对话框，如图 24-10 所示。

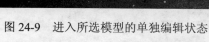

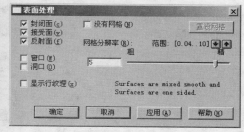

图 24-9　进入所选模型的单独编辑状态　　　　图 24-10　"表面处理"对话框

13 在视图的空白区域单击，取消面选择。在视图上右击，在弹出的快捷菜单中选择"结束单独编辑视图"选项，返回整体模式。

14 接下来需要设置视图，以确定最终渲染输出的视角。在"视图控制"工具栏上单击 🔲

"放缩"按钮，然后参照图 24-11 所示来调整视图。

    15 细化表面工作结束后，在"光能传递"工具栏上单击 "初始化"按钮，这时会打开 Lightscape 对话框，如图 24-12 所示。然后单击"是"按钮，退出该对话框。

图 24-11　调整视图　　　　　　　　　　图 24-12　Lightscape 对话框

    16 在菜单栏执行"处理"/"参数"命令，打开"处理参数"对话框，如图 24-13 所示。

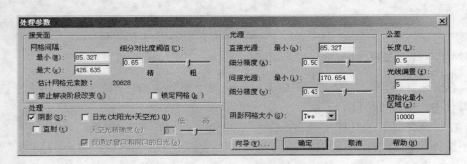

图 24-13　"处理参数"对话框

    17 在"处理参数"对话框内单击"向导"按钮，打开"质量"对话框。在该对话框内选择 3 单选按钮，如图 24-14 所示。

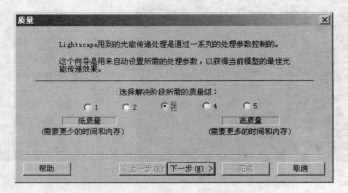

图 24-14　"质量"对话框

    18 在"质量"对话框内单击"下一步"按钮，打开"日光"对话框，如图 24-15 所示。

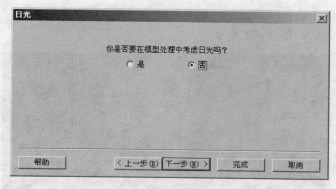

图 24-15 "日光"对话框

19 在"日光"对话框内选择"是"单选按钮，这时对话框内将会出现新的内容，然后在该对话框内选择"模型是一个仅通过窗口和洞口日光的室内模型"单选按钮，如图 24-16 所示。

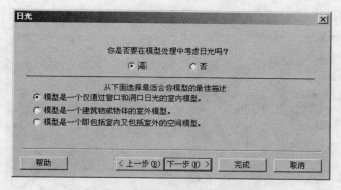

图 24-16 设置"日光"对话框

20 在"日光"对话框内单击"下一步"按钮，打开"完成向导"对话框，如图 24-17 所示。

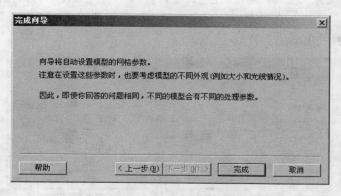

图 24-17 "完成向导"对话框

21 在"完成向导"对话框内单击"完成"按钮，返回到"处理参数"对话框。在该对话框内单击"确定"按钮，退出该对话框。

22 退出"处理参数"对话框后，在"光能传递"工具栏上单击 🕱 "开始"按钮，计算机开始计算光能传递，如图 24-18 所示。

图 24-18　光能传递中

23 当场景变成如图 24-19 所示的效果时，在"光能传递"工具栏上单击 ⬍ "停止"按钮，结束光影传递操作。

图 24-19　光影传递效果

24 在菜单栏执行"文件"/"属性"命令，打开"文件属性"对话框。打开"颜色"选项卡，向右拖动 V 滑块，直到左侧显示窗显示为白色，然后单击"背景"行的 ⬅ 按钮如图 24-20 所示，将设置颜色应用于背景。

图 24-20　设置背景颜色

25 在"文件属性"对话框内单击"确定"按钮，退出该对话框，这时视图中的背景就变成白色了，如图 24-21 所示。

图 24-21　设置背景颜色后的颜色

26 在菜单栏执行"文件"/"渲染"命令，打开"渲染"对话框，如图 24-22 所示。

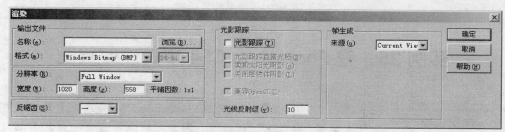

图 24-22　"渲染"对话框

27 在"渲染"对话框内单击"浏览"按钮，打开"图像文件名"对话框。在"查找范围"下拉列表框中选择文件保存的路径，在"文件名"文本框内键入文件名称，如图 24-23 所示。然后单击"打开"按钮，退出该对话框。

28 退出"图像文件名"对话框后，将返回到"渲染"对话框。在"格式"下拉列表框中选择"JPEG（JPG）"选项，在"反锯齿"下拉列表框中选择"四"选项；在"光影跟踪"选项组内选择"光影跟踪"、"光影跟踪直接光照"、"柔和太阳光阴影"复选框，如图 24-24 所示。

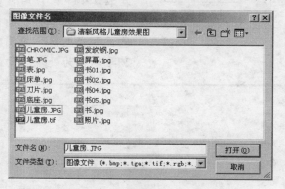

图 24-23　"图像文件名"对话框

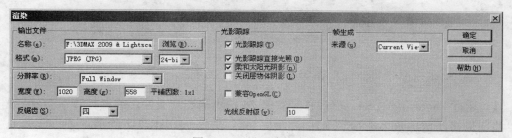

图 24-24　设置渲染参数

28 在"渲染"对话框内单击"确定"按钮，退出该对话框。渲染后的效果如图 24-25 所示，现在本实例就全部完成了。

图 24-25　渲染场景

实例 25：在 Photoshop CS4 中处理效果图

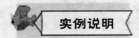

在本实例中，将指导读者使用 Photoshop CS4 处理儿童房效果图。通过本实例，使读者了解反选、图层排列以及多种选择工具的使用方法。

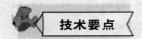

在本实例中，应用裁剪工具确定效果图的最终尺寸；应用亮度/对比度、色彩平衡、色相/饱和度等色彩编辑工具调整效果图中的偏色、弱光图像；应用外部导入位图，为窗玻璃添加室外配景。图 25-1 所示为处理后的最终效果。

图 25-1　进行处理后的效果

1 运行 Photoshop CS4，然后打开实例 24 输出的图片文件，或者打开本书附带光盘中的"清新风格儿童房效果图/实例 25：儿童房.jpg"文件，如图 25-2 所示。

图 25-2   "实例 25：儿童房.jpg"文件

2 使用工具箱中的 ■ "裁剪工具"，然后参照图 25-3 所示来创建裁剪框，按下键盘上的 Enter 键，结束"裁剪"操作。

3 在菜单栏执行"选择"/"色彩范围"命令，打开"色彩范围"对话框。在画面的白色区域单击选择颜色，在"颜色容差"参数栏内键入 130，然后单击"确定"按钮，退出该对话框，如图 25-4 所示。

图 25-3   创建裁剪框

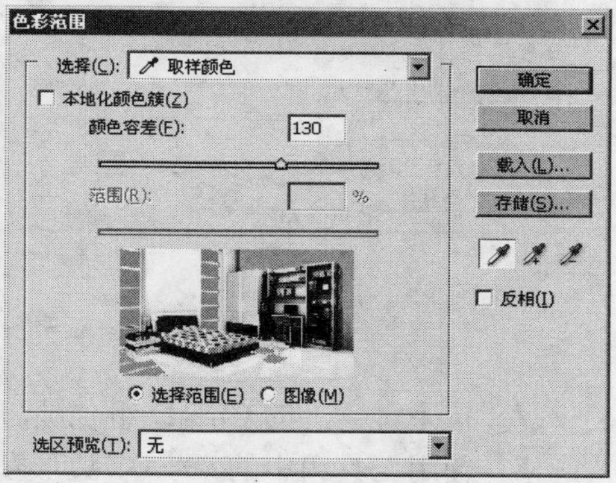

图 25-4   "色彩范围"对话框

4 在菜单栏执行"图像"/"调整"/"亮度/对比度"命令，打开"亮度/对比度"对话框。在"亮度"参数栏内键入 35；在"对比度"参数栏内键入 0，然后单击"确定"按钮，退出该对话框，如图 25-5 所示。

图 25-5   "亮度/对比度"对话框

5 使用工具箱中的 ![icon] "多边形套索工具"，然后参照图 25-6 所示来建立选区。

图 25-6 建立选区

6 在菜单栏执行"图像"/"调整"/"色彩平衡"命令，打开"色彩平衡"对话框。在该对话框右侧的参数栏内键入 -16，然后单击"确定"按钮，退出该对话框，如图 25-7 所示。

图 25-7 "色彩平衡"对话框

7 按下键盘上的 Ctrl+D 组合键，取消选区。

8 使用工具箱中的 ![icon] "多边形套索工具"，然后参照图 25-8 所示将粉色墙体区域建立选区。

图 25-8 建立选区

9 在菜单栏执行"图像"/"调整"/"色相/饱和度"命令，打开"色相/饱和度"对话框。在"色相"参数栏内键入 -14；在"饱和度"参数栏内键入 46；在"明度"参数栏内键入 34，然后单击"确定"按钮，退出该对话框，如图 25-9 所示。

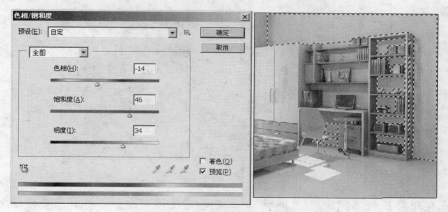

图 25-9　"色相/饱和度"对话框

10　确定选区仍处于选择状态，在菜单栏执行"图像"/"调整"/"色彩平衡"命令，打开"色彩平衡"对话框。在该对话框内中间的参数栏内键入-23，然后单击"确定"按钮，退出该对话框，如图 25-10 所示。

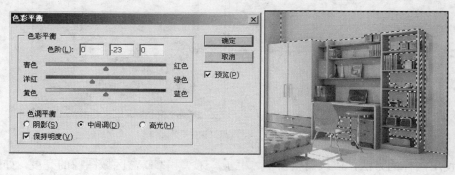

图 25-10　"色彩平衡"对话框

11　确定选区仍处于选择状态，在菜单栏执行"图像"/"调整"/"亮度/对比度"命令，打开"亮度/对比度"对话框。在"亮度"参数栏内键入 24；在"对比度"参数栏内键入 0，然后单击"确定"按钮，退出该对话框，如图 25-11 所示。

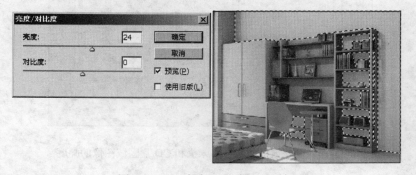

图 25-11　"亮度/对比度"对话框

12　使用工具箱中的 　"多边形套索工具"，然后参照图 25-12 所示将白色墙体建立选区。

图 25-12 建立选区

13 在菜单栏执行"图像"/"调整"/"亮度/对比度"命令,打开"亮度/对比度"对话框。在"亮度"参数栏内键入 67,然后单击"确定"按钮,退出该对话框,如图 25-13 所示。

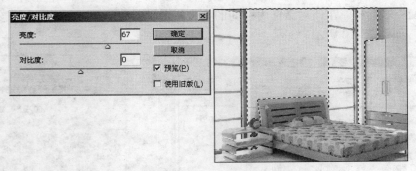

图 25-13 "亮度/对比度"对话框

14 使用同样的方法,依次调整窗框、柜子、床头和 CD 盒区域图像的亮度,如图 25-14 所示。

图 25-14 调整窗框、柜子、床头和 CD 盒区域图像的亮度

15 下面调整床上用品的颜色。使用工具箱中的 "钢笔工具",然后参照图 25-15 所示在床上用品区域绘制路径。

图 25-15　绘制路径

16　进入"路径"调板，单击底部的 "将路径作为选区载入"按钮，将路径转化为选区，如图 25-16 所示。

图 25-16　将路径转化为选区

17　在菜单栏执行"图层"/"新建"/"通过拷贝的图层"命令，将选区内的图像复制到新图层。

18　确定新图层处于可编辑状态，在菜单栏执行"选择"/"色彩范围"命令，打开"色彩范围"对话框。在画面的白色区域单击选择颜色，在"颜色容差"参数栏内键入 120，然后单击"确定"按钮，退出该对话框，如图 25-17 所示。

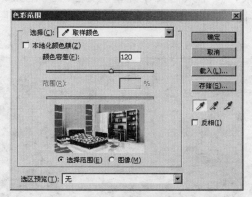

图 25-17　"色彩范围"对话框

19　在菜单栏执行"图像"/"调整"/"亮度/对比度"命令，打开"亮度/对比度"对话框。在"亮度"参数栏内键入 24；在"对比度"参数栏内键入 0，然后单击"确定"按钮，退出该对话框，如图 25-18 所示。

图 25-18　"亮度/对比度"对话框

20　按下键盘上的 Shift+Ctrl+I 组合键，反选图像。在菜单栏执行"图像"/"调整"/"色相/饱和度"命令，打开"色相/饱和度"对话框。在"色相"参数栏内键入 0；在"饱和度"参数栏内键入+15；在"明度"参数栏内键入 0，如图 25-19 所示。然后单击"确定"按钮，退出该对话框。

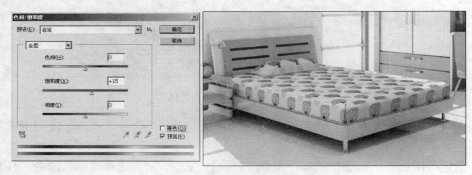

图 25-19　"色相/饱和度"对话框

21　室内颜色调整结束，接下来需要在儿童房添加室外配景。确定"背景"图层处于可编辑状态，使用工具箱中的 ✂ "多边形套索工具"，然后参照图 25-20 所示将窗玻璃建立选区。

图 25-20　建立选区

22　按下键盘上的 Shift+Ctrl+I 组合键，反选图像。然后在菜单栏执行"图层"/"新建"/"通过拷贝的图层"命令，将选区内的图像复制到新图层。

23　打开本书附带光盘中的"清新风格儿童房效果图/室外配景.jpg"文件，如图 25-21 所示。

图 25-21　"室外配景.jpg"文件

24　使用工具箱中的 移动工具"移动工具"拖动"室外配景.jpg"图像到"儿童房.jpg"文档中，复制图像，如图 25-22 所示。

图 25-22　复制图像

25　确定"图层 2"处于可编辑状态，在菜单栏执行"图层"/"排列"/"后移一层"命令，将选择图层放置于"背景"图层的顶部。

26　结束放置图层顺序后，然后参照图 25-23 所示来调整"图层 2"图像的位置。

图 25-23　调整图像位置

27 按住键盘上的 Ctrl 键，在"图层"调板内单击"背景 副本"缩览图，加载该图层上图像的选区。

28 按下键盘上的 Shift+Ctrl+I 组合键，反选图像。

29 确定"背景"图层处于可编辑状态，然后在菜单栏执行"图层"/"新建"/"通过拷贝的图层"命令，将选区内的图像复制到新图层。

30 确定新图层处于可编辑状态，按下键盘上的 Shift+]组合键，将选择图层放置于"图层 2"的顶部。

31 在"图层"调板中选择"图层 3"，在"不透明度"参数栏内键入 25%，以确定窗玻璃的透光度，如图 25-24 所示。

图 25-24　设置图层不透明度

32 现在本实例就完成了，图 25-25 所示为儿童房效果图处理完成的效果。如果读者在制作本练习时遇到什么问题，可以打开本书附带光盘中的"清新风格儿童房效果图/实例 25：儿童房.tif"文件进行查看。

图 25-25　儿童房效果图

第 6 章　制作开放式卫生间效果图

本场景为一个小空间的卫生间，由于空间面积的局限性，选择了体积较小、形状较为规则的家具，还采用了通透的玻璃为隔板，使卫生间与主卧合二为一，将这两个空间连通为一体，不仅拓展了视野，而且充分体现了现代人个性时尚的生活理念。下图为开放式卫生间效果图的最终完成效果。

开放式卫生间效果图

实例 26：在 3ds max 2009 中创建窗户模型

在本实例中，将指导读者创建一个窗户模型。通过本实例，使读者了解编辑样条线的常用工具，并能够配合倒角剖面修改器创建模型。

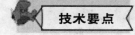

在本实例中，应用矩形工具创建出窗框的剖面基础形，并将该对象塌陷为可编辑样条线，应用优化、修剪、连接、焊接、圆角等工具编辑剖面图形的外型；应用倒角剖面修改器创建出窗框的模型；应用多边形建模中的挤出和变换子对象创建出把手模型；应用长方体工具创建出窗玻璃模型。图 26-1 所示为窗户模型添加灯光和材质后的效果。

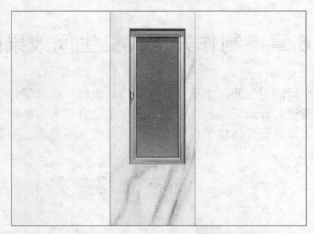

图 26-1　窗户模型添加灯光和材质后的效果

　　1 运行 3ds max 2009，创建一个新的场景，将系统单位设置为毫米，将显示单位比例设置为毫米。

　　2 进入 "创建"面板下的 "图形"次面板，在该面板下的下拉列表框内选择"样条线"选项，进入"样条线"创建面板，在"对象类型"卷展栏内单击"矩形"按钮。

　　3 在前视图中创建一个 Rectangle01 对象，将其命名为"窗框"。选择新创建的对象，进入 "修改"面板，在"参数"卷展栏内的"长度"参数栏内键入 1500.0 mm，在"宽度"参数栏内键入 600.0 mm，在"角半径"参数栏内键入 0.0 mm，如图 26-2 所示。

　　4 接下来创建"窗框"的剖面图形。再次单击"样条线"创建面板内的"矩形"按钮，在前视图中创建一个 Rectangle01 对象，将其命名为"剖面"。选择新创建的对象，进入 "修改"面板，在"参数"卷展栏内的"长度"参数栏内键入 80.0 mm，在"宽度"参数栏内键入 70.0 mm，在"角半径"参数栏内键入 0.0 mm，如图 26-3 所示。

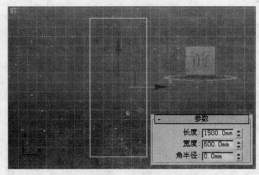

图 26-2　设置对象的创建参数

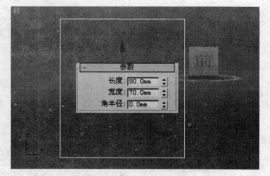

图 26-3　设置"剖面"对象的创建参数

　　5 选择"剖面"对象，进入 "修改"面板。在堆栈栏内右击，在弹出的快捷菜单中选择"可编辑样条线"选项，将其塌陷为样条线对象。

　　6 确定选择对象仍处于选择状态，进入"线段"子对象编辑层。在"几何体"卷展栏内单击"优化"按钮，然后参照图 26-4 所示在底部的线段上添加一个顶点。

　　7 在前视图中选择右下角的子对象，按下键盘上的 Shift 键，沿 Y 轴正值方向移动克隆子对象，如图 26-5 所示。

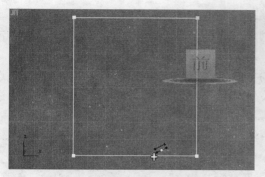

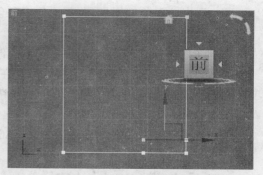

图 26-4　执行"优化"操作　　　　　　　　图 26-5　移动克隆子对象

8　在前视图中选择步骤 7 中被克隆的子对象，将其删除。

9　进入"样条线"子对象编辑层，在"几何体"卷展栏内单击"修剪"按钮，然后单击视图右侧的垂直线段，修剪该线段，如图 26-6 所示。

10　在"几何体"卷展栏内单击"连接"按钮，从如图 26-7 所示中的 A 点拖出一条虚线到 B 点，在两个顶点间创建线段。

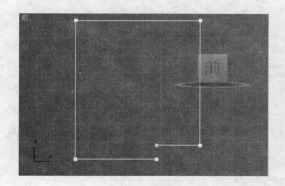

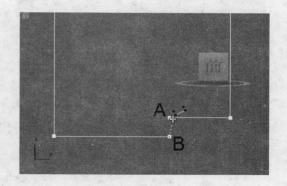

图 26-6　执行"修剪"操作　　　　　　　　图 26-7　出示 A、B 点

11　按下键盘上的 Ctrl+A 组合键，全选子对象，在"几何体"卷展栏内单击"焊接"按钮，这时在 0.1 mm 阈值范围内的顶点将被焊接，如图 26-8 所示。

12　在前视图中选择底部的 4 个顶点，在"几何体"卷展栏内"圆角"按钮右侧的参数栏内键入 2.5，以确定圆角的大小，如图 26-9 所示。

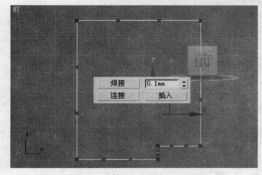

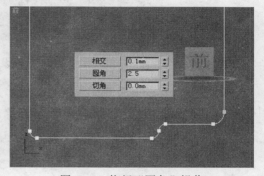

图 26-8　执行"焊接"操作　　　　　　　　图 26-9　执行"圆角"操作

13 退出子对象编辑层,"剖面"对象创建结束。

14 选择"窗框"对象,为其添加一个"倒角剖面"修改器。在"参数"卷展栏内单击"拾取剖面"按钮,然后在视图中拾取"剖面"对象,如图 26-10 所示。

15 确定"窗框"仍处于选择状态,在 ✎ "修改"面板的堆栈栏内单击"倒角剖面"选项左侧的 ➕ 按钮,展开该项修改器的层级选项,在层级选项内选择"剖面 Gizmo"选项,进入"剖面 Gizmo"子对象编辑层。

16 在顶视图中沿 Z 轴旋转子对象-180°,然后退出子对象编辑层,如图 26-11 所示。

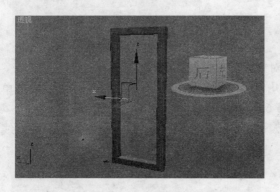

图 26-10 拾取"剖面"对象后的效果   图 26-11 旋转子对象

17 接下来创建把手。在"扩展基本体"创建面板内单击"切角长方体"按钮,在前视图中创建一个 ChamferBox01 对象,将其命名为"把手"。选择新创建的对象,进入 ✎ "修改"面板,在"参数"卷展栏内的"长度"、"宽度"、"高度"、"圆角"参数栏内分别键入 90.0 mm、30.0 mm、60.0 mm、11.33 mm,在"长度分段"、"宽度分段"、"高度分段"、"圆角分段"参数栏内分别键入 3、1、3、3,如图 26-12 所示。

图 26-12 设置对象的创建参数

18 将新创建的对象塌陷为"可编辑多边形",并进入"顶点"子对象编辑层。在顶视图中参照图 26-13 所示的子对象,并将其删除。

19 在顶视图中选择所有的子对象,沿 Y 轴缩放选择集至图 26-14 所示的大小。

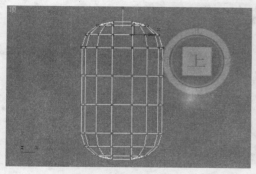

图 26-13　选择子对象

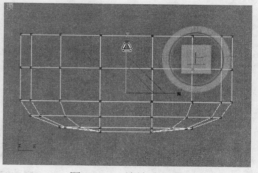

图 26-14　缩放选择集

20 在前视图中选择中间的两排横向子对象,然后参照图 26-15 所示来调整子对象的位置。

21 进入"多边形"子对象编辑层,在前视图中选择图 26-16 所示的子对象。

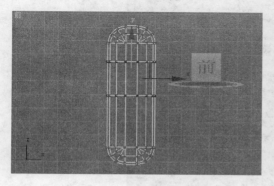

图 26-15　调整子对象的位置

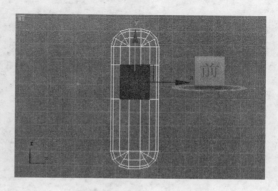

图 26-16　选择子对象

22 进入"编辑多边形"卷展栏,单击"挤出"按钮右侧的 □ "设置"按钮,打开"挤出多边形"对话框。在该对话框内的"挤出高度"参数栏内键入 4.5,然后单击"确定"按钮,退出该对话框,如图 26-17 所示。

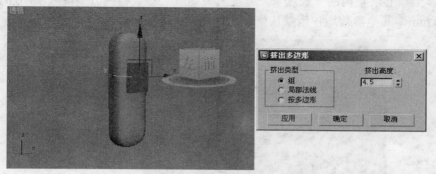

图 26-17　"挤出多边形"对话框

23 确定选择子对象仍处于选择状态,再次执行 4 次"挤出"操作,每次"挤出高度"参数均为 5。

24 进入"顶点"子对象编辑层,在左视图中参照图 26-18 所示编辑子对象。

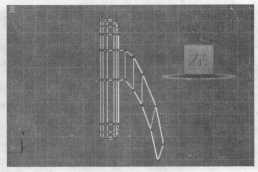

图 26-18　编辑子对象

25　退出子对象编辑层，为其添加一个"网格平滑"修改器。在"细分量"卷展栏内的"迭代次数"参数栏内键入 1，如图 26-19 所示。

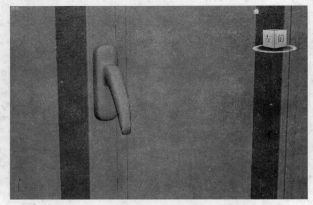

图 26-19　添加"网格平滑"修改器后的效果

26　最后创建窗玻璃模型。在"标准基本体"创建面板内单击"长方体"按钮，在前视图中创建一个 Box01 对象，将其命名为"窗玻璃"。选择新创建的对象，进入 "修改"面板，在"参数"卷展栏内的"长度"、"宽度"、"高度"参数栏内分别键入 1370.0 mm、470.0 mm、10.0 mm，其他参数均使用默认值，如图 26-20 所示。

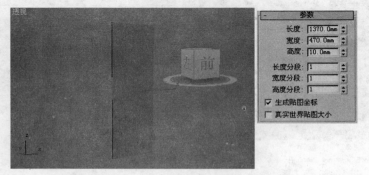

图 26-20　设置对象的创建参数

27　在视图中参照图 26-21 所示来调整"窗玻璃"对象的位置。

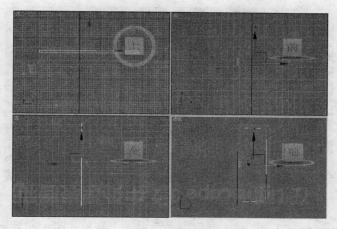

图 26-21   调整对象的位置

28   现在本实例就完成了，图 26-22 所示为窗户模型添加灯光和材质后的效果。如果读者在制作本练习时遇到什么问题，可以打开本书附带光盘中的"开放式卫生间效果图/实例 26：创建窗户模型.max"文件进行查看。

图 26-22   窗户模型添加灯光和材质后的效果

实例 27：在 Lightscape 3.2 中设置材质和光源

在本实例中，将指导读者在 Lightscape 设置卫生间场景的材质和光源。通过本实例，使读者能够将 Lightscape 中的图块转换为光源，以增强室内的光线。

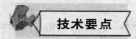

在本实例中，应用材料属性对话框设置各模型的材质；应用光照属性对话框设置主光源的强度；将射灯图块定义为光源，并通过光照属性对话框设置光源在空间上的位置和强度；最后应用视图控制工具栏上的工具来调整视图。图 27-1 所示为设置材质后的效果。

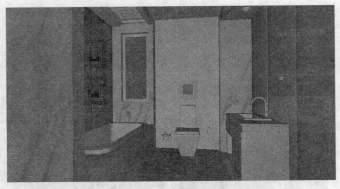

图 27-1　设置材质后的效果

1 运行 Lightscape 3.2，打开本书附带光盘中的"开放式卫生间效果图/实例 27：卫生间.lp"文件，如图 27-2 所示。

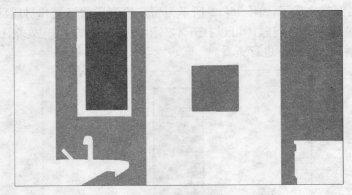

图 27-2　"实例 27：卫生间.lp"文件

2 在 Materials 列表内双击"玻璃隔板"选项，打开"材料 属性-玻璃隔板"对话框。打开"物理性质"选项卡，在"模板"下拉列表框中选择"玻璃"选项，以确定材质类型，在"透明度"参数栏内键入 0.85，在"反射度"参数栏内键入 0.65，在"折射率"参数栏内键入 1，如图 27-3 所示。然后单击"确定"按钮，退出该对话框。

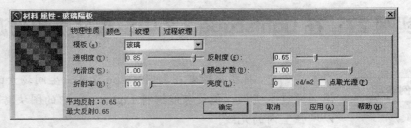

图 27-3　设置"玻璃隔板"材质

3 在 Materials 列表内双击"窗玻璃"选项，打开"材料 属性-窗玻璃"对话框。打开"物理性质"选项卡，在"模板"下拉列表框中选择"玻璃"选项，以确定材质类型。在"透明度"参数栏内键入 0.85，在"反射度"参数栏内键入 0.20，如图 27-4 所示。然后单击"确定"按钮，退出该对话框。

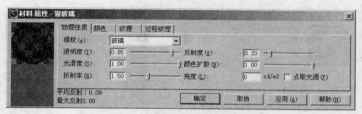

图 27-4　设置"窗玻璃"材质

4 在 Materials 列表内双击"窗框"选项，打开"材料 属性-窗框"对话框。打开"物理性质"选项卡，在"模板"下拉列表框中选择"塑料"选项，以确定材质类型，在"反射度"参数栏内键入 0.60，如图 27-5 所示。然后单击"确定"按钮，退出该对话框。

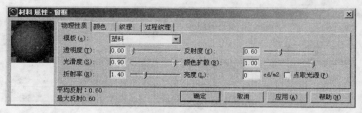

图 27-5　设置"窗框"材质

5 在 Materials 列表内双击"瓷砖墙面"选项，打开"材料 属性-瓷砖墙面"对话框。打开"物理性质"选项卡，在"模板"下拉列表框中选择"光滑瓷砖"选项，以确定材质类型，在"反射度"参数栏内键入 0.02，如图 27-6 所示。然后单击"确定"按钮，退出该对话框。

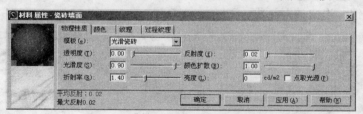

图 27-6　设置"瓷砖墙面"材质

6 在 Materials 列表内双击"地板"选项，打开"材料 属性-地板"对话框。打开"物理性质"选项卡，在"模板"下拉列表框中选择"石材"选项，以确定材质类型，在"反射度"参数栏内键入 0.60，如图 27-7 所示。然后单击"确定"按钮，退出该对话框。

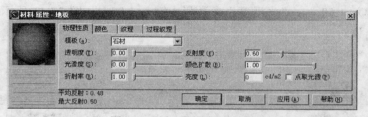

图 27-7　设置"地板"材质

7 在 Materials 列表内双击"画 01"选项，打开"材料 属性-画 01"对话框。打开"物理性质"选项卡，在"模板"下拉列表框中选择"塑料"选项，以确定材质类型，在"反射度"参数栏内键入 0.00，如图 27-8 所示。然后单击"确定"按钮，退出该对话框。

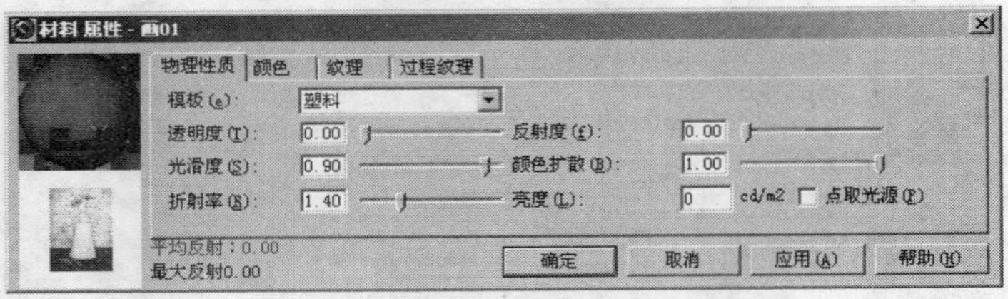

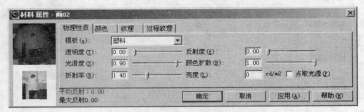

图 27-8　设置"画01"材质

　　8　在 Materials 列表内双击"画02"选项，打开"材料 属性-画02"对话框。打开"物理性质"选项卡，在"模板"下拉列表框中选择"塑料"选项，以确定材质类型，在"反射度"参数栏内键入 0.00，如图 27-9 所示。然后单击"确定"按钮，退出该对话框。

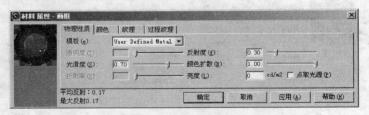

图 27-9　设置"画02"材质

　　9　在 Materials 列表内双击"画框"选项，打开"材料 属性-画框"对话框。打开"物理性质"选项卡，在"模板"下拉列表框中选择 User Defined Metal 选项，以确定材质类型，在"反射度"参数栏内键入 0.30，在"光滑度"参数栏内键入 0.70，如图 27-10 所示。然后单击"确定"按钮，退出该对话框。

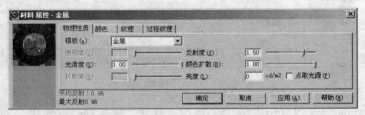

图 27-10　设置"画框"材质

　　10　在 Materials 列表内双击"金属"选项，打开"材料 属性-金属"对话框。打开"物理性质"选项卡，在"模板"下拉列表框中选择"金属"选项，以确定材质类型，在"反射度"参数栏内键入 1.50，在"光滑度"参数栏内键入 1.00，如图 27-11 所示。然后单击"确定"按钮，退出该对话框。

图 27-11　设置"金属"材质

　　11　在 Materials 列表内双击"镜子"选项，打开"材料 属性-镜子"对话框。打开"物理性质"选项卡,在"模板"下拉列表框中选择"金属"选项,以确定材质类型,在"反射度"参数栏内键入 2.00,在"光滑度"参数栏内键入 1.00,如图 27-12 所示。然后单击"确定"按钮,退出该对话框。

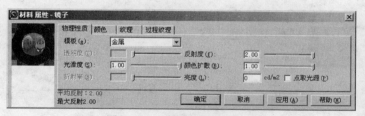

图 27-12　设置"镜子"材质

12 在 Materials 列表内双击"墙体"选项,打开"材料 属性-墙体"对话框。打开"物理性质"选项卡,在"模板"下拉列表框中选择"反光漆"选项,以确定材质类型,在"反射度"参数栏内键入 0.70,如图 27-13 所示。然后单击"确定"按钮,退出该对话框。

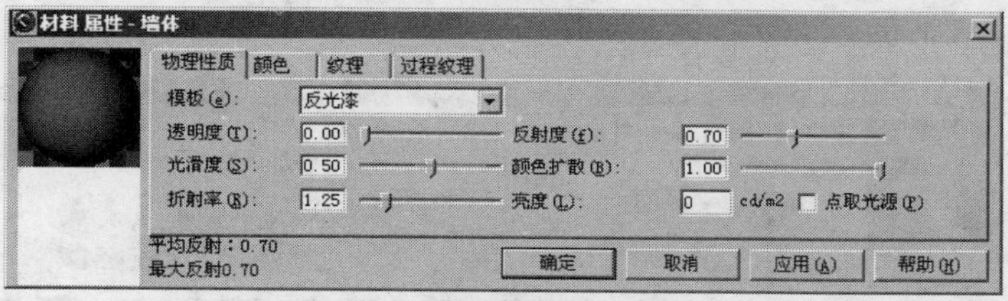

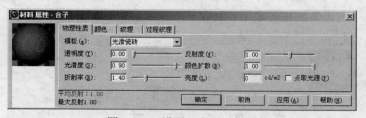

图 27-13　设置"墙体"材质

13 在 Materials 列表内双击"台子"选项,打开"材料 属性-台子"对话框。打开"物理性质"选项卡,在"模板"下拉列表框中选择"光滑瓷砖"选项,以确定材质类型,如图 27-14 所示。然后单击"确定"按钮,退出该对话框。

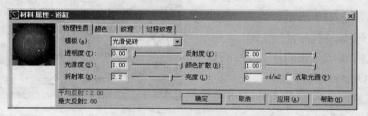

图 27-14　设置"台子"材质

14 在 Materials 列表内双击"浴缸"选项,打开"材料 属性-浴缸"对话框。打开"物理性质"选项卡,在"模板"下拉列表框中选择"光滑瓷砖"选项,以确定材质类型,在"反射度"参数栏内键入 2.00,在"折射率"参数栏内键入 2.2,如图 27-15 所示。然后单击"确定"按钮,退出该对话框。

图 27-15　设置"浴缸"材质

15 在 Materials 列表内双击"浴巾"选项，打开"材料 属性-浴巾"对话框。打开"物理性质"选项卡，在"模板"下拉列表框中选择"织物"选项，以确定材质类型，在"反射度"参数栏内键入 0.45，如图 27-16 所示。然后单击"确定"按钮，退出该对话框。

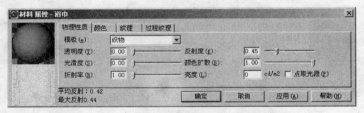

图 27-16　设置"浴巾"材质

16 在 Materials 列表内双击"装饰画"选项，打开"材料 属性-装饰画"对话框。打开"物理性质"选项卡，在"模板"下拉列表框中选择"玻璃"选项，以确定材质类型，在"透明度"参数栏内键入 0.00，在"反射度"参数栏内键入 2.00，如图 27-17 所示。然后单击"确定"按钮，退出该对话框。

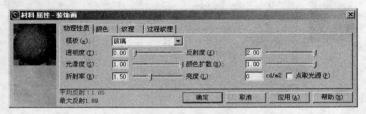

图 27-17　设置"装饰画"材质

17 在 Materials 列表内双击"装饰框"选项，打开"材料 属性-装饰框"对话框。打开"物理性质"选项卡，在"模板"下拉列表框中选择"砖石"选项，以确定材质类型如图 27-18 所示，然后单击"确定"按钮，退出该对话框。

图 27-18　设置"装饰框"材质

18 场景中的其他材质使用系统默认值，在"显示"工具栏上单击 "增强"和 "纹理"按钮，使模型表面显示透视和纹理，效果如图 27-19 所示。

19　接下来设置人造光源。在 Luminaires 列表内双击 Omni01 选项，打开"光照 属性-Omni01"对话框。在"亮度"选项组内的参数栏内键入 8000，以确定灯光的强度如图 27-20 所示，然后单击

图 27-19　显示纹理

"确定"按钮，退出该对话框。

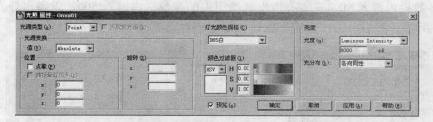

图 27-20　"光照 属性-Omni01"对话框

20 退出"光照 属性-Omni01"对话框后，将会打开 Lightscape 对话框，如图 27-21 所示。在该对话框内单击"是"按钮，退出该对话框。

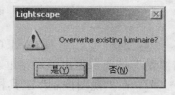

图 27-21　Lightscape 对话框

21 在 Luminaires 列表内双击 Omni02 选项，打开"光照 属性-Omni02"对话框。在"亮度"选项组内的参数栏内键入 9000，以确定灯光的强度如图 27-22 所示，然后单击"确定"按钮，退出该对话框。

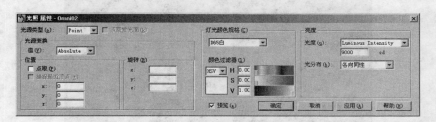

图 27-22　"光照 属性-Omni02"对话框

22 退出"光照 属性-Omni02"对话框后，将会打开 Lightscape 对话框，在该对话框内单击"是"按钮，退出该对话框。

23 在 Blocks 列表内右击"灯 01"选项，在弹出的快捷菜单中选择"定义为光源…"选项，如图 27-23 所示。

24 选择"定义为光源…"选项后，将会打开 Lightscape 对话框，如图 27-24 所示。单击"是"按钮，退出该对话框。

图 27-23　选择"定义为光源…"选项

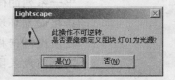

图 27-24　打开 Lightscape 对话框

25 退出 Lightscape 对话框后，将会打开"光照 属性-灯 01"对话框。在"位置"选项栏内的 Z 参数栏内键入 80，在"亮度"选项组内的参数栏内键入 500，以确定灯光的强度，如图 27-25 所示。然后单击"确定"按钮，退出该对话框。

图 27-25　　"光照 属性-灯 01"对话框

26 退出"光照 属性-灯 01"对话框后，将会打开 Lightscape 对话框。在该对话框内单击"是"按钮，退出该对话框。

27 在"视图控制"工具栏上单击 🔍 "放缩"按钮，参照图 27-26 所示来调整视图。本实例就全部制作完成了，将本实例保存，以便在下个实例中使用。

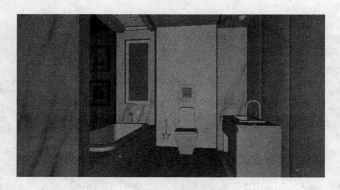

图 27-26　　调整视图

实例 28：在 Lightscape 3.2 中处理表面和渲染输出

在本实例中，将指导读者在 Lightscape 中处理卫生间模型表面并将场景渲染输出。通过本实例，使读者能够使用 Layers 列表使视图中的模型随时显示和隐藏，以方便读者更好地细化表面。

在本实例中，首先细化表面，通过在块的编辑状态下，快速细化整个模型的表面，还应用了 Layers 列表辅助细化面；通过 Lightscape 中一系列的向导设置，定义模型不使用自然光源；应用文件属性对话框设置环境光的应用程度，以提高效果图中阴影部分的亮度；通过渲染对话框将场景输出为 jpg 格式的二维图像。图 28-1 所示为卫生间效果图渲染输出后的效果。

图 28-1　卫生间效果图渲染输出后的效果

1 运行 Lightscape 3.2，打开实例 27 保存的文件，如图 28-2 所示。

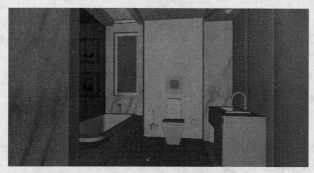

图 28-2　实例 27 保存的文件

2 在"选择集"工具栏上单击 🔲 "块"按钮，在视图上选择房间模型，如图 28-3 所示。

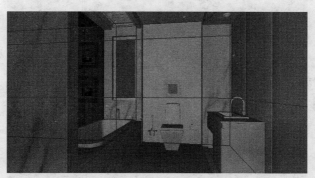

图 28-3　选择房间模型

3 右击选择模型，在弹出的快捷菜单中选择"单独编辑视图"选项，进入所选模型的单独编辑状态，如图 28-4 所示。

4 在"选择集"工具栏上单击 🔲 "面"和 🔲 "全部选择"按钮，这时所选模型的所有表面处于选择状态。

5 右击选择面，在弹出的快捷菜单中选择"表面处理"选项，这时会打开"表面处理"对话框。在"网格分辨率"参数栏内键入 10，然后单击"确定"按钮，退出对话框，如图 28-5 所示。

图 28-4　进入所选模型的单独编辑状态　　　　　图 28-5　"表面处理"对话框

　　6　在视图的空白区域单击，取消面选择。在视图上右击，在弹出的快捷菜单中选择"结束单独编辑视图"选项，返回整体模式。

　　7　在"选择集"工具栏上单击 "面"和 "全部选择"按钮，这时所选模型的所有表面处于选择状态。

　　8　在"选择集"工具栏上单击 "块"按钮，在视图上选择"窗户墙"、"房梁 01"、"房梁 01"、"水池墙"、"浴缸外框"模型，如图 28-6 所示。

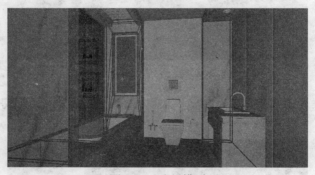

图 28-6　选择模型

　　8　右击选择模型，在弹出的快捷菜单中选择"单独编辑视图"选项，进入所选模型的单独编辑状态，如图 28-7 所示。

图 28-7　进入所选模型的单独编辑状态

　　10　在"选择集"工具栏上单击 "面"和 "全部选择"按钮，这时所选模型的所有表面处于选择状态。

11 右击选择面，在弹出的快捷菜单中选择"表面处理"选项，这时会打开"表面处理"对话框。在"网格分辨率"参数栏内键入 8，然后单击"确定"按钮，退出对话框，如图 28-8 所示。

12 在视图的空白区域单击，取消面选择，在视图上右击，在弹出的快捷菜单中选择"结束单独编辑视图"选项，返回整体模式。

13 在"选择集"工具栏上单击 ▶"选择"和 ◿"面"按钮，按下键盘上的 Ctrl 键，在视图中选择可见的座便器和洗漱台所在的面，如图 28-9 所示。

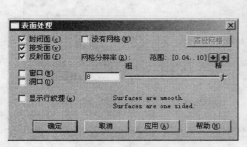

图 28-8　"表面处理"对话框　　　　　　　　　图 28-9　选择面

14 右击选择面，在弹出的快捷菜单中选择"表面处理"选项，这时会打开"表面处理"对话框。在"网格分辨率"参数栏内键入 7，然后单击"确定"按钮，退出对话框，如图 28-10 所示。

15 接下来需要细化画框和画模型的表面。由于这些模型位于玻璃挡板的后面，使用单击的方法很难选择，那么作者将指导读者借助 Layers 列表细分模型表面。

16 在 Layers 列表内右击任意一个选项，在弹出的快捷菜单中选择"全部关闭"选项如图 28-11 所示，这时视图中的所有模型被隐藏。

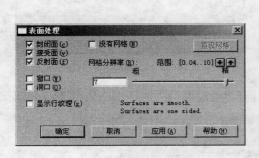

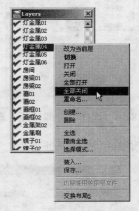

图 28-10　"表面处理"对话框　　　　　　　　图 28-11　选择"全部关闭"选项

17 在 Layers 列表内分别双击"画 01"、"画 02"、"画框 01"、"画框 02"选项左侧的空白处，使这些模型在视图上显示，如图 28-12 所示。

18 在"选择集"工具栏上单击 ◿"面"和 ▦"全部选择"按钮，使当前视图上显示模型的表面处于选择状态。

19 右击选择面，在弹出的快捷菜单中选择"表面处理"选项，这时会打开"表面处理"对话框。在"网格分辨率"参数栏内键入 5，然后单击"确定"按钮，退出对话框，如图 28-13 所示。

图 28-12　通过 Layers 列表显示模型

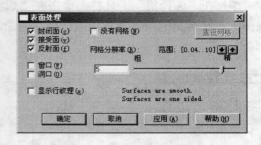

图 28-13　"表面处理"对话框

20 在 Layers 列表内右击任意一个选项，在弹出的快捷菜单中选择"全部打开"选项如图 28-14 所示，这时视图中的所有模型被显示。

21 细化表面工作结束后，在"光能传递"工具栏上单击 🐾 "初始化"按钮，这时会打开 Lightscape 对话框如图 28-15 所示，然后单击"是"按钮，退出该对话框。

图 28-14　选择"全部打开"选项

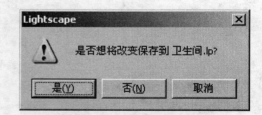

图 28-15　Lightscape 对话框

22 在菜单栏执行"处理"/"参数"命令，打开"处理参数"对话框，如图 28-16 所示。

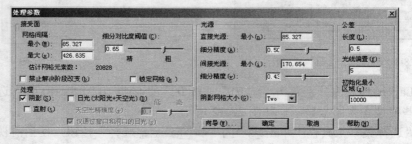

图 28-16　"处理参数"对话框

23 在"处理参数"对话框内单击"向导"按钮,打开"质量"对话框。在该对话框内选择 3 单选按钮,如图 28-17 所示。

图 28-17 "质量"对话框

24 在"质量"对话框内单击"下一步"按钮,打开"日光"对话框,如图 28-18 所示。

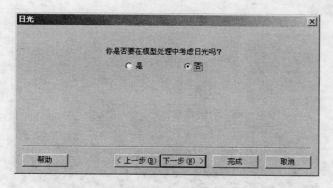

图 28-18 "日光"对话框

25 在"日光"对话框内单击"下一步"按钮,打开"完成向导"对话框,如图 28-19 所示。

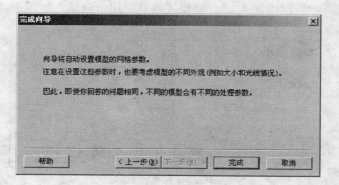

图 28-19 "完成向导"对话框

26 在"完成向导"对话框内单击"完成"按钮,返回到"处理参数"对话框。在该对话框内单击"确定"按钮,退出该对话框。

27 退出"处理参数"对话框后，在"光能传递"工具栏上单击 🏃 "开始"按钮，计算机开始计算光能传递，如图 28-20 所示。

图 28-20 光能传递中

28 当场景变成如图 28-21 所示的效果时，在"光能传递"工具栏上单击 🚶 "停止"按钮，结束光影传递操作。

图 28-21 光影传递效果

28 在菜单栏执行"文件"/"属性"命令，打开"文件属性"对话框。打开"显示"选项卡，在"环境光"参数栏内键入 20，将设置颜色应用于背景，如图 28-22 所示。

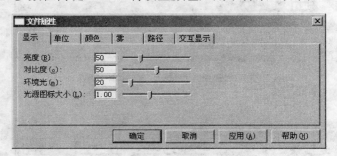

图 28-22 设置背景颜色

30 在"文件属性"对话框内单击"确定"按钮，退出该对话框。在"显示"工具栏上单击 ▢ "环境光"按钮，使环境光应用于场景，这时将增强了视图中阴影部分的亮度，如图 28-23 所示。

图 28-23　应用环境光

31 在菜单栏执行"文件"/"渲染"命令，打开"渲染"对话框，如图 28-24 所示。

图 28-24　"渲染"对话框

32 在"渲染"对话框内单击"浏览"按钮，打开"图像文件名"对话框。在"查找范围"下拉列表框中选择文件保存的路径，在"文件名"文本框内键入文件名称如图 28-25 所示，然后单击"打开"按钮，退出该对话框。

33 退出"图像文件名"对话框后，将返回到"渲染"对话框。在"格式"下拉列表框中选择"JPEG（JPG）"选项，在"反锯齿"下拉列表框中选择"四"选项；在"光

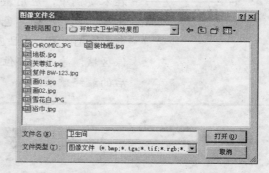

图 28-25　"图像文件名"对话框

影跟踪"选项组内选择"光影跟踪"和"光影跟踪直接光照"复选框，如图 28-26 所示。

图 28-26　设置渲染参数

34 在"渲染"对话框内单击"确定"按钮，退出该对话框。渲染后的效果如图 28-27

所示，现在本实例就全部完成了。

图 28-27　渲染场景

实例 29：在 Photoshop CS4 中处理效果图

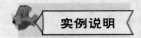

在本实例中，将指导读者使用 Photoshop CS4 处理卫生间效果图。通过本实例，使读者能够在处理效果图时，导入外部位图修补曝光过度的图像，以提高工作效率。

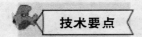

在本实例中，应用裁剪工具确定效果图的最终尺寸；应用亮度/对比度、色彩平衡、色相/饱和度等色彩编辑工具调整效果图中的偏色、弱光图像，并且应用了钢笔工具绘制选区以确定所要编辑的图像区域；导入外部位图，为修补画图像。图 29-1 所示为进行处理后的最终效果。

图 29-1　进行处理后的效果

1　运行 Photoshop CS4，打开实例 28 输出的图片文件，或者打开本书附带光盘中的"开放式卫生间效果图/实例 29：卫生间.jpg"文件，如图 29-2 所示。

图 29-2　"实例 29：卫生间.jpg"文件

2　使用工具箱中的 ◻ ，"裁剪工具"，然后参照图 29-3 所示来创建裁剪框，按下键盘上的 Enter 键，结束"裁剪"操作。

图 29-3　创建裁剪框

3　在菜单栏执行"图像"/"调整"/"色彩平衡"命令，打开"色彩平衡"对话框。在该对话框右侧的参数栏内键入-12，然后单击"确定"按钮，退出该对话框，如图 29-4 所示。

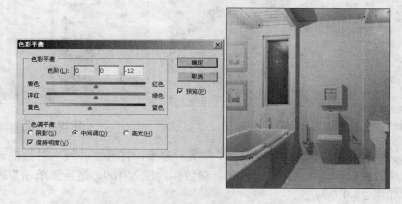

图 29-4　"色彩平衡"对话框

4 在菜单栏执行"图像"/"调整"/"亮度/对比度"命令，打开"亮度/对比度"对话框。在"对比度"参数栏内键入 24，然后单击"确定"按钮，退出该对话框，如图 29-5 所示。

5 在菜单栏执行"选择"/"色彩范围"命令，打开"色彩范围"对话框。在画面的白色区域单击选择颜色，在"颜色容差"参数栏内键入 80，然后单击"确定"按钮，退出该对话框，如图 29-6 所示。

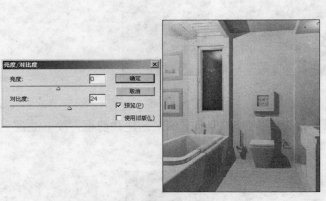

图 29-5　"亮度/对比度"对话框　　　　　图 29-6　"色彩范围"对话框

6 在菜单栏执行"图像"/"调整"/"亮度/对比度"命令，打开"亮度/对比度"对话框。在"亮度"参数栏内键入 40；在"对比度"参数栏内键入 0，然后单击"确定"按钮，退出该对话框，如图 29-7 所示。

7 按下键盘上的 Ctrl+D 组合键，取消选区。

8 接下来需要提高灯槽部分的亮度。使用工具箱中的 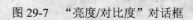 "多边形套索工具"，然后参照图 29-8 所示来建立选区。

图 29-7　"亮度/对比度"对话框　　　　　图 29-8　建立选区

9 在菜单栏执行"图像"/"调整"/"曲线"命令，打开"曲线"对话框。在该对话框内的"输出"参数栏内键入 171，在"输入"参数栏内键入 109，然后"单击"确定按钮，退出该对话框，如图 29-9 所示。

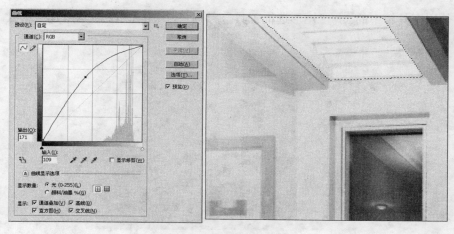

图 29-9　"曲线"对话框

🔟 下面调整浴巾图像的颜色。使用工具箱中的 ✒️ "钢笔工具"，然后参照图 29-10 所示在床上用品区域绘制路径。

图 29-10　绘制路径

⓫ 进入"路径"调板，单击底部的 ◠ "将路径作为选区载入"按钮，将路径转化为选区。

⓬ 在菜单栏执行"图像"/"调整"/"曲线"命令，打开"曲线"对话框。在该对话框内的"输出"参数栏内键入 120，在"输入"参数栏内键入 83，然后"单击"确定按钮，退出该对话框，如图 29-11 所示。

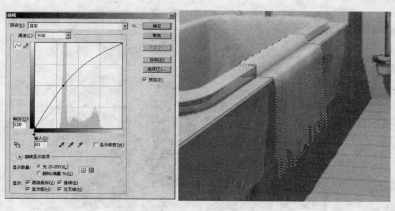

图 29-11　"曲线"对话框

13 使用工具箱中的 ▭ "矩形选框工具",然后参照图 29-12 所示来建立选区。

图 29-12　建立选区

14 在菜单栏执行"图像"/"调整"/"色相/饱和度"命令,打开"色相/饱和度"对话框。在"色相"参数栏内键入 0;在"饱和度"参数栏内键入-31;在"明度"参数栏内键入 4,然后单击"确定"按钮,退出该对话框,如图 29-13 所示。

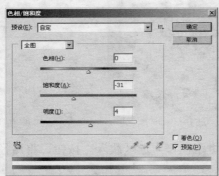

图 29-13　"色相/饱和度"对话框

15 使用工具箱中的 ☑ "多边形套索工具",然后参照图 29-14 所示来建立选区。

图 29-14　建立选区

16 在菜单栏执行"图像"/"调整"/"色相/饱和度"命令，打开"色相/饱和度"对话框。在"色相"参数栏内键入 7；在"饱和度"参数栏内键入 34；在"明度"参数栏内键入 −23，然后单击"确定"按钮，退出该对话框，如图 29-15 所示。

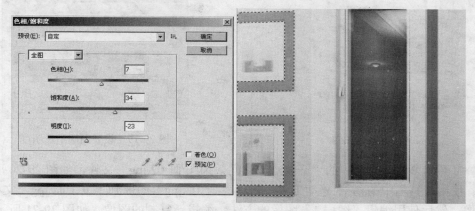

图 29-15　"色相/饱和度"对话框

17 接下来需要编辑画框中的画图像。由于在效果图的输出过程中，该图像曝光度太强，使用色彩调整工具很难将其还原，所以作者使用从外部导入位图的方法来编辑画图像。

18 打开本书附带光盘中的"开放式卫生间效果图/画 01.jpg"文件，如图 29-16 所示。

19 使用工具箱中的 ![移动工具图标] "移动工具"拖动"画 01.jpg"图像到"卫生间.jpg"文档中，复制图像，如图 29-17 所示。

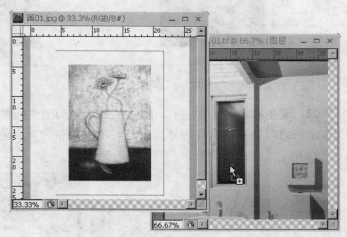

图 29-16　"画 01.jpg"文件

图 29-17　复制图像

20 确定"图层 1"处于可编辑状态，使用"自由变换"工具，然后参照图 29-18 所示来编辑图像。

21 确定"图层 1"仍处于可编辑状态，在"图层"调板中的"不透明度"参数栏内键入 70%，以确定玻璃挡板的透光度，如图 29-19 所示。

图 29-18　编辑图像

图 29-19　设置图层不透明度

22 打开本书附带光盘中的"开放式卫生间效果图/画 02.jpg"文件，如图 29-20 所示。

23 使用工具箱中的 ▶╈ "移动工具"拖动"画 02.jpg"图像到"卫生间.jpg"文档中，复制图像。然后使用编辑"图层 1"图像的方法，编辑新复制的图像，如图 29-21 所示。

图 29-20　"画 02.jpg"文件

图 29-21　编辑图像

24 现在本实例就完成了，图 29-22 所示为卫生间效果图处理完成的效果。如果读者在制作本练习时遇到什么问题，可以打开本书附带光盘中的"开放式卫生间效果图/实例 29：卫生间.tif"文件进行查看。

图 29-22　卫生间效果图

第 7 章 制作时尚客厅效果图

本场景是一个客厅空间，白色的墙体和沙发充分体现了现代、简单、时尚的生活方式，金属质感的镂空方凳除了具备应有的功能外，还可以放置各种摆件是空间整体风格更为活泼。下图为时尚客厅效果图的最终完成效果。

时尚客厅效果图

实例 30：在 3ds max 2009 中创建茶几模型

在本实例中，将指导读者创建一个茶几模型。通过本实例，使读者能够通过移动变换输入对话框准确移动对象的位置，并可以熟练应用圆角、轮廓、镜像等工具编辑二维型。

在本实例中，应用扩展基本体创建面板中的切角长方体工具创建出茶几的玻璃台面；应用矩形为基础型，并将其塌陷为可编辑样条线，在子对象编辑层下应用轮廓、圆角、焊接等工具编辑其剖面图形，应用倒角修改器将其转换为三维模型；应用多边形建模方法创建出金属垫片模型。图 30-1 所示为茶几模型添加灯光和材质后的效果。

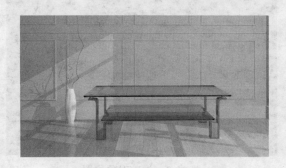

图 30-1 茶几模型添加灯光和材质后的效果

① 运行 3ds max 2009，创建一个新的场景，将系统单位设置为毫米，将显示单位比例设置为毫米。

② 进入 "创建" 面板下的 "几何体" 次面板，在该面板下的下拉列表框内选择 "扩展基本体" 选项，进入 "扩展基本体" 创建面板，在 "对象类型" 卷展栏内单击 "切角长方体" 按钮。

③ 在顶视图创建一个 ChamferBox01 对象，将其命名为 "玻璃台面 01"。选择新创建的对象，进入 "修改" 面板，在 "参数" 卷展栏内的 "长度"、"宽度"、"高度" 和 "圆角" 参数栏内分别键入 700.0 mm、1300.0 mm、15.0 mm、2.0 mm，其他参数均使用默认值，如图 30-2 所示。

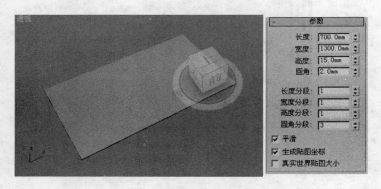

图 30-2　设置对象的创建参数

④ 确定 "玻璃台面 01" 仍处于选择状态，在前视图中沿 Y 轴负值方向移动克隆选择对象，克隆产生的对象名称为 "玻璃台面 02"，将 "玻璃台面 02" 对象移动到如图 30-3 所示的位置。

提示

在克隆对象时，需要使两个对象为 "复制" 克隆关系。

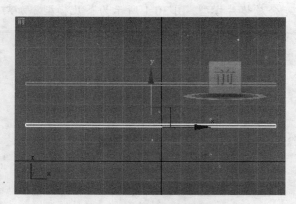

图 30-3　调整对象位置

5 在视图中选择"玻璃台面 02"对象，在"参数"卷展栏内的"宽度"键入 1000.0 mm，其他参数均使用默认值，如图 30-4 所示。

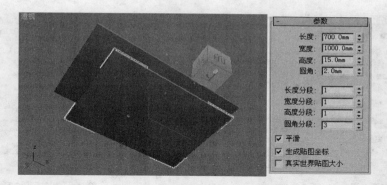

图 30-4　设置对象的创建参数

6 进入 "创建"面板下的 "图形"次面板，在该面板下的下拉列表框内选择"样条线"选项，进入"样条线"创建面板，在"对象类型"卷展栏内单击"矩形"按钮。

7 在前视图中创建一个 Rectangle01 对象，将其命名为"茶几支架 01"。选择新创建的对象，进入 "修改"面板，在"参数"卷展栏内的"长度"参数栏内键入 170.0 mm，在"宽度"参数栏内键入 941.0 mm，在"角半径"参数栏内键入 0.0 mm，如图 30-5 所示。

8 在"样条线"创建面板内再次单击"矩形"按钮，在前视图中创建一个 Rectangle01 对象。选择新创建的对象，进入 "修改"面板，在"参数"卷展栏内的"长度"参数栏内键入 364.992 mm，在"宽度"参数栏内键入 67.0 mm，在"角半径"参数栏内键入 0.0 mm，如图 30-6 所示。

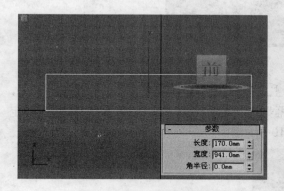

图 30-5　设置对象的创建参数

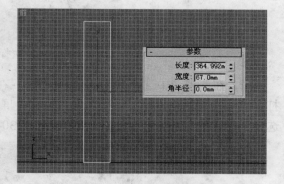

图 30-6　设置 Rectangle01 对象的创建参数

9 确定 Rectangle01 对象处于选择状态，在主工具栏上单击 "对齐"按钮，然后在前视图上光标变为对齐形式时单击"茶几支架 01"对象，这时会打开"对齐当前选择"对话框。在"对齐位置（屏幕）"选项组内选择"Y 位置"和"Z 位置"复选框，以确定所要对齐的轴向，在"当前对象"和"目标对象"选项组内均选择"最小"单选按钮，以确定对齐的位置，如图 30-7 所示，然后单击"应用"按钮，将设置参数应用于对象。

10 在"对齐位置（屏幕）"选项组内选择"X 位置"复选框，以确定所要对齐的轴向，在"当前对象"选项组内选择"最大"单选按钮，在"目标对象"选项组内选择"最小"单选按钮，以确定 Rectangle01 对象的最小值方向与"茶几支架 01"对象的最小值方向沿 X 轴对齐如图 30-8 所示，然后单击"确定"按钮，退出该对话框。

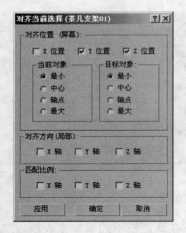 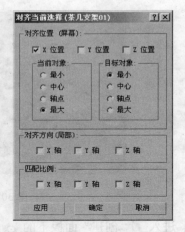

图 30-7 "对齐当前选择"对话框 　　　　　 图 30-8 "对齐当前选择"对话框

11 退出"对齐当前选择"该对话框后，结束"对齐"操作，如图 30-9 所示。

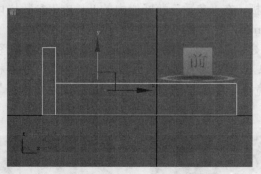

图 30-9 执行"对齐"操作

12 在前视图中选择 Rectangle01 对象，在主工具栏上的 ✛ "选择并移动"按钮上右击，打开"移动变换输入"对话框。在"偏移：屏幕"选项组内的 X 参数栏内键入-80，以确定选择集沿 X 负值方向移动 80 个单位，如图 30-10 所示。

图 30-10 设置 X 轴的移动距离

13 确定"茶几支架 01"对象处于选择状态，进入 ✎ "修改"面板，在堆栈栏内右击，在弹出的快捷菜单中选择"可编辑样条线"选项，将其塌陷为样条线对象。在"几何体"卷展栏内单击"附加"按钮，然后在视图上拾取 Rectangle01 对象，使拾取对象成为源对象的附加型，如图 30-11 所示。

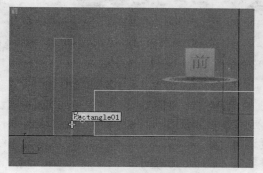

图 30-11　执行"附加"操作

14 进入"线段"子对象编辑层，在前视图中选择如图 30-12 所示的子对象，并将其删除。

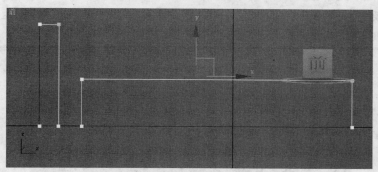

图 30-12　选择子对象

15 进入"顶点"子对象编辑层，在"几何体"卷展栏内单击"连接"按钮，从如图 30-13 所示中的 A 点拖出一条虚线到 B 点，在两个顶点间创建线段。

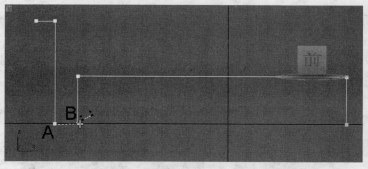

图 30-13　出示 A、B 点

16 再次进入"线段"子对象编辑层，在前视图中选择较长的横向子对象，在"几何体"卷展栏内单击"拆分"按钮，将选择子对象拆分为两段，如图 30-14 所示。

17 在前视图中选择视图右侧的两个子对象，并将其删除。

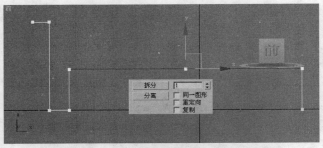

图 30-14　执行"拆分"操作

18 进入"样条线"子对象编辑层，在"几何体"卷展栏内选择"镜像"按钮下的"复制"和"以轴为中心"复选框，然后单击"镜像"按钮，这时样条线子对象将以轴为中心，水平镜像复制样条线子对象，如图 30-15 所示。

一个样条线对象包括多个样条线子对象，并且某一个样条线子对象需要执行"镜像"操作时，就需要使该子对象处于选择状态；如果样条线对象包括一个样条线子对象，这时执行"镜像"操作就不需要选择该子对象。

注意

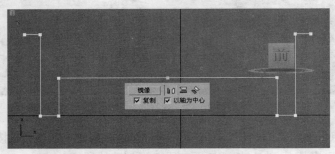

图 30-15　执行"镜像"操作

19 进入"顶点"子对象编辑层，按下键盘上的 Ctrl+A 组合键，全选子对象。在"几何体"卷展栏内单击"焊接"按钮，这时在 0.1 阈值范围内的顶点将被焊接。

20 进入"样条线"子对象编辑层，在"几何体"卷展栏内"轮廓"按钮右侧的参数栏内键入 13，以确定新产生的曲线与原来样条线的距离，如图 30-16 所示。

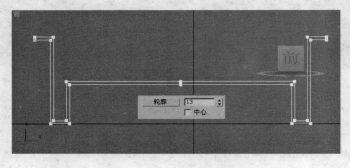

图 30-16　执行"轮廓"操作

21　进入"顶点"子对象编辑层，在前视图中选择图 30-17 所示的子对象。在"几何体"卷展栏内"圆角"按钮右侧的参数栏内键入 25，以确定圆角的大小。

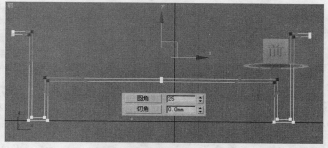

图 30-17　选择子对象

22　在前视图中选择视图底部的 4 个子对象，在"几何体"卷展栏内"圆角"按钮右侧的参数栏内键入 5，如图 30-18 所示。

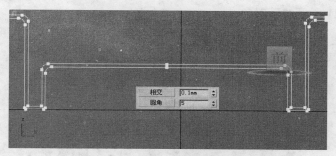

图 30-18　执行"圆角"操作

23　退出子对象编辑层，为其添加一个"倒角"修改器，同时 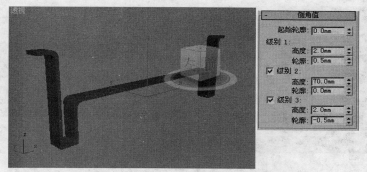"修改"面板内将会出现该项修改器的编辑参数。在"倒角值"卷展栏内"级别 1"选项下的"高度"参数栏内键入 2.0 mm，在"轮廓"参数栏内键入 0.5 mm；选择"级别 2"复选框，在"高度"参数栏内键入 70.0 mm；选择"级别 3"复选框，在"高度"参数栏内键入 2.0 mm，在"轮廓"参数栏内键入-0.5mm，如图 30-19 所示。

图 30-19　设置"倒角"修改器的编辑参数

24　接下来创建顶部的金属垫片。在"扩展基本体"创建面板内单击"切角长方体"按钮，在顶视图中创建一个 ChamferCyl01 对象，将其命名为"金属垫片 01"。选择新创建的对象，进入 "修改"面板，在"参数"卷展栏内的"半径"、"高度"和"圆角"参数栏内分别键入 20.0 mm、23.348 mm、1.276 mm，在"高度分段"和"圆角分段"参数栏内均键入 3，其他参数均使用默认值，如图 30-20 所示

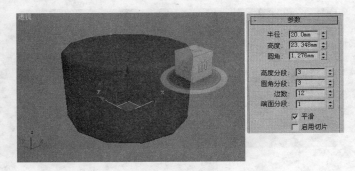

图 30-20　设置对象的创建参数

25　将新创建的对象塌陷为"可编辑多边形"，并进入"多边形"子对象编辑层。在前视图中选择如图 30-21 所示的子对象。

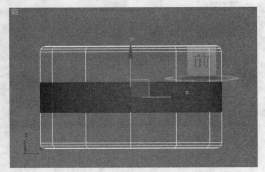

图 30-21　选择子对象

26　进入"编辑多边形"卷展栏，单击"挤出"按钮右侧的 □ "设置"按钮，打开"挤出多边形"对话框。在该对话框内选择"局部法线"单选按钮，在"挤出高度"参数栏内键入-8.0 mm，如图 30-22 所示。然后单击"确定"按钮，退出该对话框。

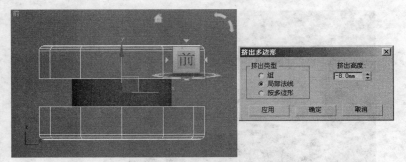

图 30-22　"挤出多边形"对话框

27　退出子对象编辑层，"金属垫片 01"对象创建结束。

28　在"扩展基本体"创建面板内单击"切角长方体"按钮，在顶视图中创建一个 ChamferBox01 对象，将其命名为"茶几木头 01"。选择新创建的对象，进入 ✎ "修改"面板，在"参数"卷展栏内的"长度"、"宽度"、"高度"和"圆角"参数栏内分别键入 70.0 mm、

53.5 mm、130.0 mm、1.0 mm，其他参数均使用默认值，如图 30-23 所示。

图 30-23 设置对象的创建参数

29 在前视图中选择"金属垫片 01"和"茶几木头 01"对象，沿 *X* 轴克隆选择对象，并参照图 30-24 所示来调整对象的位置。

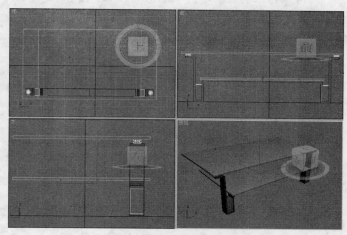

图 30-24 调整对象位置

30 在顶视图中选择除"玻璃台面 01"和"玻璃台面 02"对象外的其他对象，在顶视图中沿 *Y* 轴克隆选择对象，如图 30-25 所示。

31 现在本实例就完成了，图 30-26 所示为茶几模型添加灯光和材质后的效果。如果读者在制作本练习时遇到什么问题，可以打开本书附带光盘中的"时尚客厅效果图/实例 30：创建茶几模型.max"文件进行查看。

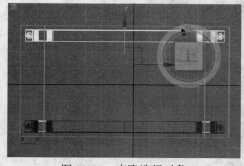

图 30-25 克隆选择对象

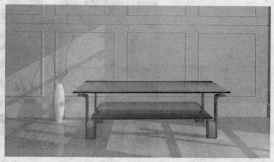

图 30-26 茶几模型添加灯光和材质后的效果

实例 31：在 3ds max 2009 中创建功放模型

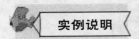
实例说明

在本实例中，将指导读者创建功放模型。通过本实例，使读者能够熟练应用 NURBS 创建模型，这种建模方法通常用创建一些电器或角色等表面呈流线形的模型。

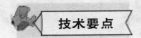
技术要点

在本实例中，应用长方形作为功放的主体模型，应用样条线创建面板中的矩形工具，创建出功放按键板的基础形，并将其塌陷为 NURBS 对象；通过克隆并变换曲线，确定按键板的拓扑线，应用创建 U 向放样曲面工具创建出该模型；应用创建向量投影曲线工具，创建出显示屏和按钮的凹槽；应用标准基本体创建面板中的几何球体工具，创建出半球形的按钮。图 31-1 所示为 DVD 模型添加材质后的效果。

图 31-1　设置材质、灯光和摄影机的效果

1️⃣ 运行 3ds max 2009，创建一个新的场景，将系统单位设置为毫米，将显示单位比例设置为毫米。

2️⃣ 进入 "创建" 面板下的 "几何体" 次面板，在该面板下的下拉列表框内选择 "标准基本体" 选项，进入 "标准基本体" 创建面板，在 "对象类型" 卷展栏内单击 "长方体" 按钮。

3️⃣ 在顶视图中创建一个 Box01 对象，将其命名为 "功放主体"。选择新创建的对象，进入 "修改" 面板，在 "参数" 卷展栏内的 "长度"、"宽度"、"高度" 参数栏内分别键入 435.0 mm、550.0 mm、130.0 mm，其他参数均使用默认值，如图 31-2 所示。

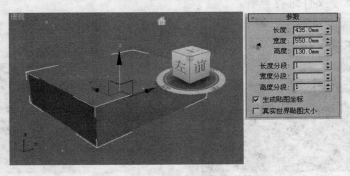

图 31-2　设置对象的创建参数

4 在"样条线"创建面板内单击"矩形"按钮，在前视图中创建两个 Rectangle 对象，然后参照图 31-3 所示来设置对象的创建参数。

5 在前视图中参照图 31-4 所示来调整新创建的 3 个对象的位置。

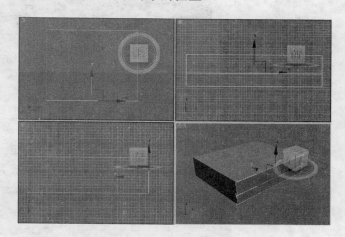

图 31-3　设置对象的创建参数　　　　　　　　图 31-4　调整对象位置

6 选择任意一个 Rectangle 对象，进入 "修改"面板。在堆栈栏内右击，在弹出的快捷菜单中选择 NURBS 选项，将其塌陷为 NURBS 对象。

7 在堆栈栏中单击"NURBS 曲面"选项左侧的 按钮，在展开的层级选项中选择"曲线"选项，进入"曲线"子对象编辑层。在"曲线公用"卷展栏内单击"连接"按钮，在视图中任意曲线上拖出一条虚线到相邻的子对象，这时会打开"连接曲线"对话框，如图 31-5 所示。在该对话框内单击"确定"按钮，退出该对话框。

当读者在使用"连接"命令连接曲线时，可能会发生曲线变形，这时可以改变曲线连接的顺序，使连接后的曲线成为正常状态。

提示

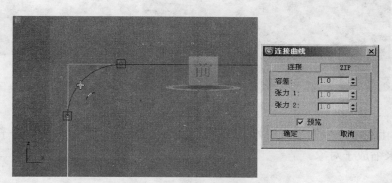

图 31-5　"连接曲线"对话框

8 多次使用"连接"命令，连接其他断开的曲线，如图 31-6 所示。

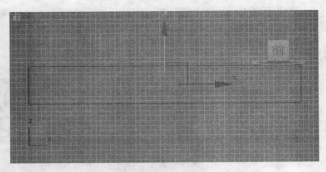

图 31-6 连接曲线

9 退出子对象编辑层，在"常规"卷展栏内单击"附加"按钮，如图 31-7 所示。然后在视图上拾取另外一个 Rectangle 对象，使拾取对象成为源对象的附加型。

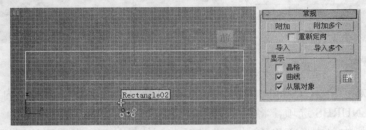

图 31-7 执行"附加"操作

10 再次进入"曲线"子对象编辑层，使用"连接"命令，使附加的子对象成为一条曲线。

11 在左视图中选择两个子对象，使用 ✛ "选择并移动"工具，配合 Shift 键，在左视图中沿 X 轴正值方向移动克隆曲线，并确定克隆的曲线与原曲线为"独立复制"关系，如图 31-8 所示。

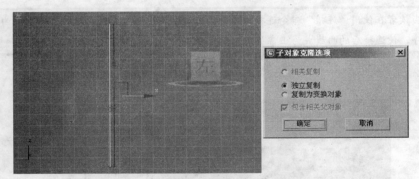

图 31-8 克隆子对象

12 确定由克隆产生的子对象处于选择状态，在左视图中沿 X 正值克隆子对象，并参照图 31-9 所示来缩放子对象。

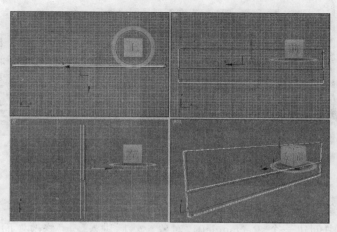

图 31-9　缩放子对象

13 在"常规"卷展栏内单击 ▣ "NURBS 创建工具箱"按钮，打开 NURBS 工具箱。在该工具箱中单击 ▣ "创建 U 向放样曲面"按钮，在左视图按照创建的先后顺序依次单击顶部的曲线，在曲线上创建曲面，然后右击结束创建操作，如图 31-10 所示。

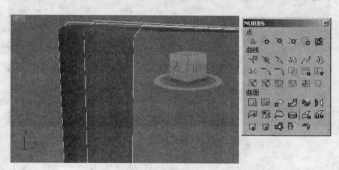

图 31-10　创建 U 向放样曲面

14 再次应用 ▣ "创建 U 向放样曲面"工具，在左视图按照创建的先后顺序依次单击底部的曲线，在曲线上创建曲面，如图 31-11 所示。

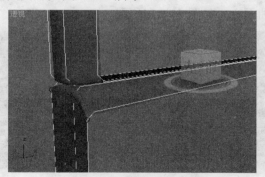

图 31-11　创建 U 向放样曲面

15 在 NURBS 工具箱内单击 ▣ "创建封口曲面"按钮，在视图中单击较小的两条曲线，在该曲线上创建曲面，如图 31-12 所示。

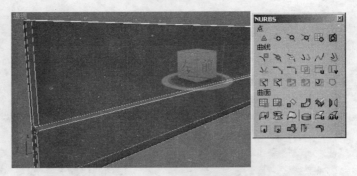

图 31-12　创建封口曲面

16　退出子对象编辑层，将其命名为"功放"。

17　在前视图中创建一个 Rectangle01 对象，然后进入 "修改" 面板，在 "参数" 卷展栏内的 "长度" 参数栏内键入 36.0 mm，在 "宽度" 参数栏内键入 280.0 mm，在 "角半径" 参数栏内键入 0.5 mm，如图 31-13 所示。

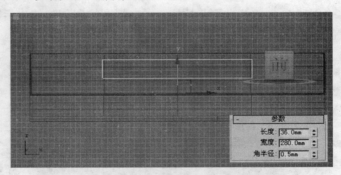

图 31-13　设置对象的创建参数

18　选择"功放"对象，应用"常规"参数栏内的"附加"工具，使新创建的 Rectangle01 对象成为源对象的附加型。

19　进入"曲线"子对象编辑层，使用"连接"命令，使附加的子对象成为一条曲线。

20　在 NURBS 工具箱内单击 "创建向量投影曲线"按钮，在前视图中将使用"附加"命令产生的曲线投影到曲面上，如图 31-14 所示。

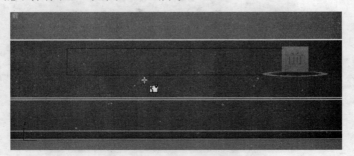

图 31-14　将曲线投影到曲面上

21　在"向量投影曲线"卷展栏内选择"修剪"和"翻转修剪"复选框，这时曲面呈图 31-15 所示的效果。

如果读者在使用 "创建向量投影曲线" 工具投影曲线时，不小心进行其他操作，"修改" 面板中的 "向量投影曲线" 卷展栏内将会消失，这时可以进入 "曲线" 子对象编辑层，选择被投影的曲线，"修改" 面板中将会出现 "向量抽影曲线" 卷展栏，读者就可以进行相应的设置。

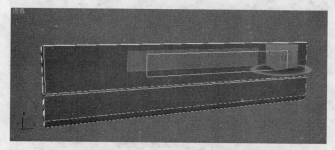

图 31-15　选择 "修剪" 和 "翻转修剪" 复选框后的曲面效果

22 在 NURBS 工具箱内单击 "创建挤出曲面" 按钮，使投影曲线产生挤出曲面，并在 "挤出曲面" 卷展栏内的 "数量" 参数栏内键入-1.0 mm，如图 31-16 所示。

图 31-16　设置 "数量" 参数

23 在 NURBS 工具箱内单击 "创建封口曲面" 按钮，在视图中选择挤出面边缘的曲线，在该曲线上创建曲面如图 31-17 所示，然后退出子对象编辑层。

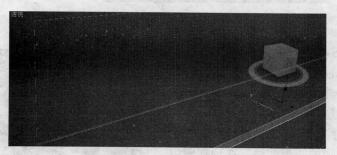

图 31-17　创建封口曲面

24 在 "样条线" 创建面板内单击 "圆" 按钮，在前视图中创建一个 Circle01 对象。然后进入 "修改" 面板，在 "参数" 卷展栏内的 "半径" 参数栏内键入 18。

25 选择 "功放" 对象，应用 "常规" 参数栏内的 "附加" 工具，使新创建的 Circle01

对象成为源对象的附加型。

26 在 NURBS 工具箱内单击 ☒ "创建向量投影曲线"按钮，在前视图中将使用"附加"命令产生的曲线投影到曲面上，在"向量投影曲线"卷展栏内选择"修剪"和"翻转修剪"复选框，如图 31-18 所示。

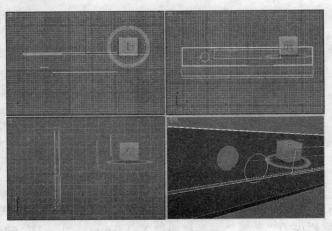

图 31-18　设置投影曲线

27 在 NURBS 工具箱内单击 ☒ "创建挤出曲面"按钮，使新投影曲线产生挤出曲面，在"挤出曲面"卷展栏内的"数量"参数栏内键入–11.0 mm，并选择"翻转法线"复选框，如图 31-19 所示。

图 31-19　设置"数量"参数

28 在 NURBS 工具箱内单击 ☒ "创建封口曲面"按钮，在视图中选择挤出面的边缘曲线，在该曲线上创建曲面如图 31-20 所示，然后退出子对象编辑层。

28 进入"曲线"子对象编辑层，选择使用"附加"工具附加的圆形曲线，在顶视图中沿 Y 轴负值方向克隆两个选择曲线，并确定曲线间为"独立复制"关系，然后参照图 31-21 所示缩放并调整曲线。

图 31-20　创建封口曲面

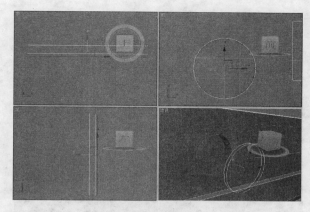

图 31-21　缩放并调整曲线

30 应用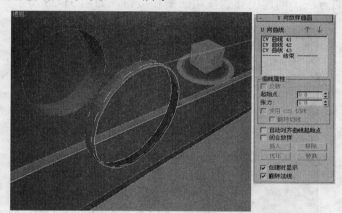"创建 U 向放样曲面"工具，在顶视图按照由上至下的顺序依次选择三条圆形曲线，在曲线上创建曲面，如图 31-22 所示。

图 31-22　创建 U 向放样曲面

31 在 NURBS 工具箱内单击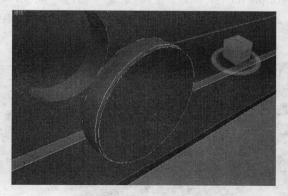"创建封口曲面"按钮，在视图中选择较小的圆形曲线，在该曲线上创建曲面，如图 31-23 所示。

图 31-23　创建封口曲面

32 在顶视图中选择使用"附加"工具附加的圆形曲线，以及由该曲线克隆的两个圆形曲线，沿 Y 轴正值方向移动至图 31-24 所示的位置。

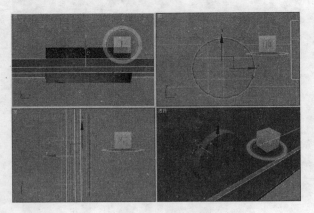

图 31-24 移动曲线

33 使用同样的方法，创建出其他按钮凹槽和按钮，如图 31-25 所示。

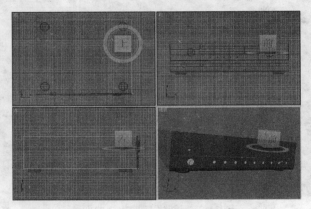

图 31-25 创建出其他按钮凹槽和按钮

34 创建功放上的半球形按钮。在"标准基本体"创建面板内单击"几何球体"按钮，在前视图中创建一个 GeoSphere01 对象，然后进入 ✐ "修改"面板，在"参数"卷展栏内的"分段"参数栏内键入 2，并选择"半球"复选框，"半径"参数参照凹槽的大小设置，如图 31-26 所示。

图 31-26 设置对象的创建参数

35 再次应用"标准基本体"创建面板内"几何球体"工具，创建出其他半球按钮，如图 31-27 所示。

36 现在本实例就完成了，图 31-28 所示为功放模型添加灯光和材质后的效果。如果读者在制作本练习时遇到什么问题，可以打开本书附带光盘中的"时尚客厅效果图/实例 31：创建功放模型.max"文件进行查看。

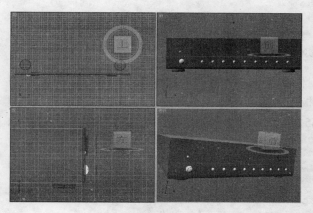

图 31-27　创建其他半球按钮

图 31-28　功放模型添加灯光和材质后的效果

实例 32：在 Lightscape 3.2 中设置材质和光源

在本实例中，将指导读者在 Lightscape 中设置客厅场景的材质和光源。通过本实例，使读者进一步了解图块定义为光源的相关知识。

在本实例中，首先应用材料属性对话框来设置各材质；应用日光设置对话框来设置太阳光的强度和方向；在设置人造光源时，将装饰灯的图块定义为光源，并设置了光源在 Z 轴位置，以防止光源进入模型内部无法照亮场景。图 32-1 所示为设置材质后的效果。

图 32-1　设置材质后的效果

1 运行 Lightscape 3.2，打开本书附带光盘中的"时尚客厅效果图/实例 32：客厅.lp"文件，如图 32-2 所示。

图 32-2　　"实例 32：客厅.lp"文件

2　在 Materials 列表内双击"DVD 附件 01"选项，打开"材料 属性-DVD 附件 01"对话框。打开"物理性质"选项卡，在"模板"下拉列表框中选择"半反光漆"选项，以确定材质类型，在"反射度"参数栏内键入 0.65，在"光滑度"参数栏键入 0.30，如图 32-3 所示。然后单击"确定"按钮，退出该对话框。

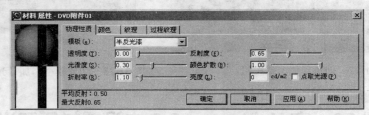

图 32-3　设置"DVD 附件 01"材质

3　在 Materials 列表内双击"DVD 附件 2"选项，打开"材料 属性-DVD 附件 2"对话框。打开"物理性质"选项卡，在"模板"下拉列表框中选择"半反光漆"选项，在"反射度"参数栏内键入 0.5，在"光滑度"参数栏内键入 0.30，如图 32-4 所示。然后单击"确定"按钮，退出该对话框。

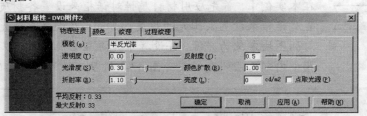

图 32-4　设置"DVD 附件 2"材质

4　在 Materials 列表内双击"DVD 主体"选项，打开"材料 属性- DVD 主体"对话框。打开"物理性质"选项卡，在"模板"下拉列表框中选择"反光漆"选项，以确定材质类型，在"反射度"参数栏内键入 0.7，如图 32-5 所示。然后单击"确定"按钮，退出该对话框。

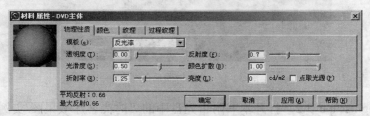

图 32-5　设置"DVD 主体"材质

5 在 Materials 列表内双击"白色木头"选项，打开"材料 属性-白色木头"对话框。打开"物理性质"选项卡，在"模板"下拉列表框中选择"反光漆"选项，以确定材质类型，在"反射度"参数栏内键入 0.5，如图 32-6 所示。然后单击"确定"按钮，退出该对话框。

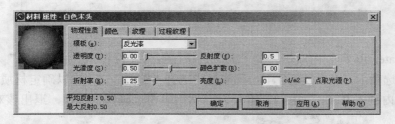

图 32-6　设置"白色木头"材质

6 在 Materials 列表内双击"茶几玻璃"选项，打开"材料 属性-茶几玻璃"对话框。打开"物理性质"选项卡，在"模板"下拉列表框中选择"玻璃"选项，以确定材质类型，在"透明度"参数栏内键入 0.9，在"反射度"参数栏内键入 0.3，如图 32-7 所示。然后单击"确定"按钮，退出该对话框。

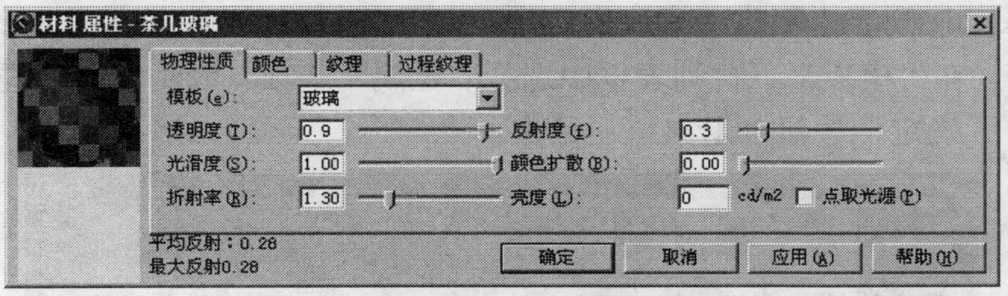

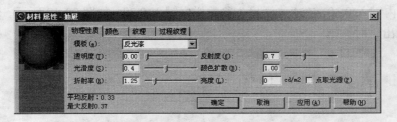

图 32-7　设置"茶几玻璃"材质

7 在 Materials 列表内双击"抽屉"选项，打开"材料 属性-抽屉"对话框。打开"物理性质"选项卡，在"模板"下拉列表框中选择"反光漆"选项，以确定材质类型，在"反射度"参数栏内键入 0.7，在"光滑度"参数栏内键入 0.4，如图 32-8 所示，然后单击"确定"按钮，退出该对话框。

图 32-8　设置"抽屉"材质

8 在 Materials 列表内双击"灯金属"选项，打开"材料 属性-灯金属"对话框。打开"物理性质"选项卡，在"模板"下拉列表框中选择"金属"选项，以确定材质类型，如图 32-9 所示。然后单击"确定"按钮，退出该对话框。

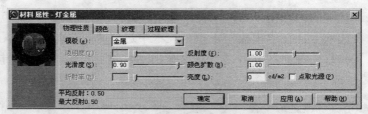

图 32-9　设置"灯金属"材质

9 在 Materials 列表内双击"凳子面"选项，打开"材料 属性-凳子面"对话框。打开"物理性质"选项卡，在"模板"下拉列表框中选择"塑料"选项，以确定材质类型，在"反射度"参数栏内键入 0.50，如图 32-10 所示。然后单击"确定"按钮，退出该对话框。

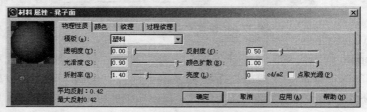

图 32-10　设置"凳子面"材质

10 在 Materials 列表内双击"底座"选项，打开"材料 属性-底座"对话框。打开"物理性质"选项卡，在"模板"下拉列表框中选择"金属"选项，以确定材质类型，如图 32-11 所示。然后单击"确定"按钮，退出该对话框。

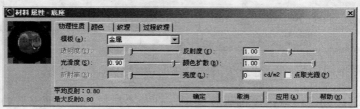

图 32-11　设置"底座"材质

11 在 Materials 列表内双击"地板"选项，打开"材料 属性-地板"对话框。打开"物理性质"选项卡，在"模板"下拉列表框中选择"光滑瓷砖"选项，以确定材质类型。在"反射度"参数栏内键入 0.30，在"光滑度"参数栏内键入 0.70，如图 32-12 所示。然后单击"确定"按钮，退出该对话框。

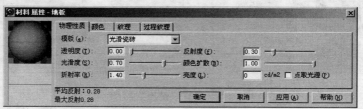

图 32-12　设置"地板"材质

12 在 Materials 列表内双击"功放按钮"选项，打开"材料 属性-功放按钮"对话框。打开"物理性质"选项卡，在"模板"下拉列表框中选择"金属"选项，以确定材质类型，在"反射度"参数栏内键入 0.8，如图 32-13 所示。然后单击"确定"按钮，退出该对话框。

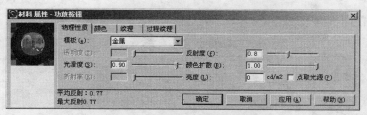

图 32-13　设置"功放按钮"材质

13　在 Materials 列表内双击"黑色外壳"选项，打开"材料 属性-黑色外壳"对话框。打开"物理性质"选项卡，在"模板"下拉列表框中选择"光滑瓷砖"选项，以确定材质类型，如图 32-14 所示。然后单击"确定"按钮，退出该对话框。

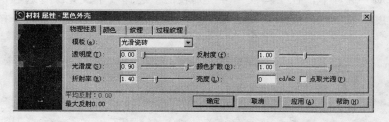

图 32-14　设置"黑色外壳"材质

14　在 Materials 列表内双击"金属"选项，打开"材料 属性-金属"对话框。打开"物理性质"选项卡，在"模板"下拉列表框中选择"金属"选项，以确定材质类型，如图 32-15 所示。然后单击"确定"按钮，退出该对话框。

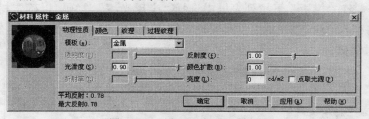

图 32-15　设置"金属"材质

15　在 Materials 列表内双击"木头"选项，打开"材料 属性-木头"对话框。打开"物理性质"选项卡，在"模板"下拉列表框中选择"反光漆"选项，以确定材质类型，在"反射度"参数栏内键入 0.55，如图 32-16 所示。然后单击"确定"按钮，退出该对话框。

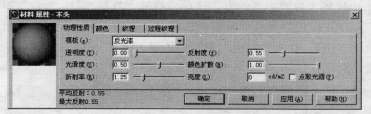

图 32-16　设置"木头"材质

16　在 Materials 列表内双击"屏幕"选项，打开"材料 属性-屏幕"对话框。打开"物理性质"选项卡，在"模板"下拉列表框中选择"玻璃"选项，以确定材质类型，在"透明度"参数栏内键入 0.10，在"反射度"参数栏内键入 0.80，如图 32-17 所示。然后单击"确定"按钮，退出该对话框。

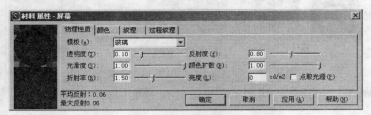

图 32-17　设置"屏幕"材质

17 在 Materials 列表内双击"浅色外壳"选项，打开"材料 属性-浅色外壳"对话框。打开"物理性质"选项卡，在"模板"下拉列表框中选择"半反光漆"选项，以确定材质类型，在"反射度"参数栏内键入 0.70，如图 32-18 所示。然后单击"确定"按钮，退出该对话框。

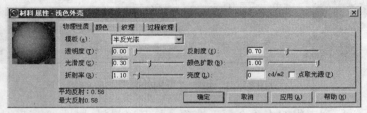

图 32-18　设置"浅色外壳"材质

18 在 Materials 列表内双击"墙体"选项，打开"材料 属性-墙体"对话框。打开"物理性质"选项卡，在"模板"下拉列表框中选择"半反光漆"选项，以确定材质类型，在"反射度"参数栏内键入 0.06，"光滑度"参数栏内键入 0.20，如图 32-19 所示。然后单击"确定"按钮，退出该对话框。

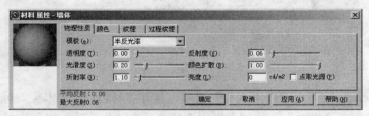

图 32-19　设置"墙体"材质

19 在 Materials 列表内双击"沙发"选项，打开"材料 属性-沙发"对话框。打开"物理性质"选项卡，在"模板"下拉列表框中选择"反光漆"选项，以确定材质类型，在"反射度"参数栏内键入 1.4，在"光滑度"参数栏内键入 0.9，如图 32-20 所示。然后单击"确定"按钮，退出该对话框。

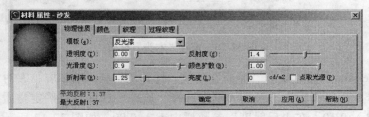

图 32-20　设置"沙发"材质

20　在 Materials 列表内双击"沙发底座"选项，打开"材料 属性-沙发底座"对话框。打开"物理性质"选项卡，在"模板"下拉列表框中选择"塑料"选项，以确定材质类型，如图 32-21 所示。然后单击"确定"按钮，退出该对话框。

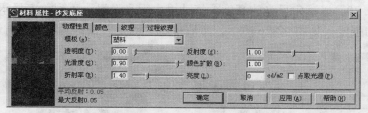

图 32-21　设置"沙发底座"材质

21　在 Materials 列表内双击"显示屏"选项，打开"材料 属性-显示屏"对话框。打开"物理性质"选项卡，在"模板"下拉列表框中选择"玻璃"选项，以确定材质类型，在"透明度"参数栏内键入 0.00，如图 32-22 所示。然后单击"确定"按钮，退出该对话框。

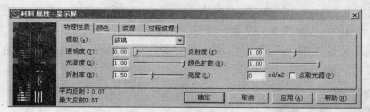

图 32-22　设置"显示屏"材质

22　在 Materials 列表内双击"音箱外壳"选项，打开"材料 属性-音箱外壳"对话框。打开"物理性质"选项卡，在"模板"下拉列表框中选择 Use Defined Metal 选项，以确定材质类型，在"光滑度"参数栏内键入 0.75，如图 32-23 所示。然后单击"确定"按钮，退出该对话框。

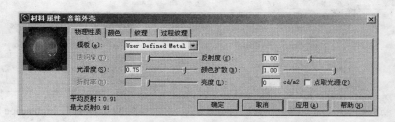

图 32-23　设置"音箱外壳"材质

23　场景中的其他材质使用系统默认值，在"显示"工具栏上单击 🔲 "增强"和 🔲 "纹理"按钮，使模型表面显示透视和纹理，效果如图 32-24 所示。

24　接下来设置自然光。在菜单栏执行"光照"/"日光"命令，打开"日光设置"对话框，如图 32-25 所示。

25　在"日光设置"对话框底部选择

图 32-24　显示纹理

"直接控制"复选框，这时该对话框内的"位置"和"时间"选项卡将被"直接控制"选项卡替代。

26 打开"直接控制"选项卡，在"旋转"参数栏键入 28，以确定日光的方向，在"仰角"参数栏键入 70，以确定日光的高度。拖动"太阳光"滑块直到数字显示为 31197 为止，以确定太阳光的强度，如图 32-26 所示。然后单击"确定"按钮，退出该对话框。

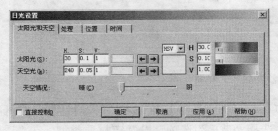
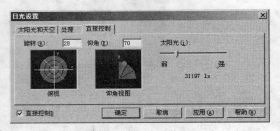

图 32-25　"日光设置"对话框　　　　　　　　　　图 32-26　设置日光

27 设置装饰光源。在 Blocks 列表内右击"装饰灯 05"选项，在弹出的快捷菜单中选择"定义为光源…"选项，如图 32-27 所示。

28 选择"定义为光源…"选项后，将会打开 Lightscape 对话框，如图 32-28 所示。然后单击"是"按钮，退出该对话框。

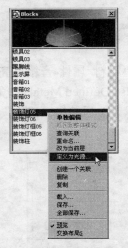

图 32-27　选择"定义为光源…"选项　　　　　　图 32-28　打开 Lightscape 对话框

29 退出 Lightscape 对话框后，将会打开"光照 属性-装饰灯 05"对话框。在"位置"选项栏内的 Z 参数栏内键入 60，在"亮度"选项组内的参数栏内键入 2000，以确定灯光的强度，如图 32-29 所示。然后单击"确定"按钮，退出该对话框。

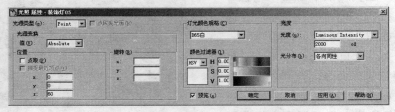

图 32-29　"光照 属性-装饰灯 05"对话框

30 退出"光照 属性-装饰灯 05"对话框后，将会打开 Lightscape 对话框。在该对话框内单击"是"按钮，退出该对话框。

31 使用同样的方法，将"装饰灯 06"图块定义为光源，其强度与 Z 轴位置的参数与"装饰灯 05"光源相同。

32 完成后的效果如图 32-30 所示。将本实例保存，以便在下个实例中使用。

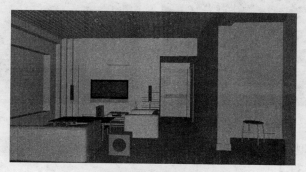

图 32-30　设置材质后的效果

实例 33：在 Lightscape3.2 中处理表面和渲染输出

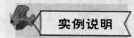

在本实例中，将指导读者在 Lightscape 中处理客厅模型表面并将场景渲染输出。通过本实例，使读者使用视图控制工具栏的相关工具调整视图，并能够辅助细化模型表面工作。

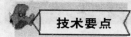

在本实例中，首先在块的编辑状态下，选择多个块同时细化表面；通过 Lightscape 中一系列的向导设置，定义模型接受光源的特性；应用光能传递工具栏上的相关工具，使模型进行光能传递处理；应用文件属性对话框提高场景的亮度、对比度，并设置背景颜色；通过应用环境光提高场景中阴影部分亮度；通过渲染对话框将场景输出为 jpg 格式的二维图像。图 33-1 所示为客厅效果图渲染输出后的效果。

图 33-1　客厅效果图渲染输出后的效果

[1] 运行 Lightscape 3.2，打开实例 32 保存的文件，如图 33-2 所示。

[2] 在"选择集"工具栏上单击 █ "块"按钮，在视图上选择房间、后墙体和电视墙模型，如图 33-3 所示。

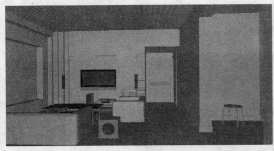

图 33-2 实例 32 保存的文件

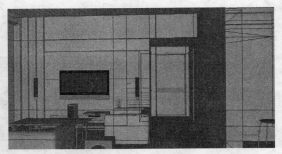

图 33-3 选择房间、后墙体和电视墙模型

[3] 右击选择模型，在弹出的快捷菜单中选择"单独编辑视图"选项，进入所选模型的单独编辑状态，如图 33-4 所示。

[4] 在"视图控制"工具栏上单击 █ "放缩"按钮，然后参照图 33-5 所示来调整视图。

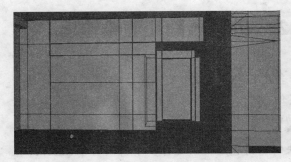

图 33-4 进入所选模型的单独编辑状态

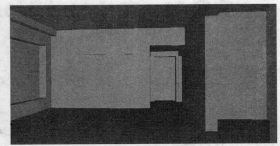

图 33-5 调整视图

[5] 在"选择集"工具栏上单击 █ "选择"和 █ "面"按钮，按下键盘上的 Ctrl 键，在视图中选择可见的墙体和地板所在的面，如图 33-6 所示。

[6] 右击选择面，在弹出的快捷菜单中选择"表面处理"选项，这时会打开"表面处理"对话框。在"网格分辨率"参数栏内键入 10，然后单击"确定"按钮，退出对话框，如图 33-7 所示。

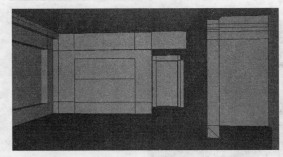

图 33-6 选择面

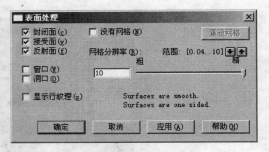

图 33-7 "表面处理"对话框

[7] 在选择面上右击，在弹出的快捷菜单中选择"结束单独编辑视图"选项，退出单独

编辑视图状态。

⑧ 在"选择集"工具栏上单击 🔓 "取消全部选择"按钮，取消面的选择。然后在"选择集"工具栏上单击 🔁 "块"按钮，在视图中选择"电视墙装饰"、"踢脚线"、"装饰"、DVD、"音箱"、"顶"、"装饰柱"、"电视墙装饰"、"茶几木头"，以及所有门和门框模型，如图 33-8 所示。

⑨ 右击选择模型，在弹出的快捷菜单中选择"单独编辑视图"选项，进入所选模型的单独编辑状态，如图 33-9 所示。

图 33-8　选择模型

图 33-9　进入所选模型的单独编辑状态

⑩ 在"选择集"工具栏上单击 🔼 "面"和 🔲 "全部选择"按钮，这时所选模型的所有表面处于选择状态。

⑪ 右击选择面，在弹出的快捷菜单中选择"表面处理"选项，这时会打开"表面处理"对话框。在"网格分辨率"参数栏内键入 8，然后单击"确定"按钮，退出对话框，如图 33-10 所示。

⑫ 在视图的空白区域单击，取消面选择。然后在视图上右击，在弹出的快捷菜单中选择"结束单独编辑视图"选项，返回整体模式。

⑬ 接下来需要设置视图，以确定最终渲染输出的视角。在"视图控制"工具栏上单击 🔍 "放缩"按钮，参照图 33-11 所示来调整视图。

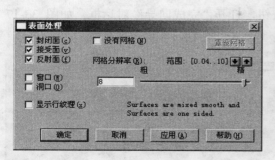

图 33-10　"表面处理"对话框

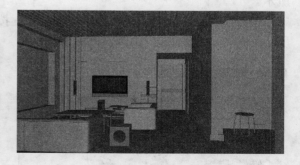

图 33-11　调整视图

⑭ 细化表面工作结束后，在"光能传递"工具栏上单击 ⚒ "初始化"按钮，这时会打开 Lightscape 对话框，如图 33-12 所示。然后单击"是"按钮，退出该对话框。

⑮ 在菜单栏执行"处理"/"参数"命令，打

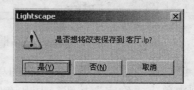

图 33-12　Lightscape 对话框

开"处理参数"对话框，如图 33-13 所示。

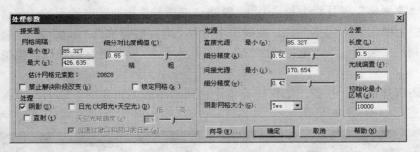

图 33-13　"处理参数"对话框

16 在"处理参数"对话框内单击"向导"按钮，打开"质量"对话框。在该对话框内选择 3 单选按钮，如图 33-14 所示。

17 在"质量"对话框内单击"下一步"按钮，打开"日光"对话框，如图 33-15 所示。

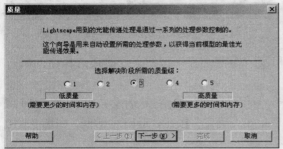

图 33-14　"质量"对话框

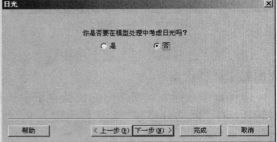

图 33-15　"日光"对话框

18 在"日光"对话框内选择"是"单选按钮，这时对话框内将会出现新的内容，然后在该对话框内选择"模型是一个仅通过窗口和洞口日光的室内模型"单选按钮，如图 33-16 所示。

19 在"日光"对话框内单击"下一步"按钮，打开"完成向导"对话框，如图 33-17 所示。

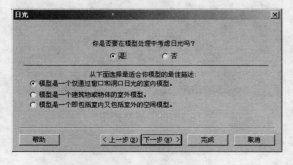

图 33-16　设置"日光"对话框

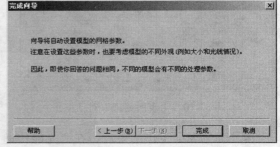

图 33-17　"完成向导"对话框

20 在"完成向导"对话框内单击"完成"按钮，返回到"处理参数"对话框。在该对话框内单击"确定"按钮，退出该对话框。

21 退出"处理参数"对话框后,在"光能传递"工具栏上单击 🏃 "开始"按钮,计算机开始计算光能传递,如图 33-18 所示。

22 当场景变成如图 33-19 所示的效果时,在"光能传递"工具栏上单击 🚹 "停止"按钮,结束光影传递操作。

图 33-18 光能传递中

图 33-19 光影传递效果

23 在菜单栏执行"文件"/"属性"命令,打开"文件属性"对话框。打开"颜色"选项卡,向右拖动 V 滑块,直到左侧显示窗显示为白色,然后单击"背景"行的 ← 按钮如图 33-20 所示,将设置颜色应用于背景。

24 打开"显示"选项卡,在"亮度"参数栏内键入 60,在"对比度"参数栏内键入 60,如图 33-21 所示。

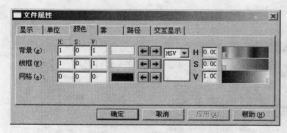

图 33-20 设置背景颜色

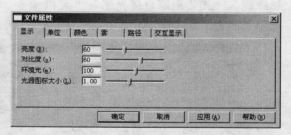

图 33-21 设置"亮度"和"对比度"参数

25 在"文件属性"对话框内单击"确定"按钮,退出该对话框。在"显示"工具栏上单击 ☐ "环境光"按钮,使环境光应用于场景,这时将增强了视图中阴影部分的亮度,如图 33-22 所示。

图 33-22 应用环境光

26 在菜单栏执行"文件"/"渲染"命令,打开"渲染"对话框,如图 33-23 所示。

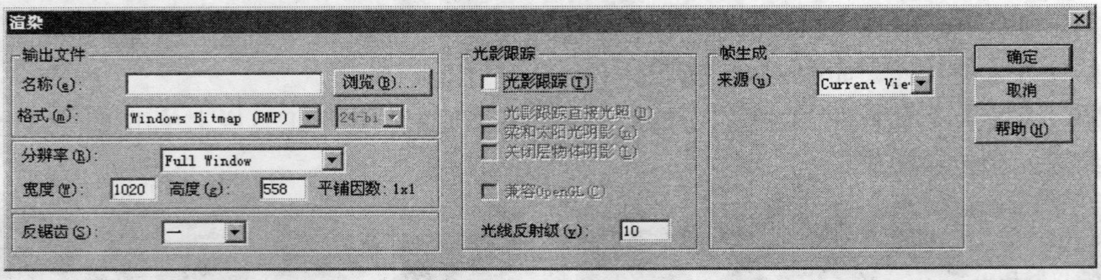

图 33-23 "渲染"对话框

27 在"渲染"对话框内单击"浏览"按钮，打开"图像文件名"对话框。在"查找范围"下拉列表框中选择文件保存的路径，在"文件名"文本框内键入文件名称如图 33-24 所示，然后单击"打开"按钮，退出该对话框。

28 退出"图像文件名"对话框后，将返回到"渲染"对话框。在"格式"下拉列表框中选择"JPEG（JPG）"选项，在"反锯齿"下拉列表框中选择"四"选项；在"光影跟踪"选项组内选择"光影跟踪"、"光影跟踪直接光照"、"柔和太阳光阴影"复选框，如图 33-25 所示。

图 33-24 "图像文件名"对话框

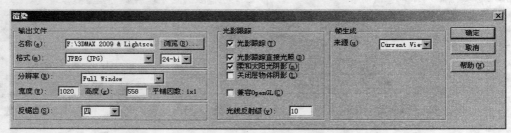

图 33-25 设置渲染参数

28 在"渲染"对话框内单击"确定"按钮，退出该对话框。渲染后的效果如图 33-26 所示，现在本实例就全部完成了。

图 33-26 渲染场景

实例 34：在 Photoshop CS4 中处理效果图

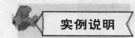
在本实例中，将指导读者使用 Photoshop CS4 处理客厅效果图。通过本实例，使读者了解图层蒙版的使用方法，这种编辑图像的方法能够在不损坏图像的情况下，使图像局部随时隐藏和显示。

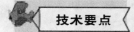
在本实例中，应用裁剪工具确定效果图的最终尺寸；应用亮度/对比度、色彩平衡、色相/饱和度等色彩编辑工具调整效果图整体色调；应用矩形选框和多边形套索工具选择局部图像，并编辑其表面的亮度；应用仿制图章工具编辑通道顶部图像；应用导外部导入位图，在效果图中添加盆栽和花，应用图层蒙版工具设置花瓶阴影。图 34-1 所示为进行处理后的最终效果。

图 34-1　进行处理后的效果

1 运行 Photoshop CS4，打开实例 33 输出的图片文件，或者打开本书附带光盘中的"时尚客厅效果图/实例 34：客厅.jpg"文件，如图 34-2 所示。

2 使用工具箱中的 ⌐ "裁剪工具"，然后参照图 34-3 所示来创建裁剪框，按下键盘上的 Enter 键，结束"裁剪"操作。

图 34-2　"实例 34：客厅.jpg"文件

图 34-3　创建裁剪框

3 在菜单栏执行"图像"/"调整"/"色彩平衡"命令，打开"色彩平衡"对话框。在该对话框左侧的参数栏内键入+1，在右侧的参数栏内键入-19，如图 34-4 所示。然后单击"确定"按钮，退出该对话框。

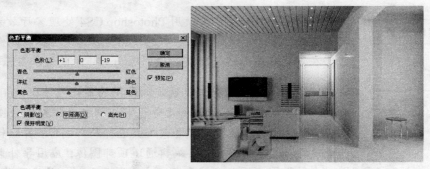

图 34-4 "色彩平衡"对话框

4 在菜单栏执行"图像"/"调整"/"色相/饱和度"命令，打开"色相/饱和度"对话框。在"饱和度"参数栏内键入-23，然后单击"确定"按钮，退出该对话框，如图 34-5 所示。

图 34-5 "色相/饱和度"对话框

5 在菜单栏执行"图像"/"调整"/"曲线"命令，打开"曲线"对话框。在该对话框内参照图 34-6 所示来编辑曲线，然后"单击"确定按钮，退出该对话框。

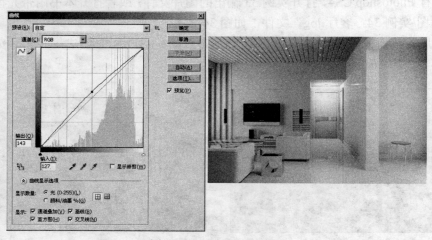

图 34-6 "曲线"对话框

6 整体色调调整结束后，接下来需要局部编辑图像色调。使用工具箱中的  "多边形套索工具"，然后参照图 34-7 所示将天花板建立选区。

图 34-7　建立选区

7 在菜单栏执行"图像"/"调整"/"曲线"命令，打开"曲线"对话框。在该对话框内参照图 34-8 所示来编辑曲线，然后"单击"确定按钮，退出该对话框。

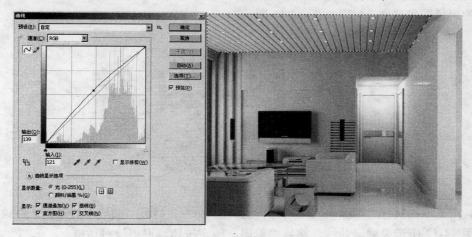

图 34-8　"曲线"对话框

8 再次使用"曲线"工具，然后参照图 34-9 所示来调整电视墙与沙发图像的亮度。

图 34-9　调整电视墙与沙发图像的亮度

⑨ 使用工具箱中的 "多边形套索工具"，将沙发图像建立选区，然后在菜单栏执行"图像"/"调整"/"色彩平衡"命令，打开"色彩平衡"对话框。在该对话框左侧的参数栏内键入-1，在中间的参数栏内键入-23，在右侧的参数栏内键入-20，然后单击"确定"按钮，退出该对话框，如图34-10 所示。

图 34-10　"色彩平衡"对话框

⑩ 按下键盘上的 Ctrl+D 组合键，取消选区。使用工具箱中的 "多边形套索工具"，将音箱的黑色图像建立选区，如图34-11 所示。

图 34-11　建立选区

⑪ 在菜单栏执行"图像"/"调整"/"曲线"命令，打开"曲线"对话框。在该对话框内参照图34-12 所示来编辑曲线，然后"单击"确定按钮，退出该对话框。

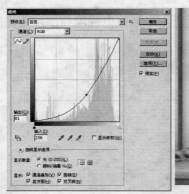

图 34-12　"曲线"对话框

⑫ 再次应用"曲线"工具，提高门金属的亮度，如图34-13 所示。

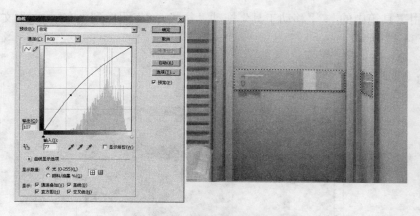

图 34-13 提高门金属的亮度

13 使用工具箱中的 "多边形套索工具",然后参照图 34-14 所示将通道顶部建立选区。

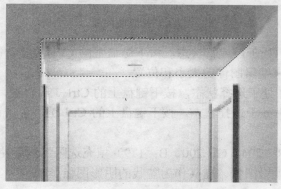

图 34-14 建立选区

14 在工具箱中选择 "仿制图章工具",按下键盘上的 Ctrl 键,在选区内的白色区域单击,以确定采样点,然后参照图 34-15 所示来处理图像。

15 接下来为效果图添加配景,打开本书附带光盘中的 "时尚客厅效果图/盆栽.psd" 文件,如图 34-16 所示。

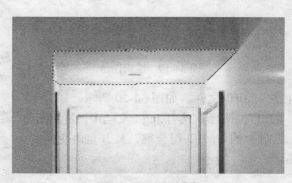

图 34-15 处理图像

图 34-16 "盆栽.psd" 文件

16 使用工具箱中的 ⊹ "移动工具"拖动"盆栽.psd"图像到"客厅.jpg"文档中，复制图像，如图 34-17 所示。

图 34-17　复制图像

17 确定"图层 1"处于可编辑状态，按下键盘上的 Ctrl+T 组合键，打开自由变换框。然后参照图 34-18 所示来编辑图像的大小和位置。

18 确定"图层 1"处于选择状态，按下键盘上的 Ctrl+J 组合键，创建"图层 1 副本"。

19 确定"图层 1"处于选择状态，按下键盘上的 Ctrl 键，单击该图层缩览图，加载该图层的选区。

20 使用浅灰色（R：204、G：200、B：179）填充选区，然后使用"自由变换"工具，并参照图 34-19 所示来编辑图像，使其作为盆栽的阴影图像。

图 34-18　编辑图像的大小和位置

图 34-19　编辑图像

21 打开本书附带光盘中的"时尚客厅效果图/花.tif"文件，如图 34-20 所示。

22 使用工具箱中的 ⊹ "移动工具"拖动"花.tif"图像到"客厅.jpg"文档中，复制图像。

23 确定"图层 2"处于可编辑状态，按下键盘上的 Ctrl+T 组合键，打开自由变换框。然后参照图 34-21 所示来编辑图像的大小和位置。

图 34-20　"花.tif"文件

图 34-21　编辑图像的大小和位置

24 确定"图层 2"处于选择状态，按下键盘上的 Ctrl+J 组合键，创建"图层 2 副本"。

25 确定"图层 2"处于选择状态，应用"自由变换"工具，然后参照图 34-22 所示来编辑图像。

图 34-22　编辑图像

26 按下键盘上的 Ctrl 键，单击"图层 2"缩览图，加载该图层的选区，并将填充为黑色。

27 确定"图层 2"仍处于可编辑状态，在"图层"调板底部单击 [icon] "添加图层蒙版"按钮，为选择图层添加图层蒙版，如图 34-23 所示。

28 确定前景色为黑色，选择工具箱中的 [icon] "画笔工具"，在属性栏中单击"点按可打开"画笔预设"选取器"按钮，打开"画笔"调板。在"主直径"参数栏内键入 10 px，以确定画笔的大小，如图 34-24 所示。

图 34-23　添加图层蒙版

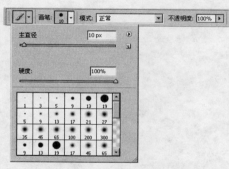

图 34-24　"画笔"调板

28 使用"画笔工具"并参照图 34-25 所示来涂抹图像,使位于墙体和沙发上图像隐藏。

图 34-25　涂抹图像

30 确定"图层 2"图层仍处于可编辑状态,在"图层"调板中将该图层的"不透明度"
参数设为 20。

31 现在本实例就完成了,图 34-26 所示为客厅效果图处理完成的效果。如果读者在制
作本练习时遇到什么问题,可以打开本书附带光盘中的"时尚客厅效果图/实例 34:客厅.tif"
文件进行查看。

图 34-26　客厅效果图

第 2 部分
室外效果图

　　室外效果图处于开放空间，不利于光能传递的计算，配景的添加也很难使用三维模型制作来实现，因此需要进行大量后期处理工作，以弥补其不足。在这一部分中，将为读者讲解室外效果图的设置方法，主要讲解了渲染、输出和后期处理方面的知识。

第8章　水边餐厅效果图

本场景为一个室外场景，场景内容为一个水边的餐厅。由于室外场景没有足够的面可供反射光线，所以在 Lightscape 3.2 中只能对其进行初步的设置，渲染出光源和阴影、反射等初级效果，需要进行大量的后期处理工作，在 Photoshop CS4 中进行的工作量较大，本场景中有大量的金属、水等对象产生的反射效果。在本部分中，将为读者详细讲解处理发射效果的方法。下图为水边餐厅效果图完成后的效果。

水边餐厅效果图

实例35：在 3ds max 2009 中创建餐桌和餐椅模型

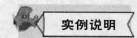

在本实例中，将指导读者创建一组餐桌和餐椅的模型。在制作餐椅的过程中，使用了放样方法来创建椅子框架，放样方法能够使用路径型和截面型创建复杂对象，在创建建筑模型时，常用于创建栏杆、踢脚线、框架等对象。通过本实例，可以使读者了解放样建模方法，以及使用阵列排列对象的方法。

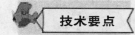

在本实例中，首先创建矩形，并将其塌陷为可编辑样条线，然后对其进行编辑完成椅子框架的路径型，接下来使用放样方法创建出椅子框架，然后使用挤出二维曲线的方法创建椅子靠背和椅子面，完成椅子的制作，最后使用基础型建模的方法创建餐桌，完成模型的创建。图35-1 所示为本实例完成后的效果。

图35-1　餐桌和餐椅模型

1 运行 3ds max 2009，创建一个新的场景，将系统单位设置为毫米，显示单位比例设置为毫米。

2 进入 "创建" 面板下的 "图形" 次面板，在该面板的下拉列表框中选择 "样条线" 选项，进入 "样条线" 创建面板。在 "对象类型" 卷展栏内单击 "矩形" 按钮，在前视图中创建一个 Rectangle01 对象，进入 "修改" 面板，将其命名为 "椅子框架"，在 "参数" 卷展栏内的 "长度" 和 "宽度" 参数栏内分别键入 820.0 mm、500.0 mm，其他参数均使用默认值，如图 35-2 所示。

3 选择 "椅子框架" 对象，进入 "修改" 面板。在堆栈栏内右击，在弹出的快捷菜单中选择 "可编辑样条线" 选项，将其塌陷为样条线对象，进入 "线段" 子对象编辑层，在前视图中选择如图 35-3 所示的子对象。

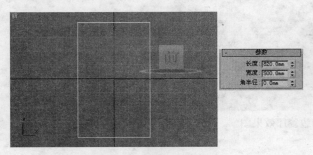

图 35-2　设置对象的创建参数

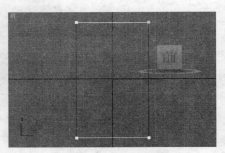

图 35-3　选择线段

4 进入 "几何体" 卷展栏，单击 "拆分" 按钮，将所选对象拆分为两段，如图 35-4 所示。

5 进入 "顶点" 子对象编辑层，选择所有的子对象。右击所选对象，在弹出的快捷菜单中选择 "角点" 选项，如图 35-5 所示。

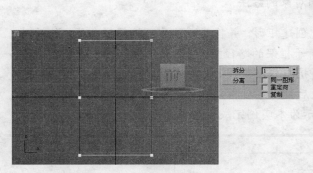

图 35-4　执行 "拆分" 操作

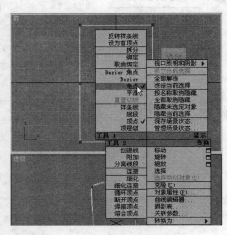

图 35-5　设置顶点属性

6 在前视图中将拆分产生的顶点子对象沿 Y 轴的负方向移动至如图 35-6 所示的位置。

7 在前视图中选择 "椅子框架" 对象底部的两个子对象，在左视图中将其移动至如图 35-7 所示的位置。

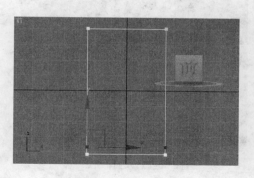

图 35-6　移动顶点子对象

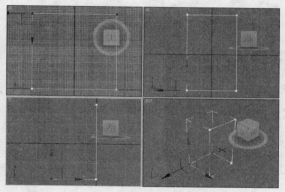

图 35-7　移动顶点

8 进入"线段"子对象编辑层，在前视图中选择如图 35-8 所示的子对象。

9 进入"几何体"卷展栏，在"拆分"按钮右侧的卷展栏内键入 2，然后单击"拆分"按钮，将所选对象拆分为 3 段，如图 35-9 所示。

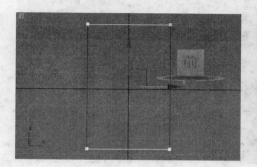

图 35-8　选择线段

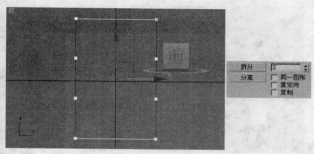

图 35-9　执行"拆分"操作

10 进入"顶点"子对象编辑层，在前视图中参照图 35-10 所示来移动顶点位置。

11 在左视图中移动顶点位置，效果如图 35-11 所示。

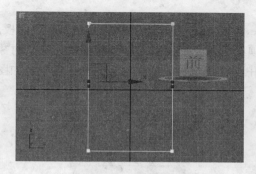

图 35-10　移动顶点位置

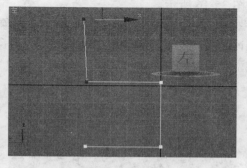

图 35-11　编辑顶点

12 在前视图中选择如图 35-12 所示的子对象，在"几何体"卷展栏内"圆角"按钮右侧的参数栏内键入 30，以确定圆角的大小。

13 在左视图中选择如图 35-13 所示的子对象，在"几何体"卷展栏内"圆角"按钮右侧的参数栏内键入 50，以确定圆角的大小。

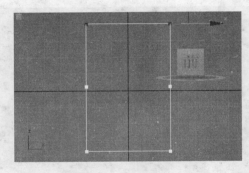

图 35-12　选择子对象

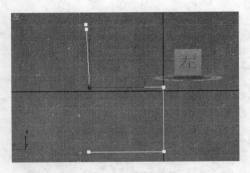

图 35-13　选择顶点

14　在透视图中选择如图 35-14 所示的子对象，在"几何体"卷展栏内"圆角"按钮右侧的参数栏内键入 20，以确定圆角的大小。

15　现在顶点子对象的圆角效果就设置完成了，完成后的效果如图 35-15 所示。

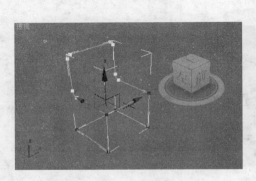

图 35-14　在透视图中选择子对象

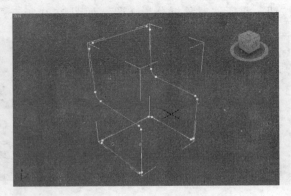

图 35-15　顶点子对象的圆角效果

16　在"样条线"创建面板内单击"圆"按钮，在前视图中创建一个 Circle01 对象。进入 "修改"面板，将其命名为"截面"，在"参数"卷展栏内的"半径"参数栏内键入 10.0 mm，如图 35-16 所示。

17　在顶视图中选择"椅子框架"对象，进入 "创建"面板下的 "几何体"次面板。在该面板内的下拉列表框中选择"复合对象"选项，进入"复合对象"创建面板，在"对象类型"卷展栏内单击"放样"按钮，"创建"面板中将会出现"放样"对象的创建参数，如图 35-17 所示。

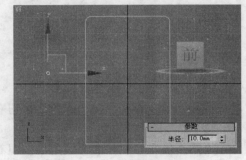

图 35-16　设置对象的创建参数

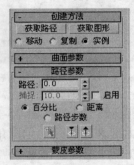

图 35-17　"放样"对象的创建参数

18 在"创建方法"卷展栏内单击"获取图形"按钮，然后在视图中拾取"截面"对象，创建一个放样对象如图 35-18 所示，该放样对象名称为 Loft01。

19 进入 ◢ "修改"面板，将新创建的放样对象命名为"椅子框"。

20 在"样条线"创建面板中单击"线"按钮，在前视图中创建一个 Line01 对象，将其命名为"椅子面"，并将其编辑为如图 35-19 所示的形态。

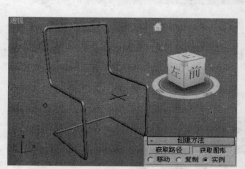

图 35-18　创建一个放样对象

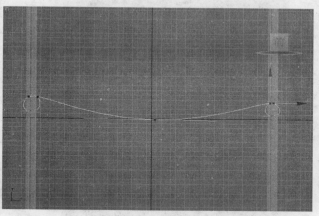

图 35-19　编辑对象

21 选择"椅子面"对象，进入 ◢ "修改"面板，为"椅子面"对象添加一个"挤出"修改器，在"参数"卷展栏内的"数量"参数栏内键入 300.0 mm，效果如图 35-20 所示。

22 在视图中将"椅子面"对象移动至如图 35-21 所示的位置。

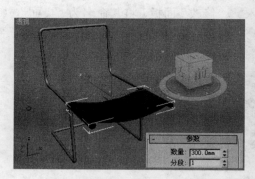

图 35-20　挤出对象

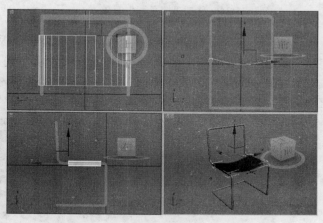

图 35-21　移动对象

23 在左视图中将"椅子面"对象沿 Y 轴克隆，如图 35-22 所示。选择克隆的对象，进入 ◢ "修改"面板，将其命名为"椅子背"。

24 在 ◢ "修改"面板内的堆栈栏内选择"挤出"选项，在"参数"卷展栏内的"数量"参数栏内键入 200.0 mm，效果如图 35-23 所示。

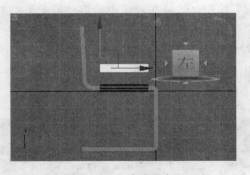

图 35-22　克隆对象

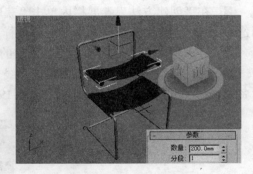

图 35-23　设置修改器参数

25 在左视图中将"椅子背"对象沿 Z 轴的逆时针旋转，然后将其沿 X 轴的负值方向移动至如图 32-24 所示的位置。

26 现在餐椅对象就创建完成了，完成后的效果如图 35-25 所示。

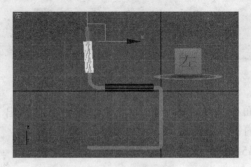

图 35-24　移动"椅子背"对象

图 35-25　餐椅对象

27 接下来需要创建餐椅。进入 "创建"面板下的 "几何体"次面板，单击"圆柱体"按钮，在顶视图中创建一个 Cylinder01 对象。进入 "修改"面板，将其命名为"桌面"，在"参数"卷展栏内的"半径"和"高度"参数栏内分别键入 400.0 mm、10.0 mm，其他参数均使用默认值，如图 35-26 所示。

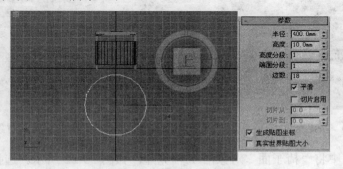

图 35-26　设置对象的创建参数

28 进入 "创建"面板下的 "几何体"次面板，在该面板下的下拉列表框中选择"扩展基本体"选项，进入"扩展基本体"创建面板，在"对象类型"卷展栏中单击"切角圆柱体"按钮。

29 在顶视图中创建一个 ChamferCyl01 对象，将其命名为"桌子腿"。选择新创建的对象，进入 ✎ "修改"面板，在"参数"卷展栏内的"半径"、"高度"和"圆角"参数栏内分别键入 10.0 mm、700.0 mm、5.0 mm，在"高度分段"、"圆角分段"、"边数"和"端面分段"参数栏内分别键入 15、3、12、1，如图 35-27 所示。

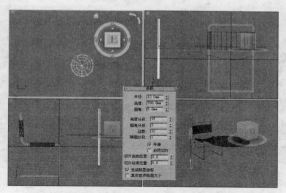

图 35-27　创建"桌子腿"对象

30 选择"桌子腿"对象，进入 ✎ "修改"面板。为该对象添加一个"弯曲"修改器，进入"参数"卷展栏，在"弯曲"选项组内的"角度"参数栏内键入-150.0，如图 35-28 所示。

31 在前视图中沿 Z 轴顺时针旋转"桌子腿"对象，效果如图 35-29 所示。

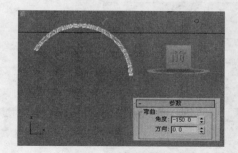

图 35-28　设置弯曲效果

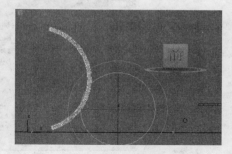

图 35-29　旋转"桌子腿"对象

32 在视图中将"桌子腿"对象移动至如图 35-30 所示的位置。

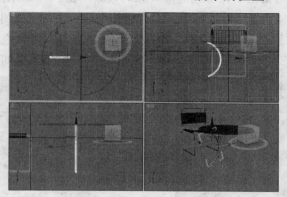

图 35-30　移动"桌子腿"对象

33 确定"桌子腿"对象处于选择状态，在主工具栏上的"参考坐标系"下拉列表框中选择"拾取"选项，然后在视图中拾取"桌面"对象，在"参考坐标系"下拉列表框中会出现"桌面"对象名称，如图 35-31 所示。

34 在主工具栏上单击 "使用轴点中心"按钮，在弹出的下拉式按钮中选择 "使用变换坐标中心"按钮，启用变换坐标中心，如图 35-32 所示。

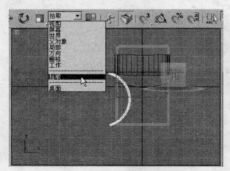

图 35-31 拾取对象

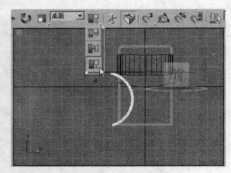

图 35-32 启用变换坐标中心

35 激活顶视图，在菜单栏执行"工具"/"阵列"命令，打开"阵列"对话框。在"阵列变换：桌面坐标（使用变换坐标中心）"选项组内单击"旋转"行中的 按钮，启用"总计"设置，在 Z 参数栏内键入 360.0，设置旋转总量，在"阵列维度"选项组下的 1D"数量"参数栏内键入 3，如图 35-33 所示。单击"确定"按钮，退出"阵列"对话框，阵列克隆对象。

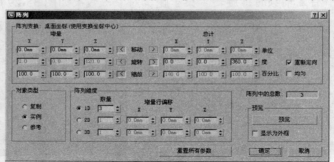

图 35-33 "阵列"对话框

36 退出"阵列"对话框后，阵列克隆对象的效果如图 35-34 所示。

37 在"标准基本体"创建面板内单击"管状体"按钮，在顶视图中创建一个 Tube01 对象，进入 "修改"面板，将其命名为"桌子扣"。在"参数"卷展栏内的"半径 1"、"半径 2"和"高度"参数栏内分别键入 125.0 mm、135.0 mm、20.0 mm，如图 35-35 所示。

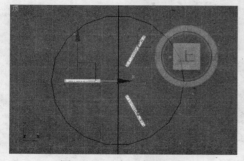

图 35-34 阵列克隆对象

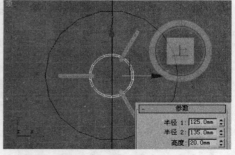

图 35-35 设置对象的创建参数

38 在视图中将"桌子扣"对象移动至如图 35-36 所示的位置。

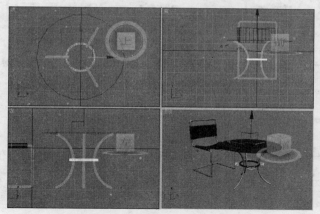

图 35-36　移动"桌子扣"对象

39 将所有组成餐椅的对象克隆两个，并排列餐椅位置，效果如图 35-37 所示。

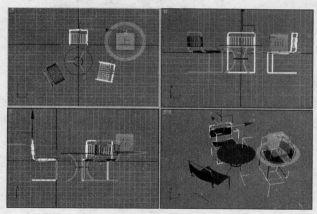

图 35-37　克隆餐椅

40 现在本实例就完成了，图 35-38 所示为餐桌和餐椅模型添加灯光和材质后的效果。如果读者在制作本练习时遇到什么问题，可以打开本书附带光盘中的"水边餐厅效果图/实例 35：创建餐桌和餐椅模型.max"文件进行查看。

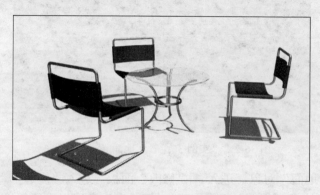

图 35-38　餐桌和餐椅模型添加灯光和材质后的效果

实例 36：在 3ds max 2009 中设置餐厅地面材质

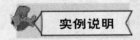

在本实例中，将指导读者在 3ds max 2009 中为餐厅地面设置材质，由于场景还需要在 Lightscape 3.2 中对材质进行设置，所以在 3ds max 2009 中只需要分配材质并设置贴图平铺方式。通过本实例，可以使读者了解设置材质贴图平铺方式的方法。

在本实例中，首先为模型的子对象分配材质 ID 值，然后设置多维/子对象材质，并将材质赋予模型，最后设置材质在模型表面的平铺方式，完成材质的设置。图 36-1 所示为设置材质并渲染后的效果。

图 36-1　设置材质效果

1 运行 3ds max 2009，打开本书附带光盘中的"水边餐厅效果图/实例 36：餐厅地面.max"文件，如图 36-2 所示。

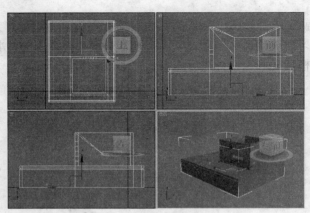

图 36-2　"实例 36：餐厅地面.max"文件

2 选择"餐厅地面"对象，进入 "修改"面板。进入"多边形"子对象编辑层，在视图中选择模型所有的子对象，在"多边形：材质 ID"卷展栏内的"设置 ID"参数栏内键入 1，如图 36-3 所示。

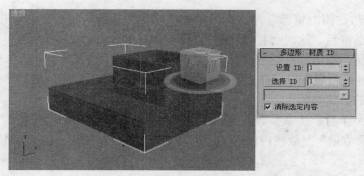

图 36-3　"多边形：材质 ID"卷展栏

3 在顶视图中选择如图 36-4 所示的子对象。

4 在"多边形：材质 ID"卷展栏内的"设置 ID"参数栏内键入 2，如图 36-5 所示。

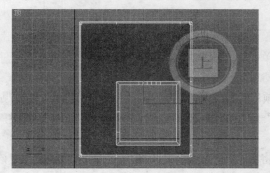

图 36-4　选择子对象

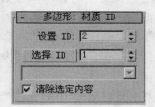

图 36-5　设置材质 ID

5 按下键盘上的 M 键，打开"材质编辑器"对话框。选择 1 号示例窗，将其命名为"餐厅地面"，如图 36-6 所示。

6 单击名称栏右侧的 Standard 按钮，打开"材质/贴图浏览器"对话框。在该对话框内选择"多维/子对象"选项，如图 36-7 所示。

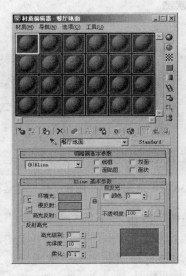

图 36-6　"材质编辑器"对话框

图 36-7　"材质/贴图浏览器"对话框

7 在"材质/贴图浏览器"对话框内单击"确定"按钮，退出该对话框。退出"材质/贴图浏览器"对话框后，这时会打开"替换材质"对话框，如图36-8所示。使用默认设置，单击"确定"按钮，退出该对话框。

8 退出"替换材质"对话框后，将启用"多维/子对象"材质，同时"材质编辑器"内将会出现该材质的编辑参数。

9 在"多维/子对象基本参数"卷展栏内单击"设置数量"按钮，打开"设置材质数量"对话框。在"材质数量"参数栏内键入2，然后单击"确定"按钮，退出该对话框，如图36-9所示。

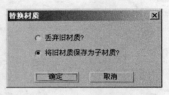

图36-8 "替换材质"对话框

图36-9 "设置材质数量"对话框

10 在"多维/子对象基本参数"卷展栏中单击1号子材质右侧的材质按钮，进入1号子材质编辑窗口，将该材质命名为"水泥墙面"。

11 展开"贴图"卷展栏，单击"漫反射颜色"通道右侧的None按钮，打开"材质/贴图浏览器"对话框。在该对话框内选择"位图"选项如图36-10所示，单击"确定"按钮，退出该对话框。

12 退出"材质/贴图浏览器"对话框后，将会打开"选择位图图像文件"对话框。在该对话框内导入本书附带光盘中的"水边餐厅效果图/水泥墙面.jpg."文件，如图36-11所示。

图36-10 "材质/贴图浏览器"对话框

图36-11 "选择位图图像文件"对话框

13 单击水平工具栏上的 ![icon] "在视口中显示标准贴图"按钮，在"材质编辑器"对话框内单击水平工具栏上的 ![icon] "转到父对象"按钮，返回到"地板"材质编辑层。接着单击 ![icon] "转到下一个同级项"按钮，进入2号子材质编辑窗口，并将该材质层命名为"木地板"。

14 展开"贴图"卷展栏，单击"漫反射颜色"通道右侧的None按钮，打开"材质/贴图浏览器"对话框，在该对话框内选择"位图"选项。

15 退出"材质/贴图浏览器"对话框后，将会打开"选择位图图像文件"对话框。在该对话框内导入本书附带光盘中的"水边餐厅效果图/木质地板.png."文件，如图 36-12 所示。

16 单击水平工具栏上的 "在视口中显示标准贴图"按钮，确定"餐厅地面"对象处于选择状态，在"材质编辑器"对话框内单击水平工具栏上 "将材质指定给选定对象"按钮，将"餐厅地面"材质赋予选定对象。

17 材质赋予对象后的效果如图 36-13 所示。读者可以看到，贴图平铺方式不正确，接下来需要设置贴图平铺方式。

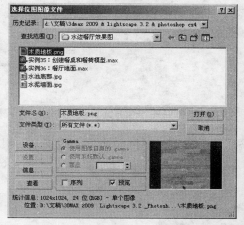

图 36-12　"选择位图图像文件"对话框

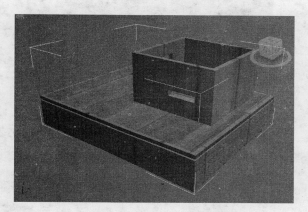

图 36-13　材质赋予对象后的效果

18 进入 "修改"面板，进入"多边形"子对象编辑层，在"多边形：材质 ID"卷展栏内"选择 ID"按钮右侧的参数栏内键入 1，然后单击"选择 ID"按钮，选择所有材质 ID值为 1 的子对象，如图 36-14 所示。

19 确定子对象仍处于被选择状态，在 "修改"面板为"餐厅地面"对象添加一个"UVW贴图"修改器，在"参数"卷展栏内选择"长方体"单选按钮；在"长度"、"宽度"、"高度"参数栏内均键入 4000.0 mm，如图 36-15 所示。

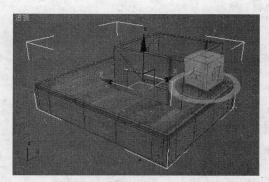

图 36-14　选择所有材质 ID 值为 1 的子对象

图 36-15　选择贴图平铺方式并设置 Gizmo 的尺寸

20 在 "修改"面板中为"餐厅地面"对象添加一个"多边形选择"修改器，进入"多边形"子对象编辑层，在"按材质 ID 选择"选项组内的 ID 参数栏内键入 2，然后单击"选择"按钮，选择所有材质 ID 值为 2 的子对象，如图 36-16 所示。

21 在 "修改" 面板中为 "餐厅地面" 对象添加一个 "UVW 贴图" 修改器。在 "参数" 卷展栏内选择 "长方体" 单选按钮；在 "长度"、"宽度" 参数栏内均键入 5000.0 mm，如图 36-17 所示。

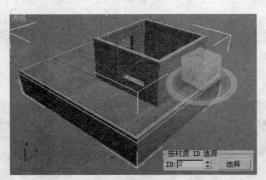

图 36-16　选择所有材质 ID 值为 2 的子对象　　　图 36-17　选择贴图平铺方式并设置 Gizmo 的尺寸

22 现在本实例就完成了，图 36-18 所示为餐厅地面设置材质并渲染后的效果。如果读者在制作本练习时遇到什么问题，可以打开本书附带光盘中的 "水边餐厅效果图/实例 36：餐厅地面完成.max" 文件进行查看。

图 36-18　设置材质效果

实例 37：在 Lightscape 3.2 中设置材质

在本实例中，将指导读者在 Lightscape 3.2 中为水边餐厅场景设置材质，其中，反射类的材质较多。通过本实例，可以使读者了解水面、金属等反射类材质的设置方法。

在本实例中，首先在 Lightscape 3.2 中打开水边餐厅效果场景文件，然后设置背景颜色，最后编辑材质，完成场景的设置。图 37-1 所示为设置材质后的效果。

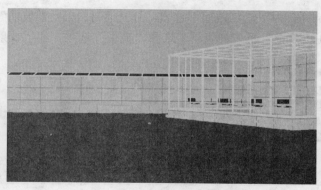

图 37-1　设置材质后的效果

1　运行 Lightscape 3.2，打开本书附带光盘中的"水边餐厅效果图/水边餐厅效果图.lp"文件，如图 37-2 所示。

2　在菜单栏执行"文件"/"属性"命令，打开"文件属性"对话框。打开"文件属性"对话框内的"颜色"选项卡，在 H 参数栏内键入 217、S 参数栏内键入 0.2、V 参数栏内键入 0.85，单击"背景"行的←按钮如图 37-3 所示，将设置颜色应用于背景，单击"应用"按钮，然后单击"确定"按钮，退出该对话框。

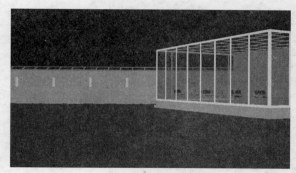

图 37-2　"水边餐厅效果图.lp"文件

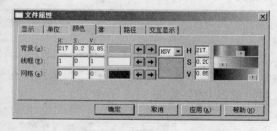

图 37-3　"文件属性"对话框

3　退出"文件属性"对话框后，可以看到背景颜色变为天蓝色，如图 37-4 所示。

4　在"显示"工具栏上单击 "纹理"按钮，使模型表面显示纹理，效果如图 37-5 所示。

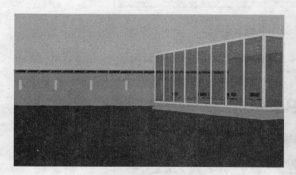

图 37-4　设置背景颜色

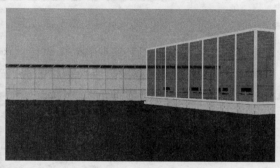

图 37-5　显示纹理

5 在 Materials 列表内双击"玻璃"选项，打开"材料 属性-玻璃"对话框。打开"物理性质"选项卡，在"模板"下拉列表框中选择"玻璃"选项，在"反射度"参数栏内键入 0.9，如图 37-6 所示。然后单击"确定"按钮，退出该对话框。

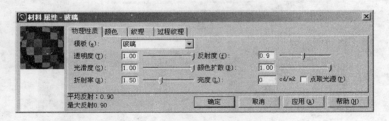

图 37-6　设置"玻璃"材质

6 在 Materials 列表内双击"玻璃框"选项，打开"材料 属性-玻璃框"对话框。打开"物理性质"选项卡，在"模板"下拉列表框中选择"金属"选项如图 37-7 所示，然后单击"确定"按钮，退出该对话框。

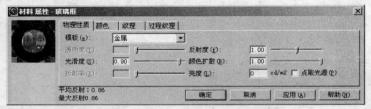

图 37-7　设置"玻璃框"材质

7 在 Materials 列表内双击"餐厅玻璃"选项，打开"材料 属性-餐厅玻璃"对话框。打开"物理性质"选项卡，在"模板"下拉列表框中选择"玻璃"选项，在"反射度"参数栏内键入 0.9，如图 37-8 所示。

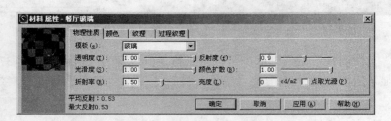

图 37-8　设置"餐厅玻璃"材质

8 打开"颜色"选项卡，在 H 参数栏内键入 0.00，在 S 参数栏内键入 0.00，在 V 参数栏内键入 1.00，如图 37-9 所示。然后单击"确定"按钮，退出该对话框。

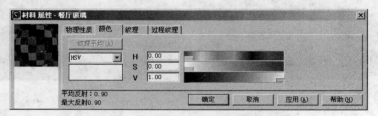

图 37-9　设置"餐厅玻璃"材质的颜色

9 在 Materials 列表内双击"房檐 1"选项，打开"材料 属性-房檐 1"对话框。打开"物理性质"选项卡，在"模板"下拉列表框中选择"金属"选项，在"光滑度"参数栏内键入0.7，如图 37-10 所示。

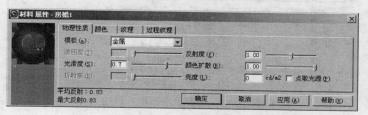

图 37-10　设置"房檐 1"材质

10 打开"颜色"选项卡，在 H 参数栏内键入 216，在 S 参数栏内键入 0.05，在 V 参数栏内键入 0.85，如图 37-11 所示。然后单击"确定"按钮，退出该对话框。

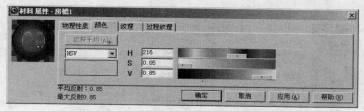

图 37-11　设置"房檐 1"材质颜色

11 在 Materials 列表内双击"房檐玻璃"选项，打开"材料 属性-房檐玻璃"对话框。打开"物理性质"选项卡，在"模板"下拉列表框中选择"玻璃"选项，在"透明度"参数栏内键入 0.4，如图 37-12 所示。然后单击"确定"按钮，退出该对话框。

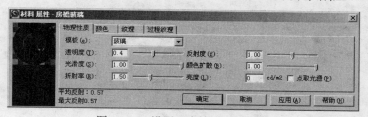

图 37-12　设置"房檐玻璃"材质

12 在 Materials 列表内双击"金属"选项，打开"材料 属性-金属"对话框。打开"物理性质"选项卡，在"模板"下拉列表框中选择"金属"选项如图 37-13 所示，然后单击"确定"按钮，退出该对话框。

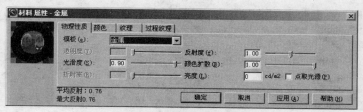

图 37-13　设置"金属"材质

13 在 Materials 列表内双击"木地板"选项，打开"材料 属性-木地板"对话框。打开

"物理性质"选项卡,在"模板"下拉列表框中选择"未抛光木材"选项如图 37-14 所示,然后单击"确定"按钮,退出该对话框。

图 37-14　设置"木地板"材质

14 在 Materials 列表内双击"皮革"选项,打开"材料 属性-皮革"对话框。打开"物理性质"选项卡,在"模板"下拉列表框中选择"反光漆"选项如图 37-15 所示,然后单击"确定"按钮,退出该对话框。

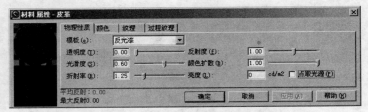

图 37-15　设置"反光漆"材质

15 在 Materials 列表内双击"水池底部"选项,打开"材料 属性-水池底部"对话框。打开"物理性质"选项卡,在"模板"下拉列表框中选择"光滑瓷砖"选项。如图 37-16 所示,然后单击"确定"按钮,退出该对话框。

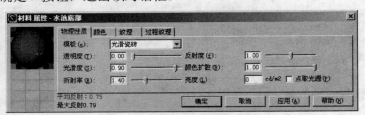

图 37-16　设置"水池底部"材质

16 在 Materials 列表内双击"水面"选项,打开"材料 属性-水面"对话框。打开"物理性质"选项卡,在"模板"下拉列表框中选择"水"选项,在"透明度"参数栏内键入 0.9,在"光滑度"参数栏内键入 0.8,在"颜色扩散"参数栏内键入 0.6,如图 37-17 所示。

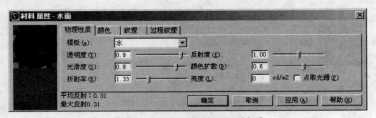

图 37-17　设置"水面"材质

17 在 Materials 列表内双击"水泥墙面"选项,打开"材料 属性-水泥墙面"对话框。

打开"物理性质"选项卡，在"模板"下拉列表框中选择"石材"选项，在"反射度"参数栏内键入 0.60，在"亮度"参数栏内键入 400，如图 37-18 所示。

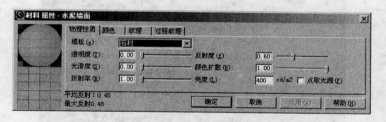

图 37-18　"材料 属性-水泥墙面"对话框

18 使用与"水泥墙面"材质相同的方法设置"水泥墙面 1"和"水泥墙面 2"材质。

19 现在本实例就全部制作完成了，完成后的效果如图 37-19 所示。将本实例保存，以便在下个实例中使用。

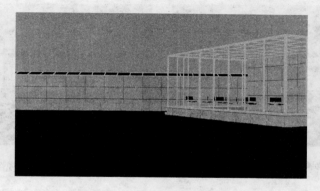

图 37-19　设置材质后的效果

实例 38：在 Lightscape 中处理表面和渲染输出

在本实例中，需要处理模型表面，设置自然光源，并且渲染输出，在处理表面时，为了不影响反射效果，需要删除模型表面的一些面，并设置某些表面为双面显示。通过本实例，可以使读者了解设置模型表面属性的方法，设置面为双面显示的方法，以及删除模型面的方法。

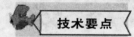

在本实例中，首先设置模型表面的分辨率，然后删除金属框模型的一些表面，以便于渲染，接下来将金属框模型隐藏，设置椅子背模型为双面显示，然后设置场景中的自然光源，最后设置渲染和输出，完成场景的处理。图 38-1 所示为水边餐厅效果图渲染输出后的效果。

图 38-1　水边餐厅效果图渲染输出后的效果

1 运行 Lightscape 3.2，打开实例 37 保存的文件，如图 38-2 所示。

2 在"阴影"工具栏上单击 ▣ "轮廓"按钮，改变视图显示方式，如图 38-3 所示。

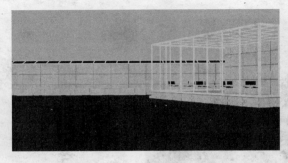

图 38-2　实例 37 保存的文件

图 38-3　改变视图显示方式

3 在 Layers 列表内右击"水面"选项，在弹出的快捷菜单中选择"关闭"选项，将水面模型隐藏，效果如图 38-4 所示。

4 在"选择集"工具栏上单击 ▶ "选择"和 ◺ "面"按钮，按下键盘上的 Ctrl 键，在视图中选择如图 38-5 所示的面。

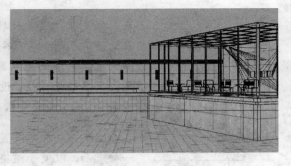

图 38-4　隐藏水面模型

图 38-5　选择面

5 右击选择面，在弹出的快捷菜单中选择"表面处理"选项，这时会打开"表面处理"对话框。在"网格分辨率"参数栏内键入 5，然后单击"确定"按钮，退出对话框，如图 38-6 所示。

6 在"选择集"工具栏上单击 "取消全部选择"按钮，取消面的选择，选择如图38-7 所示的面。

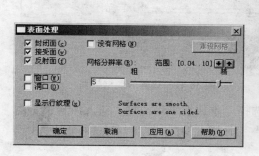

图 38-6 "表面处理"对话框

图 38-7 选择面

7 右击选择面，在弹出的快捷菜单中选择"表面处理"选项，这时会打开"表面处理"对话框。在"网格分辨率"参数栏内键入 8，然后单击"确定"按钮，退出对话框，如图 38-8 所示。

8 在"选择集"工具栏上单击 "块"按钮，进入"块"编辑模式。在视图中选择房檐模型，如图 38-9 所示。

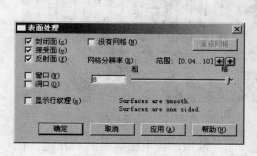

图 38-8 "表面处理"对话框

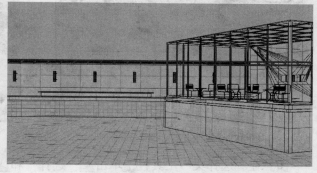

图 38-9 选择房檐模型

9 在所选模型上右击，在弹出的快捷菜单中选择"单独编辑"选项，进入所选模型的单独编辑模式。在单独编辑模式下，单击"选择集"工具栏上的 "面"和 "全部选择"按钮，这时该模型的所有表面处于选择状态。

10 右击选择面，在弹出的快捷菜单中选择"表面处理"选项，这时会打开"表面处理"对话框。在"网格分辨率"参数栏内键入 5，然后单击"确定"按钮，退出对话框，如图 38-10 所示。

11 在视图的空白区域单击，取消面选择。在视图上右击，在弹出的快捷菜单中选择"返回到整体模式"选项，这时视图中的所有对象都处于可编辑状态。

12 在"选择集"工具栏上单击 "块"按钮，进入"块"编辑模式。在视图中选择玻璃框模型，如图 38-11 所示。

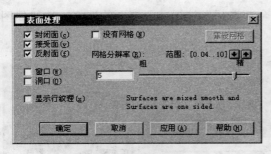

图 38-10　"表面处理"对话框

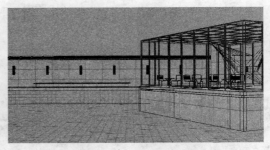

图 38-11　选择玻璃框模型

13 在所选模型上右击，在弹出的快捷菜单中选择"单独编辑"选项，进入所选模型的单独编辑模式。在单独编辑模式下，单击"选择集"工具栏上的 "面"和 "全部选择"按钮，这时该模型的所有表面处于选择状态。

14 右击选择面，在弹出的快捷菜单中选择"表面处理"选项，这时会打开"表面处理"对话框。在"网格分辨率"参数栏内键入 5，然后单击"确定"按钮，退出对话框，如图 38-12 所示。

15 在视图的空白区域单击，取消面选择。在视图上右击，在弹出的快捷菜单中选择"返回到整体模式"选项，这时视图中的所有对象都处于可编辑状态。

16 在"视图控制"工具栏内单击 "环绕"按钮，然后参照图 38-13 所示来调整视图。

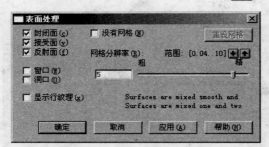

图 38-12　"表面处理"对话框

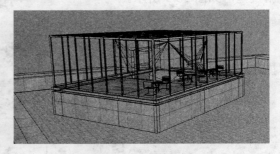

图 38-13　调整视图

17 在"选择集"工具栏上单击 "选择"和 "面"按钮，按下键盘上的 Ctrl 键，在视图中选择如图 38-14 所示的面。

18 在键盘上按 Delete 键，删除选择的面。

19 在 Layers 列表内右击"金属框"选项，在弹出的快捷菜单中选择"关闭"选项，将金属框模型隐藏，效果如图 38-15 所示。

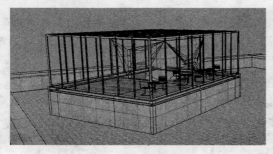

图 38-14　选择面

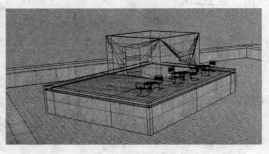

图 38-15　隐藏玻璃框

20 在"视图控制"工具栏内单击 👁 "环绕"按钮，然后参照图 38-16 所示来调整视图。

21 在"选择集"工具栏上单击 🔲 "块"按钮，进入"块"编辑模式，按下键盘上的 Ctrl 键，选择视图中所有的椅子背模型，如图 38-17 所示。

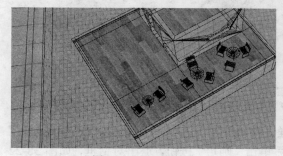

图 38-16 调整视图

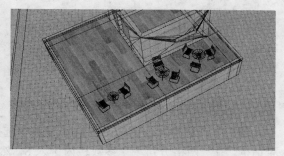

图 38-17 选择所有的椅子背模型

22 在所选模型上右击，在弹出的快捷菜单中选择"单独编辑"选项，进入所选模型的单独编辑模式。在单独编辑模式下，单击"选择集"工具栏上的 🔲 "面"和 🔲 "全部选择"按钮，这时该模型的所有表面处于选择状态。

23 右击选择面，在弹出的快捷菜单中选择"定向"选项，打开"表面定向"对话框。在该对话框内单击"双面"按钮如图 38-18 所示，设置所选模型为双面显示，单击"关闭"按钮，退出该对话框。

24 在视图的空白区域单击，取消面选择。在视图上右击，在弹出的快捷菜单中选择"返回到整体模式"选项，这时视图中的所有对象都处于可编辑状态。

25 在"选择集"工具栏上单击 🔲 "块"按钮，进入"块"编辑模式。在视图中选择餐厅地面模型，如图 38-19 所示。

图 38-18 "表面定向"对话框

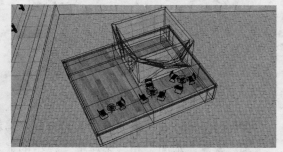

图 38-19 选择餐厅地面模型

26 在所选模型上右击，在弹出的快捷菜单中选择"单独编辑"选项，进入所选模型的单独编辑模式。在单独编辑模式下，单击"选择集"工具栏上的 🔲 "面"和 🔲 "全部选择"按钮，这时该模型的所有表面处于选择状态。

27 右击选择面，在弹出的快捷菜单中选择"表面处理"选项，这时会打开"表面处理"对话框。在"网格分辨率"参数栏内键入 5，然后单击"确定"按钮，退出对话框，如图 38-20 所示。

28 单击"选择集"工具栏上的 🔲 "全部取消选择"按钮，取消面的选择状态。在"选择集"工具栏上单击 ➤ "选择"和 🔲 "面"按钮，按下键盘上的 Ctrl 键，在视图中选择如图 38-21 所示的面。

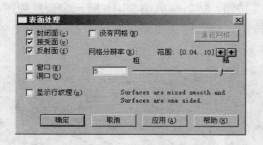

图 38-20　"表面处理"对话框

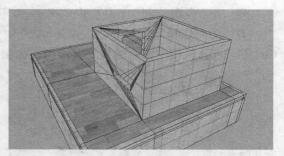

图 38-21　选择面

29 右击选择面，在弹出的快捷菜单中选择"表面处理"选项，这时会打开"表面处理"对话框。在"网格分辨率"参数栏内键入 8，然后单击"确定"按钮，退出对话框，如图 38-22 所示。

30 在视图的空白区域单击，取消面选择。在视图上右击，在弹出的快捷菜单中选择"返回到整体模式"选项，这时视图中的所有对象都处于可编辑状态。

31 在菜单栏执行"视图"/"打开"命令，打开"打开"对话框。从该对话框内打开本书附带光盘中的"水边餐厅效果图/Camera01.vw"文件如图 38-23 所示，然后单击"打开"按钮，退出该对话框。

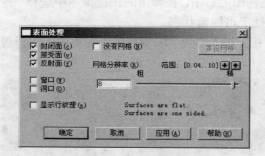

图 38-22　"表面处理"对话框

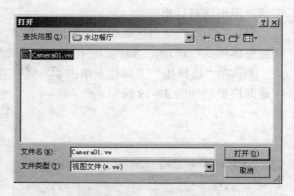

图 38-23　"打开"对话框

32 退出"打开"对话框后，恢复到了最初的视图，如图 38-24 所示。

33 恢复"水面"和"金属框"模型的显示，如图 38-25 所示。

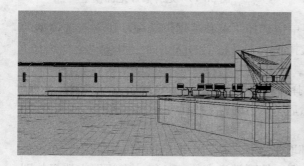

图 38-24　恢复视图

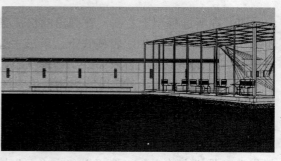

图 38-25　恢复模型显示

34 在菜单栏执行"光照"/"日光"命令，打开"日光设置"对话框。在"日光设置"对话框底部选择"直接控制"复选框，这时该对话框内的"位置"和"时间"选项卡将被"直接控制"选项卡替代。打开"直接控制"选项卡，在"旋转"参数栏内键入240，在"仰角"参数栏内键入65，拖动"太阳光"滑块直到数字显示为101643，如图38-26所示。然后单击"确定"按钮，退出该对话框。

35 在"阴影"工具栏上单击  "实体"按钮，改变视图显示方式，如图38-27所示。

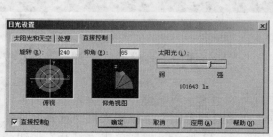

图38-26 "日光设置"对话框

图38-27 改变视图显示方式

36 在"光能传递"工具栏上单击 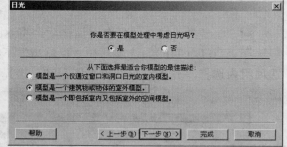 "初始化"按钮，这时会打开 Lightscape 对话框。在该对话框内单击"是"按钮，退出该对话框。

37 在菜单栏执行"处理"/"参数"命令，打开"处理参数"对话框。在"处理参数"对话框中单击"向导"按钮，打开"质量"对话框。在该对话框中选择 3 单选按钮，如图38-28所示。

38 在"质量"对话框中单击"下一步"按钮，打开"日光"对话框。在该对话框内选择"是"单选按钮，然后在该对话框内选择"模型是一个建筑物或物体的室外模型"单选按钮，如图38-29所示。

图38-28 "质量"对话框

图38-29 "日光"对话框

39 在"日光"对话框内单击"下一步"按钮，打开"完成向导"对话框，如图38-30所示。在该对话框内单击"完成"按钮，返回到"处理参数"对话框，在该对话框内单击"确定"按钮，退出该对话框。

40 退出"处理参数"对话框后，在"光能传递"工具栏上单击 "开始"按钮，计算机开始计算光能传递，如图38-31所示。

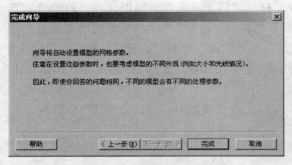

图 38-30 "完成向导"对话框

图 38-31 光能传递中

41 当场景变成如图 38-32 所示的效果时，在"光能传递"工具栏上单击 "停止"按钮，结束光影传递操作。

42 在菜单栏执行"文件"/"渲染"命令，打开"渲染"对话框，在"渲染"对话框内单击"浏览"按钮，打开"图像文件名"对话框。在"查找范围"下拉列表框中选择文件保存的路径，在"文件名"文本框内键入文件名称如图 38-33 所示，然后单击"打开"按钮，退出该对话框。

图 38-32 光影传递效果

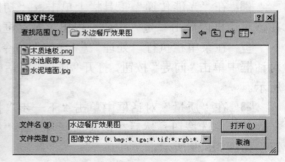

图 38-33 "图像文件名"对话框

43 退出"图像文件名"对话框后，将返回到"渲染"对话框。在"格式"下拉列表框中选择"TIFF（TIF）"选项，在"反锯齿"下拉列表框中选择"四"选项；在"光影跟踪"选项组内选择"光影跟踪"、"光影跟踪直接光照"、"柔和太阳光阴影"复选框，如图 38-34 所示。

图 38-34 设置渲染参数

44 在"渲染"对话框内单击"确定"按钮，退出该对话框。渲染后的效果如图 38-35 所示。

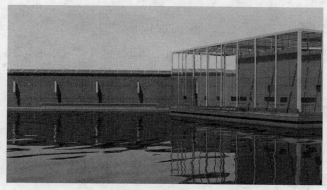

图 38-35 水边餐厅效果图渲染输出后的效果

实例 39：在 Photoshop CS4 中设置水边餐厅效果图背景

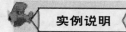

在本实例中，将指导读者设置水边餐厅效果背景的背景图像，背景图像的设置包括蓝天、植物等，为了更准确地编辑图像，使用了通道来辅助设置选区。通过本实例，可以使读者了解使用通道设置选区的方法。

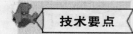

在本实例中，首先打开渲染后的水边餐厅效果场景图像，导入蓝天图像和植物图像，并使用通道设置选区，然后删除多余图像，接下来设置房檐反射效果，完成水边餐厅效果背景的设置。图 39-1 所示为本实例完成后的效果。

图 39-1 进行处理后的效果

1 运行 Photoshop CS4，打开本书附带光盘中的"水边餐厅效果图/水边餐厅效果图.tif"文件，如图 39-2 所示。

图 39-2 "水边餐厅效果图.tif"文件

2 在菜单栏执行"图像"/"调整"/"亮度/对比度"命令，打开"亮度/对比度"对话框。在"亮度"参数栏内键入 60；在"对比度"参数栏内键入 20，然后单击"确定"按钮，退出该对话框，如图 39-3 所示。

图 39-3 "亮度/对比度"对话框

3 打开本书附带光盘中的"水边餐厅效果图/蓝天.jpg"文件，如图 39-4 所示。

图 39-4 "蓝天.jpg"文件

4 使用工具箱中的 ➤ "移动工具"拖动"蓝天.jpg"图像到"水边餐厅效果图.tif"中，在"图层"调板中会出现一个新的图层，将该图层命名为"图层 1"，如图 39-5 所示。

图 39-5 复制图像

5 确定"图层 1"处于可编辑状态,应用"自由变换"命令,然后参照图 39-6 所示来调整图像的大小和位置。

图 39-6 调整图像的大小和位置

6 进入"通道"调板,按住键盘上的 Ctrl 键,选择"天空通道"缩览图加载选区,如图 39-7 所示。

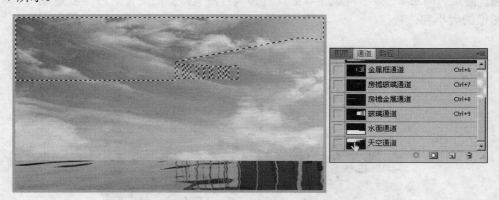

图 39-7 加载选区

7 确定"图层 1"处于可编辑状态,在键盘上按 Ctrl+Shift+I 组合键,反选选区。按下键盘上的 Delete 键,将选区内的图像删除,如图 39-8 所示。

图 39-8　删除选区内的图像

[8] 在"图层"调板中的"不透明度"参数栏内键入 70%，设置图层透明度，如图 39-9 所示。

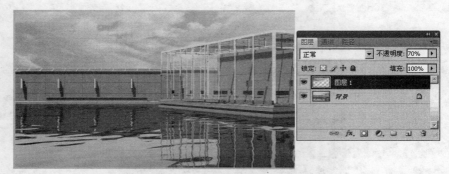

图 39-9　设置图层透明度

[9] 再次使用工具箱中的 ⊕ "移动工具"拖动"蓝天.jpg"图像到"水边餐厅效果图.tif"中，在"图层"调板中会出现一个新的图层，将该图层命名为"图层 2"。

[10] 确定"图层 2"处于可编辑状态，选择"自由变换"命令，然后参照图 39-10 所示来调整图像的大小和位置。

图 39-10　调整图像的大小和位置

[11] 进入"通道"调板，按住键盘上的 Ctrl 键，选择"房檐玻璃通道"缩览图加载选区，如图 39-11 所示。

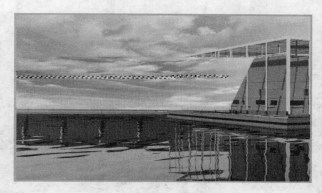

图 39-11　加载选区

12 确定"图层 2"处于可编辑状态，在键盘上按 Ctrl+Shift+I 组合键，反选选区。然后将选区内的图像删除，如图 39-12 所示。

图 39-12　删除选区内的图像

13 在"图层"调板中的"不透明度"参数栏内键入 30%，设置图层透明度，如图 39-13 所示。

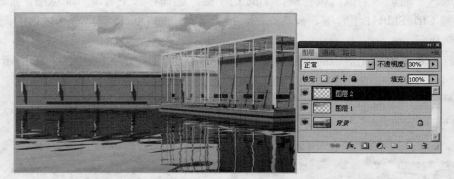

图 39-13　设置图层透明度

14 打开本书附带光盘中的"水边餐厅效果图/树 01.tif"文件，如图 39-14 所示。

15 使用工具箱中的 ▶♦ "移动工具"拖动"树 01.tif"图像到"水边餐厅效果图.tif"文档中，在"图层"调板中会出现一个新的图层，将该图层命名为"图层 3"。确定"图层 3"处于可编辑状态，应用"自由变换"命令，然后参照图 39-15 所示来调整图像的大小和位置。

图 39-14　"树 01.tif" 文件

图 39-15　调整图像的大小和位置

⑯　确定"图层 3"处于可编辑状态，在菜单栏执行"图像" / "调整" / "亮度/对比度"命令，打开"亮度/对比度"对话框。在"亮度"参数栏内键入 80，在"对比度"参数栏内键入-20，如图 39-16 所示。然后单击"确定"按钮，退出该对话框。

图 39-16　"亮度/对比度"对话框

⑰　进入"通道"调板，按住键盘上的 Ctrl 键，选择"天空通道"缩览图，加载选区。在键盘上按 Ctrl+Shift+I 组合键，反选选区，按下键盘上的 Delete 键，将选区内的图像删除，如图 39-17 所示。

⑱　打开本书附带光盘中的"水边餐厅效果图/树 04.tif"文件，如图 39-18 所示。

图 39-17　删除选区内的图像

图 39-18　"树 04.tif"文件

⓲　使用工具箱中的 ⊹ "移动工具"拖动"树04.tif"图像到"水边餐厅效果图.tif"中，在"图层"调板中会出现一个新的图层，将该图层命名为"图层4"。确定"图层4"处于可编辑状态，应用"自由变换"命令，然后参照图39-19所示来调整图像的大小和位置。

⓴　进入"通道"调板，按住键盘上的Ctrl键，选择"天空通道"缩览图，加载选区。在键盘上按Ctrl+Shift+I组合键，反选选区，按下键盘上的Delete键，将选区内的图像删除，如图39-20所示。

图39-19　调整图像的大小和位置

图39-20　删除选区内的图像

㉑　确定"图层4"处于可编辑状态，在"图层"调板中的"不透明度"参数栏内键入80，设置图层透明度。

㉒　再次使用工具箱中的 ⊹ "移动工具"拖动"树04.tif"图像到"水边餐厅效果图.tif"中，在"图层"调板中会出现一个新的图层，将该图层命名为"图层5"。

㉓　确定"图层5"处于可编辑状态，应用"自由变换"命令，然后参照图39-21所示来调整图像的大小和位置。

㉔　进入"通道"调板，按住键盘上的Ctrl键，选择"房檐玻璃通道"缩览图，加载选区。在键盘上按Ctrl+Shift+I组合键，反选选区，按下键盘上的Delete键，将选区内的图像删除，如图39-22所示。

图39-21　调整图像的大小和位置

图39-22　删除选区内的图像

㉕　确定"图层5"处于可编辑状态，在"图层"调板中的"图层混合模式"下拉列表框中选择"叠加"选项，设置图层混合模式，效果如图39-23所示。

图 39-23　设置图层透明度

26 现在本实例就全部制作完成了，完成后的效果如图 39-24 所示。将本实例保存，以便在下个实例中使用。

图 39-24　进行处理后的效果

实例 40：在 Photoshop CS4 中设置水边餐厅效果图前景

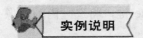

在本实例中，将继续上个实例中的练习，设置水边餐厅效果图中水面和玻璃的反射效果，为了使水面的反射效果更为真实，需要使用滤镜来设置其扭曲效果。通过本实例，可以使读者了解使用滤镜设置特殊效果的方法。

在本实例中，首先使用导入图像并对其进行编辑的方法来设置金属框玻璃的反射效果，然后导入蓝天图像并设置扭曲效果，实现水面的反射效果，本实例完成后的效果如图 40-1 所示。

图 40-1　水边餐厅效果图

1 运行 Photoshop CS4，打开实例 39 保存的文件，如图 40-2 所示。

2 打开本书附带光盘中的"水边餐厅效果图/蓝天.jpg"文件，使用工具箱中的 ⊕ "移动工具"拖动"蓝天.jpg"图像到"水边餐厅效果图.tif"中，在"图层"调板中会出现一个新的图层，将该图层命名为"图层 6"。

3 确定"图层 6"处于可编辑状态，应用"自由变换"命令，参照图 40-3 所示来调整图像的大小和位置。

图 40-2　实例 39 保存的文件

图 40-3　调整图像的大小和位置

4 进入"通道"调板，按住键盘上的 Ctrl 键，选择"玻璃通道"缩览图，加载选区。在键盘上按 Ctrl+Shift+I 组合键，反选选区，按下键盘上的 Delete 键，将选区内的图像删除，如图 40-4 所示。

5 选择工具箱中的 ▣ "渐变工具"，在属性栏中单击 ▣ "线性渐变"按钮，单击工具箱中的 ◎ "以快速蒙版模式编辑"按钮，进入快速蒙版模式编辑状态，参照图 40-5 所示设置蒙版区域。

图 40-4　删除选区内的图像

图 40-5　设置蒙版区域

6 单击工具箱中的 ◎ "以标准模式编辑"按钮，进入标准模式编辑状态，生成如图 40-6 所示的选区。

7 删除选区内的图像，效果如图 40-7 所示。

图 40-6　生成选区

图 40-7　删除选区内的图像

⑧ 确定"图层 6"处于可编辑状态，在"图层"调板中的"图层混合模式"下拉列表框中选择"叠加"选项，在"不透明度"参数栏内键入 60%，设置图层透明度，如图 40-8 所示。

图 40-8　编辑图层效果

⑨ 打开本书附带光盘中的"水边餐厅效果图/玻璃反射.jpg"文件，如图 40-9 所示。

⑩ 使用工具箱中的 ▶✛ "移动工具"拖动"玻璃反射.jpg"图像到"水边餐厅效果图.tif"文档中，在"图层"调板中会出现一个新的图层，将该图层命名为"图层 7"。

⑪ 确定"图层 7"处于可编辑状态，应用"自由变换"命令，然后参照图 40-10 所示来调整图像的大小和位置。

图 40-9　"玻璃反射.jpg"文件

图 40-10　调整图像的大小和位置

⑫ 进入"通道"调板，按住键盘上的 Ctrl 键，选择"玻璃通道"缩览图，加载选区。在键盘上按 Ctrl+Shift+I 组合键，反选选区，按下键盘上的 Delete 键，将选区内的图像删除，如图 40-11 所示。

图 40-11 删除选区内的图像

13 确定"图层 6"处于可编辑状态,在"图层"调板中的"图层混合模式"下拉列表框中选择"叠加"选项,在"不透明度"参数栏内键入 70%,设置图层透明度,如图 40-12 所示。

图 40-12 编辑图层效果图

14 在"图层"调板中选择"背景"层,进入"通道"调板。按住键盘上的 Ctrl 键,选择"金属框通道"缩览图,加载选区,如图 40-13 所示。

15 选择工具箱中的 "矩形选框工具",在属性栏单击 "从选区减去"按钮,减选选区,完成后的效果如图 40-14 所示。

图 40-13 加载选区

图 40-14 减选选区

16 在菜单栏执行"图像"/"调整"/"亮度/对比度"命令,打开"亮度/对比度"对话框。在"亮度"参数栏内键入-60,在"对比度"参数栏内键入-10,如图 40-15 所示,然后单击"确定"按钮,退出该对话框。

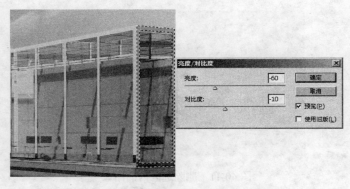

图 40-15 "亮度/对比度"对话框

[17] 使用工具箱中的 "移动工具"拖动"蓝天.jpg"图像到"水边餐厅效果图.gif"文档中,在"图层"调板中会出现一个新的图层,将该图层命名为"图层 8"。

[18] 确定"图层 8"处于可编辑状态,应用"自由变换"命令,然后参照图 40-16 所示来调整图像的大小和位置。

图 40-16 调整图像的大小和位置

[19] 选择工具箱中的 "渐变工具",单击工具箱中的 "以快速蒙版模式编辑"按钮,进入快速蒙版模式编辑状态,然后参照图 40-17 所示来设置蒙版区域。

图 40-17 设置蒙版区域

[20] 单击工具箱中的 "以标准模式编辑"按钮,进入标准模式编辑状态,生成如图 40-18 所示的选区。

[21] 在键盘上按 Ctrl+Shift+I 组合键,反选选区,如图 40-19 所示。

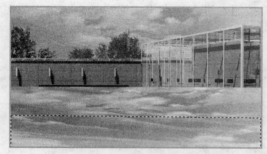

图 40-18　生成选区

图 40-19　反选选区

22 在菜单栏执行"滤镜"/"扭曲"/"玻璃"命令，打开"玻璃"对话框。在"扭曲度"参数栏按内键入 11，在"平滑度"参数栏内键入 3，单击"确定"按钮，退出该对话框，如图 40-20 所示。

图 40-20　"玻璃"对话框

23 进入"通道"调板，按住键盘上的 Ctrl 键，选择"水面通道"缩览图，加载选区。在键盘上按 Ctrl+Shift+I 组合键，反选选区，然后将选区内的图像删除，如图 40-21 所示。

24 选择工具箱中的 ▭ "渐变工具"，单击工具箱中的 ◻ "以快速蒙版模式编辑"按钮，进入快速蒙版模式编辑状态，然后参照图 40-22 所示来设置蒙版区域。

图 40-21　删除选区内的图像

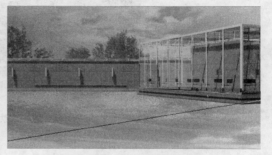

图 40-22　设置蒙版区域

25 单击工具箱中的 ⬚ "以标准模式编辑"按钮，进入标准模式编辑状态，生成如图 40-23 所示的选区。

26 将选区内的图像删除，如图 40-24 所示。

图 40-23 生成选区   图 40-24 删除选区内的图像

27 确定"图层 8"处于可编辑状态，在"图层"调板中的"图层混合模式"下拉列表框中选择"叠加"选项，如图 40-25 所示。

图 40-25 设置图层混合模式

28 现在本实例就完成了，图 40-26 所示为水边餐厅效果图处理完成的效果。如果读者在制作本练习时遇到什么问题，可以打开本书附带光盘中的"水边餐厅效果图/水边餐厅效果图完成.tif"文件进行查看。

图 40-26 水边餐厅效果图 *G*

第9章 制作怀旧风格房屋效果图

在制作建筑效果图时，有时需要将建筑设置为较为厚重、陈旧的感觉。在本部分中，将指导读者设置怀旧风格房屋效果图，该房屋是用于科研和地质考察的简易房屋，为了体现该种房屋适应环境能力强、便于建造的特点，完成后的效果整体较为厚重和陈旧。由于在 Lightscape 中不能使用复合材质，且不能渲染凹凸效果，所以本部分实例使用了 3ds max 2009 和 Photoshop CS4 来完成。

怀旧风格房屋效果图

实例 41：在 3ds max 2009 中设置摄影机和光源

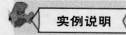

在本实例中，将指导读者在场景中添加摄影机和光源，为了使摄影机能够更好地与背景图像相吻合，在设置过程中需要使背景图像显示于视图中，在设置光源时，还是用了天光灯来辅助照明。通过本实例，可以使读者了解在视图中显示背景图像的方法，以及天光灯的使用方法。

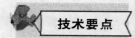

在本实例中，首先需要使背景图像显示于指定视图中，然后添加摄影机，并使摄影机与背景图像相吻合，然后设置光源，光源包括一个主光源和一个辅助光源，最后添加天光灯，完成本实例的制作。图 41-1 所示为怀旧风格房屋场景添加光源并渲染后的效果。

图 41-1　怀旧风格房屋场景添加光源并渲染后的效果

1 运行 3ds max 2009，打开本书附带光盘中的"怀旧风格房屋效果图/实例 41：怀旧风格房屋.max"文件，如图 41-2 所示。

2 激活透视图，在菜单栏执行"视图"/"视口背景"/"视口背景"命令，打开"视口背景"对话框，如图 41-3 所示。

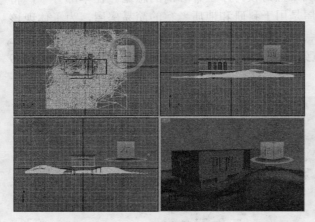

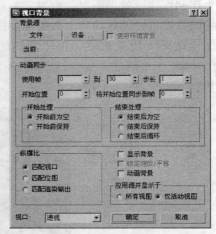

图 41-2 "实例 41：怀旧风格房屋.max"文件   图 41-3 "视口背景"对话框

3 在"视口背景"对话框内单击"文件"按钮，打开"选择背景图像"对话框。从该对话框内打开本书附带光盘中的"怀旧风格房屋效果图/天空.jpg"文件如图 41-4 所示，单击"打开"按钮，退出该对话框。然后单击"确定"按钮，退出"视口背景"对话框。

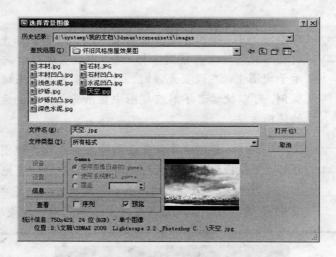

图 41-4 "选择背景图像"对话框

4 退出"视口背景"对话框后，会在透视图中显示背景图像，如图 41-5 所示。

使用"视口背景"对话框设置的背景图像只能在视图中显示，不能在渲染时显示。

提示

图 41-5　在透视图中显示背景图像

5　进入 "创建" 面板下的 "摄影机" 次面板，在该面板下的下拉列表框内选择 "标准" 选项，进入 "标准" 创建面板。在 "对象类型" 卷展栏中单击 "目标" 按钮，在顶视图中创建一个 Camera01 对象，然后激活透视图，按下键盘上的 C 键，这时透视图将转换为 Camera01 视图，如图 41-6 所示。

图 41-6　转换视图

6　调整 Camera01、Camera01.Target 对象的位置，完成效果如图 41-7 所示。

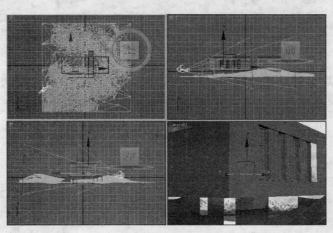

图 41-7　调整对象位置

7　选择 Camera01 对象，进入 "修改" 面板。在 "参数" 卷展栏内单击 20mm 按钮，确定所使用的镜头类型，Camera01 视图显示如图 41-8 所示。

8 接下来需要设置光源。进入 "创建" 面板下的 "灯光" 次面板，在该面板下的下拉列表框内选择 "标准" 选项，进入 "标准" 创建面板。在 "对象类型" 卷展栏中单击 "目标聚光灯" 按钮，在前视图中创建一个 Spot01 对象，如图 41-9 所示。

图 41-8　Camera01 视图显示

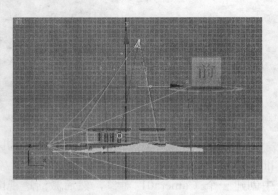

图 41-9　创建目标聚光灯

8 调整 Spot01、Spot01.Target 对象的位置，完成效果如图 41-10 所示。

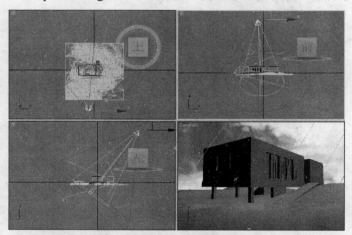

图 41-10　移动光源位置

10 选择 Spot01 对象，进入 "修改" 面板。在 "常规参数" 卷展栏的 "阴影" 选项组内选择 "启用" 复选框，在该选项组内的下拉列表框中选择 "区域阴影" 选项，如图 41-11 所示。

11 在 "聚光灯参数" 卷展栏内的 "聚光区/光束" 参数栏内键入 85.0，在 "衰减区/光束" 参数栏内键入 150.0，如图 41-12 所示。

图 41-11　设置阴影参数

图 41-12　设置聚光灯参数

⓬　在"阴影参数"卷展栏内的"密度"参数栏内键入 0.6，如图 41-13 所示。

⓭　激活 Camera01 视图，在主工具栏内单击 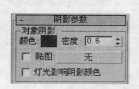 "渲染产品"按钮，渲染所选视图，渲染后的效果如图 41-14 所示。

图 41-13　设置阴影密度　　　　　　　　图 41-14　渲染 Camera01 视图

⓮　进入 "创建"面板下的 "灯光"次面板，在"对象类型"卷展栏中单击"泛光灯"按钮，在视图中如图 41-15 所示的位置创建一个 Omni01 对象。

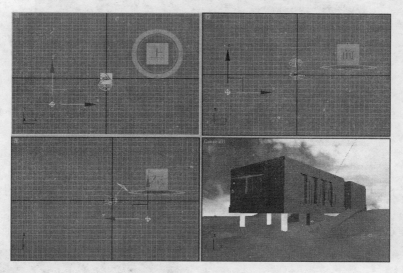

图 41-15　创建 Omni01 对象

⓯　选择 Omni01 对象，进入 "修改"面板。在"强度/颜色/衰减"卷展栏内的"倍增"参数栏内键入 0.4，如图 41-16 所示。

⓰　在主工具栏内单击 "渲染产品"按钮，渲染 Camera01 视图，渲染后的效果如图 41-17 所示。

图 41-16 设置光源参数

图 41-17 光源效果

17 进入 "创建" 面板下的 "灯光" 次面板，在"对象类型"卷展栏中单击"天光"按钮，在视图中如图 41-18 所示的位置创建一个 Sky01 对象。

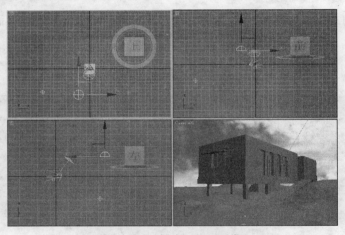

图 41-18 创建 Sky01 对象

18 选择 Sky01 对象，进入 "修改" 面板，在"天光参数"卷展栏内的"倍增"参数栏内键入 0.4，如图 41-19 所示。

19 渲染 Camera01 视图，完成后的如图 41-20 所示。

图 41-19 设置天光参数

图 41-20 渲染 Camera01 视图

20 观察渲染后的视图，读者可以发现，光源效果太亮了，这是因为使用天光灯后，必须对渲染进行设置。选择 Camera01 视图，在主工具栏单击 🖥 "渲染设置" 按钮，打开 "渲染设置：默认扫描线渲染器" 对话框。打开 "高级照明" 选项卡，在 "选择高级照明" 卷展览内的下拉列表框内选择 "光跟踪器" 选项，如图 41-21 所示。

21 打开 "公用" 选项卡，在 "输出大小" 选项组内的下拉列表框内选择 "35mm 1.75：1（电影）" 选项，在 "宽度" 参数栏内键入 750，在 "高度" 参数栏内键入 429，如图 41-22 所示。单击 "渲染" 按钮，开始渲染 Camera01 视图。

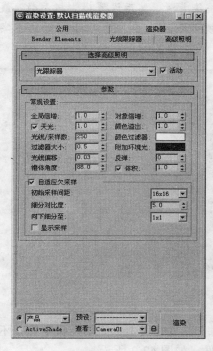

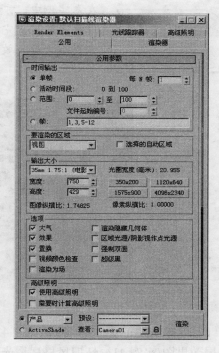

图 41-21　"渲染设置：默认扫描线渲染器" 对话框　　　　图 41-22　"公用" 选项卡

22 渲染后的效果如图 41-23 所示。现在本实例就完成了，将本实例保存，以便在下个实例中使用。

图 41-23　怀旧风格房屋场景添加光源并渲染后的效果

实例 42：在 3ds max 2009 中设置渲染背景和雾效果

实例说明　在本实例中，将设置背景的蓝天图像和雾效，在 3ds max 2009 中，可以通过"环境和效果"对话框来设置场景的渲染背景和大气环境。通过本实例，可以使读者了解设置渲染背景和雾效果的方法。

技术要点　在本实例中，首相需要设置渲染背景，然后设置摄影机参数，最后设置雾效果，完成场景中环境效果的设置。图 42-1 所示为本实例完成渲染后的效果。

图 42-1　怀旧风格房屋背景和雾效

1. 运行 3ds max 2009，打开实例 41 保存的文件，或者打开本书附带光盘中的"怀旧风格房屋效果图/实例 41：怀旧风格房屋光源.max"文件，如图 42-2 所示。

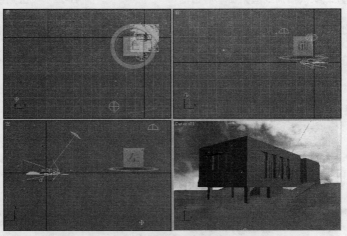

图 42-2　"实例 41：怀旧风格房屋光源.max"文件

2. 在菜单栏执行"渲染"/"环境"命令，打开"环境和效果"对话框，如图 42-3 所示。

3. 在"公用参数"卷展栏内单击"背景"选项组内的"无"按钮，打开"材质/贴图浏览器"对话框。在该对话框内选择"位图"选项如图 42-4 所示，然后单击"确定"按钮，退出该对话框。

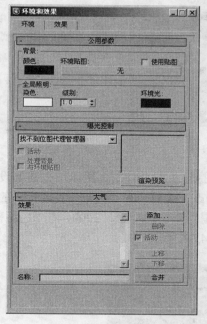

图 42-3　"环境和效果"对话框

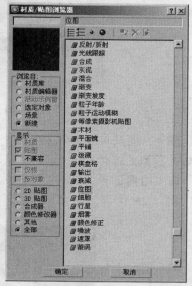

图 42-4　"材质/贴图浏览器"对话框

4 退出"材质/贴图浏览器"对话框后，将会打开"选择位图图像文件"对话框。在该对话框内导入本书附带光盘中的"怀旧风格房屋效果图/天空.jpg"文件如图 42-5 所示，然后单击"打开"按钮，退出"选择位图图像文件"对话框。

5 退出"选择位图图像文件"对话框后，在"背景"选项组内的按钮上会显示位图名称如图 42-6 所示，然后关闭"环境和效果"对话框。

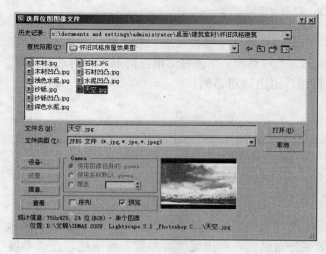

图 42-5　"选择位图图像文件"对话框

图 42-6　"背景"选项组

6 渲染 Camera01 视图，完成后的如图 42-7 所示。

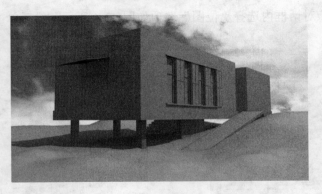

图 42-7 设置渲染背景

7 接下来需要设置雾效果，由于雾效果需要与摄影机配合使用，所以首先需要设置摄影机的相关参数。选择 Camera01 对象，进入 "修改"面板，在"参数"卷展栏内的"环境范围"选项组内选择"显示"复选框，在"近距范围"参数栏内键入 2700，在"远距范围"参数栏内键入 28500，这时会显示摄影机范围，如图 42-8 所示。

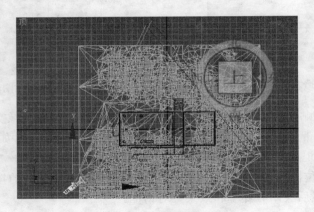

如 42-8 显示摄影机范围

8 在菜单栏执行"渲染"/"环境"命令，打开"环境和效果"对话框。在"大气"卷展栏内单击"添加"按钮，打开"添加大气效果"对话框。在该对话框内的显示窗内选择"雾"选项如图 42-9 所示，然后单击"确定"按钮，退出该对话框。

使用雾效过后，可以使对象随着与摄影机距离的增加逐渐褪光。

提示

9 退出"添加大气效果"对话框后，在"大气"卷展栏内的"效果"显示窗内会显示"雾"选项。选择该选项，在"环境和效果"对话框内会出现"雾参数"卷展栏，在该卷展栏内显示雾的创建参数，如图 42-10 所示。

图 42-9　"添加大气效果"对话框

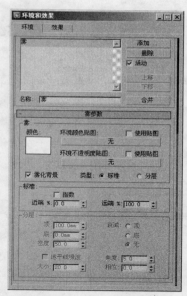

图 42-10　"雾参数"卷展栏

10　在"雾参数"卷展栏内的"雾"选项组内单击"颜色"显示窗，打开"颜色选择器：雾颜色"对话框。在"红"、"绿"、"蓝"参数栏内分别键入 145、140、125，如图 42-11 所示，然后单击"确定"按钮，退出该对话框。

11　在"标准"选项组内的"远端%"参数栏内键入 40.0，如图 42-12 所示。

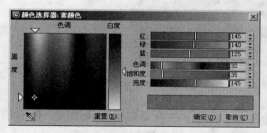

图 42-11　"颜色选择器：雾颜色"对话框

图 42-12　"标准"选项组

12　关闭"环境和效果"对话框，然后渲染 Camera01 视图，完成后的效果如图 42-13 所示。现在本实例就全部完成了，将本实例保存，以便在下个实例中使用。

图 42-13　怀旧风格房屋背景和雾效

实例 43：在 3ds max 2009 中设置材质

 **实例说明**
在本实例中，将指导读者设置场景中模型的材质，场景中的一些模型包含了多种材质，需要为不同的子材质设置贴图平铺方式，为了体现材质的厚重感，使用的材质均大多为混合模式的材质。通过本实例，可以使读者了解使用复杂的材质编辑方法设置陈旧质感材质的方法。

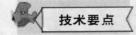 **技术要点**
在本实例中，首先启用多维/子对象复合材质类型，为墙壁和地基设置不同部分的子材质，然后使用混合复合材质类型设置子材质表面的灰尘效果，并设置个部分材质的贴图平铺方式，完成材质的设置。图 43-1 所示为怀旧风格房屋场景添加材质并渲染后的效果。

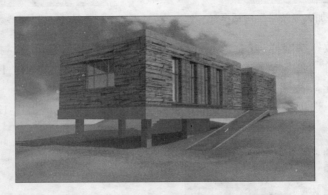

图 43-1　怀旧风格房屋场景添加材质并渲染后的效果

1 运行 3ds max 2009，打开实例 42 保存的文件，或者打开本书附带光盘中的"怀旧风格房屋效果图/实例 41：怀旧风格房屋环境.max"文件，如图 43-2 所示。

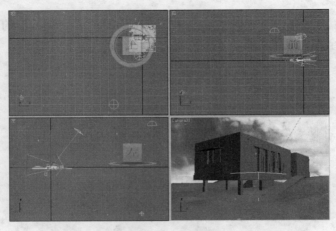

图 43-2　"实例 41：怀旧风格房屋环境.max"文件

2 按下键盘上的 M 键，打开"材质编辑器"对话框。选择 1 号示例窗，将其命名为"墙体"，如图 43-3 所示。

3 单击名称栏右侧的 Standard 按钮，打开"材质/贴图浏览器"对话框。在该对话框内选择"多维/子对象"选项，如图 43-4 所示。

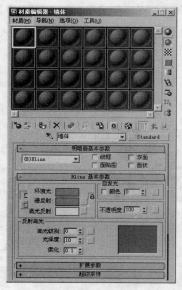

图 43-3　重命名材质

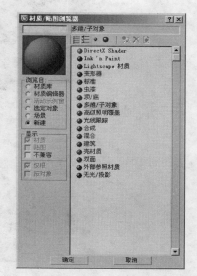

图 43-4　"材质/贴图浏览器"对话框

4 在"材质/贴图浏览器"对话框内单击"确定"按钮，退出该对话框。退出"材质/贴图浏览器"对话框后，这时会打开"替换材质"对话框，单击"确定"按钮，退出该对话框。

5 退出"替换材质"对话框后，将启用"多维/子对象"材质，同时"材质编辑器"内将会出现该材质的编辑参数。在"多维/子对象基本参数"卷展栏内单击"设置数量"按钮，打开"设置材质数量"对话框。在"材质数量"参数栏内键入 3，以确定子对象的数量，如图 43-5 所示。然后单击"确定"按钮，退出该对话框。

6 在"多维/子对象基本参数"卷展栏中单击 1 号子材质右侧的材质按钮，进入 1 号子材质编辑窗口，并将该材质命名为"墙壁"。在名称栏右侧单击 Standard 按钮，打开"材质/贴图浏览器"对话框，在该对话框中选择"混合"选项。

7 在"材质/贴图浏览器"对话框内单击"确定"按钮，退出该对话框。退出"材质/贴图浏览器"对话框后，这时会打开"替换材质"对话框，单击"确定"按钮，退出该对话框。

8 退出"替换材质"对话框后，进入"材质编辑器"对话框中的"混合基本参数"卷展栏。单击"材质 1"右侧的按钮，进入"材质 1"编辑窗。使用系统默认的 Blinn 明暗器，进入"反射高光"选项组，在"高光级别"参数栏内键入 30，在"光泽度"参数栏内键入 20，如图 43-6 所示。

图 43-5　"设置材质数量"对话框

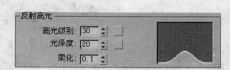

图 43-6　"反射高光"选项组

9 进入"贴图"卷展栏，从"漫反射颜色"通道导入本书光盘附带的"怀旧风格房屋效果图/石材.jpg"文件，如图 43-7 所示。单击水平工具栏上的 ![按钮] "在视口中显示标准贴图"按钮，使贴图能够在视口中显示。

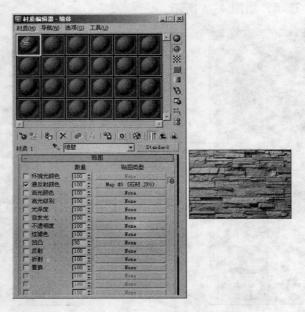

图 43-7　导入"石材.jpg"文件

10 从"凹凸"通道导入本书光盘附带的"怀旧风格房屋效果图/石材凹凸.jpg"文件，如图 43-8 所示。

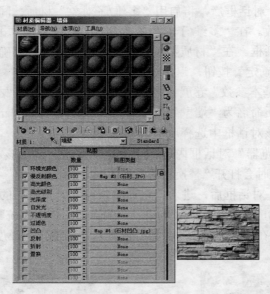

图 43-8　导入"石材凹凸.jpg"文件

11 在"材质编辑器"对话框中单击水平工具栏上的 ![按钮] "转到父对象"按钮，返回到材质的基础编辑层。单击"材质 2"右侧的按钮，进入"材质 2"编辑窗。

⓬　展开"贴图"卷展栏，单击"漫反射颜色"通道右侧的 None 按钮，打开"材质/贴图浏览器"对话框。在该对话框内选择"噪波"选项如图 43-9 所示，然后单击"确定"按钮，退出该对话框。

⓭　退出"材质/贴图浏览器"对话框后，在"材质编辑器"对话框会显示噪波贴图的创建参数，进入"噪波参数"卷展栏，选择"分形"单选按钮，以确定噪波类型。在"大小"参数栏内键入 500.0，以确定噪波大小。将"颜色#1"显示窗的颜色设置为深棕色（红：50、绿：20、蓝：0），将"颜色#2"显示窗的颜色设置为浅灰色（红：185、绿：185、蓝：185），如图 43-10 所示。

图 43-9　"材质/贴图浏览器"对话框

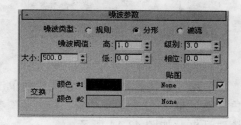

图 43-10　设置噪波参数

⓮　在"材质编辑器"对话框内单击水平工具栏上的 "转到父对象"按钮，返回到材质的基础编辑层。进入"贴图"卷展栏，从"凹凸"通道导入本书光盘附带的"怀旧风格房屋效果图/石材凹凸.jpg"文件，如图 43-11 所示。

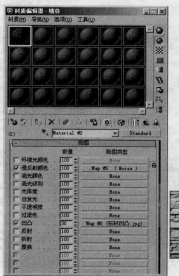
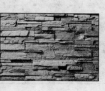

图 43-11　导入"石材凹凸.jpg"文件

$\boxed{15}$ 在"材质编辑器"对话框中单击水平工具栏上的 $\boxed{\text{🖐}}$ "转到父对象"按钮，返回到"墙壁"材质编辑层。在"混合基本参数"卷展栏内的"混合量"参数栏内键入 30，如图 43-12 所示。

$\boxed{16}$ 在"材质编辑器"对话框中单击水平工具栏上的 $\boxed{\text{🖐}}$ "转到父对象"按钮，返回到"墙体"材质编辑层。在"多维/子对象基本参数"卷展栏中单击 2 号子材质右侧的材质按钮，进入 2 号子材质编辑窗口，并将该材质命名为"窗框金属"。

$\boxed{17}$ 在"明暗器基本参数"卷展栏内选择"金属"选项，启用金属明暗器，在"高光级别"和"光泽度"参数栏内分别键入 105、55，如图 43-13 所示。

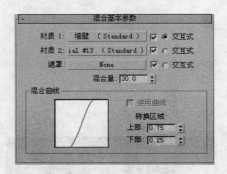

图 43-12　设置混合量

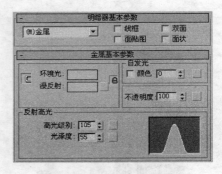

图 43-13　设置材质基本参数

$\boxed{18}$ 在"金属基本参数"卷展栏内单击"漫反射"显示窗，打开"颜色选择器：漫反射颜色"对话框。在"红"、"绿"和"蓝"参数栏内均键入 205，然后单击"确定"按钮，退出该对话框，如图 43-14 所示。

$\boxed{19}$ 进入"贴图"卷展栏，单击"反射"通道右侧的 None 按钮，打开"材质/贴图浏览器"对话框。在该对话框内选择"光线跟踪"选项如图 43-15 所示，然后单击"确定"按钮，退出该对话框。

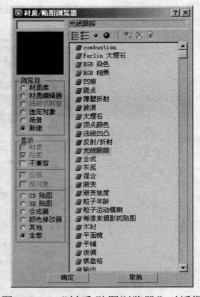

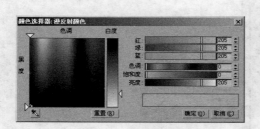

图 43-14　"颜色选择器：漫反射颜色"对话框

图 43-15　"材质/贴图浏览器"对话框

20　退出"材质/贴图浏览器"对话框后，会显示光线跟踪贴图的基本参数，使用默认参数，在"材质编辑器"对话框中单击水平工具栏上的 [图标] "转到父对象"按钮，返回到材质基础编辑层。在"反射"通道的"数量"参数栏内键入 40，如图 43-16 所示。

21　在"材质编辑器"对话框内单击水平工具栏上的 [图标] "转到父对象"按钮，返回到"墙体"材质编辑层。在"多维/子对象基本参数"卷展栏中单击 3 号子材质右侧的材质按钮，进入 3 号子材质编辑窗口，并将该材质命名为"墙体玻璃"。

22　在"明暗器基本参数"卷展栏内选择 Phong 选项，启用 Phong 明暗器，在"高光级别"和"光泽度"参数栏内分别键入 100、20，如图 43-17 所示。

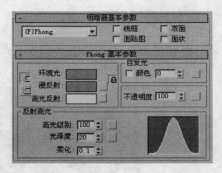

图 43-16　设置反射通道参数　　　　　　　　　　图 43-17　编辑材质基本参数

23　在"Phong 基本参数"卷展栏内单击"漫反射"显示窗，打开"颜色选择器：漫反射颜色"对话框。在"红"、"绿"和"蓝"参数栏内分别键入 55、20、10，然后单击"确定"按钮，退出该对话框，如图 43-18 所示。

24　进入"贴图"卷展栏，从"反射"通道导入"光线跟踪"贴图，如图 43-19 所示。

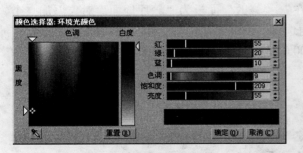

图 43-18　"颜色选择器：漫反射颜色"对话框　　　　图 43-19　导入"光线跟踪"贴图

25　在视图中选择"墙壁"对象，在"材质编辑器"对话框内单击水平工具栏上 [图标] "将材质指定给选定对象"按钮，将"墙体"材质赋予选定对象。

26　确定"墙壁"对象仍处于被选择状态，进入 [图标] "显示"面板，在"隐藏"卷展栏内单击"隐藏未选定对象"按钮，隐藏未选定的对象。

27　进入 [图标] "修改"面板，然后进入"多边形"子对象编辑层，在视图中选择模型所有的子对象，在"多边形：材质 ID"卷展栏内的"设置 ID"参数栏内键入 2，如图 43-20 所示。

28　激活 Camera01 视图，在键盘上按 P 键，将视图转化为透视图，选择如图 43-21 所示的墙体子对象，在"多边形：材质 ID"卷展栏内的"设置 ID"参数栏内键入 1。

图 43-20　设置材质 ID 值　　　　　　　　图 43-21　编辑子对象

29　选择所有玻璃部分的子对象，在"多边形：材质 ID"卷展栏内的"设置 ID"参数栏内键入 3，如图 43-22 所示。

图 43-22　设置材质 ID 值

30　取消所有的子对象的被选择状态，在 "修改"面板为"餐厅地面"对象添加一个 "UVW 贴图"修改器，在"参数"卷展栏内选择"长方体"单选按钮；在"长度"、"宽度"、"高度"参数栏内分别键入 6000.0 mm、4000.0 mm、1500.0 mm，如图 43-23 所示。

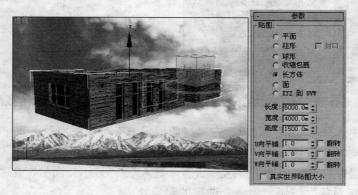

图 43-23　设置贴图平铺方式

31　进入 "显示"面板，在"隐藏"卷展栏内单击"全部取消隐藏"按钮，显示所有的对象。

32　按下键盘上的 M 键，打开"材质编辑器"对话框。接下来需要克隆子材质，选择 1 号示例窗，拖动 2 号子材质右侧的按钮至 2 号示例窗，这时会打开"实例（副本）材质"对话框。在该对话框内选择"复制"单选按钮如图 43-24 所示，以确定材质克隆的类型，然后单击"确定"按钮，退出该对话框。

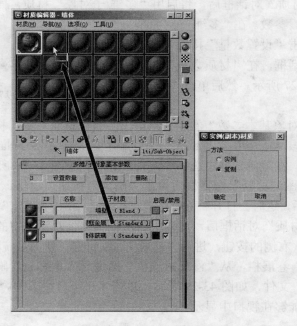

图 43-24　克隆子材质

33　将 2 号示例窗命名为"金属"，然后将该材质赋予场景中的"顶棚"、"支架 01"、"支架 02"、"窗框 01"、"窗框 02"、"窗框 03"和"窗框 04"对象。

34　在"材质编辑器"对话框内选择 3 号示例窗，将其命名为"地基"，如图 43-25 所示。

35　单击名称栏右侧的 Standard 按钮，打开"材质/贴图浏览器"对话框。在该对话框内选择"多维/子对象"选项，如图 43-26 所示。

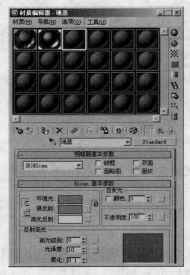

图 43-25　命名材质

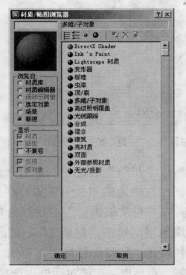

图 43-26　"材质/贴图浏览器"对话框

36 在"材质/贴图浏览器"对话框内单击"确定"按钮,退出该对话框。退出"材质/贴图浏览器"对话框后,这时会打开"替换材质"对话框,单击"确定"按钮,退出该对话框。

37 退出"替换材质"对话框后,将启用"多维/子对象"材质,同时"材质编辑器"内将会出现该材质的编辑参数。在"多维/子对象基本参数"卷展栏内单击"设置数量"按钮,打开"设置材质数量"对话框,在"材质数量"参数栏内键入 2,如图 43-27 所示。然后单击"确定"按钮,退出该对话框。

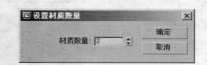

图 43-27 "设置材质数量"对话框

38 在"多维/子对象基本参数"卷展栏中单击 1 号子材质右侧的材质按钮,进入 1 号子材质编辑窗口,并将该材质命名为"水泥"。在名称栏右侧单击 Standard 按钮,打开"材质/贴图浏览器"对话框,在该对话框中选择"混合"选项,如图 43-28 所示。

39 在"材质/贴图浏览器"对话框内单击"确定"按钮,退出该对话框。退出"材质/贴图浏览器"对话框后,这时会打开"替换材质"对话框,单击"确定"按钮,退出该对话框。

40 退出"替换材质"对话框后,进入"材质编辑器"对话框中的"混合基本参数"卷展栏。单击"材质 1"右侧的按钮,进入"材质 1"编辑窗,使用系统默认的 Blinn 明暗器。

41 进入"贴图"卷展栏,从"漫反射颜色"通道导入本书光盘附带的"怀旧风格房屋效果图/浅色水泥.jpg"文件,如图 43-29 所示。单击水平工具栏上的 "在视口中显示标准贴图"按钮,使贴图能够在视口中显示。

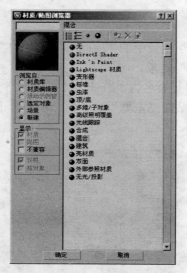

图 43-28 "材质/贴图浏览器"对话框

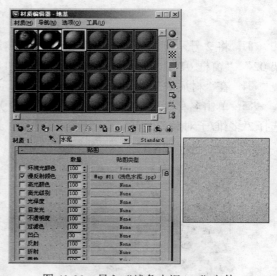

图 43-29 导入"浅色水泥.jpg"文件

42 从"凹凸"通道导入本书光盘附带的"怀旧风格房屋效果图/水泥凹凸.jpg"文件,并在"凹凸"通道的"数量"参数栏内键入 5,如图 43-30 所示。

43 在"材质编辑器"对话框内单击水平工具栏上的 "转到父对象"按钮,返回到混合材质编辑层。单击"材质 2"右侧的按钮,进入"材质 2"编辑窗。

44 展开"贴图"卷展栏,单击"漫反射颜色"通道右侧的 None 按钮,打开"材质/贴图浏览器"对话框。在该对话框内选择"噪波"选项,然后单击"确定"按钮,退出该对话框。

45 退出"材质/贴图浏览器"对话框后,在"材质编辑器"对话框会显示噪波贴图的创建参数，进入"噪波参数"卷展栏，选择"分形"单选按钮，以确定噪波类型。在"大小"
参数栏内键入 200.0，以确定噪波大小，将"颜色#1"显示窗的颜色设置为深棕色（红：25、
绿：15、蓝：0），将"颜色#2"显示窗的颜色设置为浅棕色（红：175、绿：165、蓝：155）。
如图 43-31 所示。

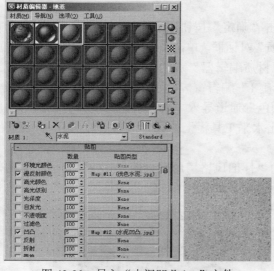

图 43-30 导入"水泥凹凸.jpg"文件

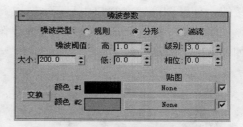

图 43-31 "噪波参数"卷展栏

46 在"材质编辑器"对话框内单击水平工具栏上的 "转到父对象"按钮，返回到材
质的基础编辑层，从"凹凸"通道导入本书光盘附带的"怀旧风格房屋效果图/水泥凹凸.jpg"
文件，并在"凹凸"通道的"数量"参数栏内键入 10，如图 43-32 所示。

47 在"材质编辑器"对话框中单击水平工具栏上的 "转到父对象"按钮，返回到"水
泥"材质编辑层。在"混合基本参数"卷展栏内的"混合量"参数栏内键入 30.0，如图 43-33
所示。

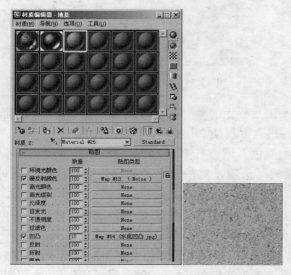

图 43-32 导入水泥凹凸.jpg"文件

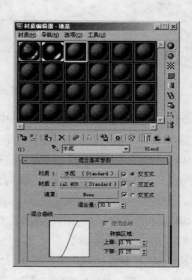

图 43-33 设置混合量参数

48 在"材质编辑器"对话框中单击水平工具栏上的 ⚓ "转到父对象"按钮，返回到"地基"材质编辑层。在"多维/子对象基本参数"卷展栏中单击 2 号子材质右侧的材质按钮，进入 2 号子材质编辑窗口，并将该材质命名为"木板"。

49 在名称栏右侧单击 Standard 按钮，打开"材质/贴图浏览器"对话框，在该对话框中选择"混合"选项。

50 在"材质/贴图浏览器"对话框内单击"确定"按钮，退出该对话框。退出"材质/贴图浏览器"对话框后，这时会打开"替换材质"对话框，单击"确定"按钮，退出该对话框。

51 退出"替换材质"对话框后，进入"材质编辑器"对话框中的"混合基本参数"卷展栏。单击"材质 1"右侧的按钮，进入"材质 1"编辑窗，使用系统默认的 Blinn 明暗器。

52 进入"贴图"卷展栏，从"漫反射颜色"通道导入本书光盘附带的"怀旧风格房屋效果图/木材.jpg"文件，如图 43-34 所示。单击水平工具栏上的 🌐 "在视口中显示标准贴图"按钮，使贴图能够在视口中显示。

53 从"凹凸"通道导入本书光盘附带的"怀旧风格房屋效果图/木材凹凸.jpg"文件，如图 43-35 所示。

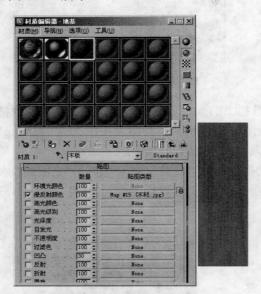

图 43-34 导入"木材.jpg"文件

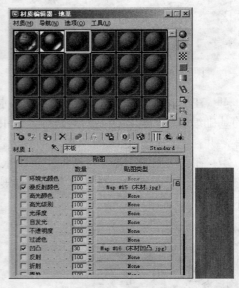

图 43-35 导入"木材凹凸.jpg"文件

54 在"材质编辑器"对话框中单击水平工具栏上的 ⚓ "转到父对象"按钮，返回到混合材质编辑层。单击"材质 2"右侧的按钮，进入"材质 2"编辑窗。

55 展开"贴图"卷展栏，单击"漫反射颜色"通道右侧的 None 按钮，打开"材质/贴图浏览器"对话框。在该对话框内选择"噪波"选项，然后单击"确定"按钮，退出该对话框。

56 退出"材质/贴图浏览器"对话框后，在"材质编辑器"对话框会显示噪波贴图的创建参数，进入"噪波参数"卷展栏，选择"分形"单选按钮，以确定噪波类型。在"大小"参数栏内键入 600.0，以确定噪波大小，将"颜色#1"显示窗的颜色设置为深棕色（红：45、绿：35、蓝：0），将"颜色#2"显示窗的颜色设置为浅棕色（红：205、绿：195、蓝：175），如图 43-36 所示。

57 在"材质编辑器"对话框中单击水平工具栏上的 🔧 "转到父对象"按钮，返回到材质的基础编辑层，从"凹凸"通道导入本书光盘附带的"怀旧风格房屋效果图/木材凹凸.jpg"文件。

58 在"材质编辑器"对话框中单击水平工具栏上的 🔧 "转到父对象"按钮，返回到"木板"材质编辑层。在"混合基本参数"卷展栏内的"混合量"参数栏内键入 50.0，如图 43-37 所示。

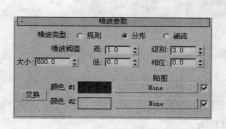

图 43-36 设置噪波参数

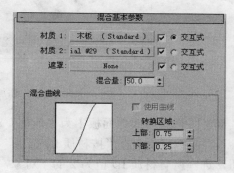

图 43-37 设置混合量参数

59 将"地基"材质赋予场景中的"地基"对象，确定"地基"对象仍处于被选择状态，进入 🖥 "显示"面板。在"隐藏"卷展栏内单击"隐藏未选定对象"按钮，隐藏未选定的对象。

60 进入 🖉 "修改"面板，然后进入"多边形"子对象编辑层，在视图中选择"地基"对象所有的子对象，在"多边形：材质 ID"卷展栏内的"设置 ID"参数栏内键入 1，如图 43-38 所示。

61 选择如图 43-39 所示的子对象，在"多边形：材质 ID"卷展栏内的"设置 ID"参数栏内键入 2。

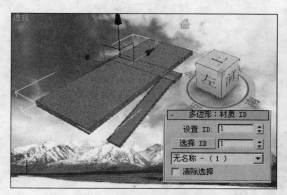

图 43-38 设置材质 ID 值

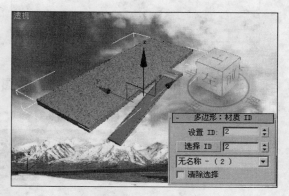

图 43-39 编辑子对象

62 选择所有材质 ID 值为 1 的子对象，在 🖉 "修改"面板中为"地基"对象添加一个"UVW 贴图"修改器。在"参数"卷展栏内选择"长方体"单选按钮；在"长度"、"宽度"、"高度"参数栏内均键入 3000.0 mm，如图 43-40 所示。

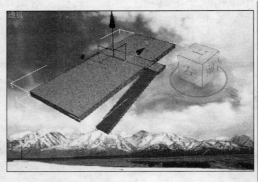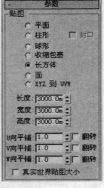

图 43-40　添加 "UVW 贴图" 修改器

63 在 "修改" 面板中为 "地基" 对象添加一个 "多边形选择" 修改器，进入 "多边形" 子对象编辑层。在 "按材质 ID 选择" 选项组内的 ID 参数栏内键入 2，然后单击 "选择" 按钮，选择所有材质 ID 值为 2 的子对象，如图 43-41 所示。

64 为 "地基" 对象添加一个 "UVW 贴图" 修改器，在 "参数" 卷展栏内选择 "平面" 单选按钮，如图 43-42 所示。

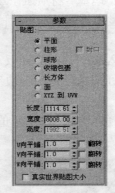

图 43-41　选择子对象　　　　　　　　图 43-42　设置贴图平铺参数

65 进入 Gizmo 子对象编辑层，在顶视图中将 Gizmo 子对象沿 Z 轴逆时针旋转 90 度，如图 43-43 所示。

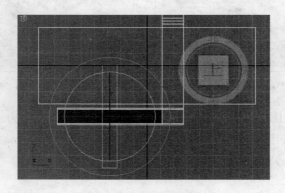

图 43-43　在顶视图中旋转 Gizmo

66 在"参数"卷展栏内的"对齐"选项组内单击"适配"按钮，使 Gizmo 与所选子对象相适配。

67 在前视图中将 Gizmo 子对象沿 Z 轴顺时针旋转，如图 43-44 所示。

68 进入 "显示"面板，在"隐藏"卷展栏内单击"全部取消隐藏"按钮，显示所有的对象。

69 按下键盘上的 M 键，打开"材质编辑器"对话框。选择 3 号示例窗，拖动 1 号子材质右侧的按钮至 4 号示例窗，这时会打开"实例（副本）材质"对话框。在该对话框内选择"复制"单选按钮如图 43-45 所示，以确定材质克隆的类型，然后单击"确定"按钮，退出该对话框。

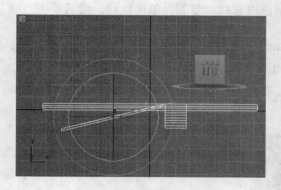

图 43-44　在前视图中旋转 Gizmo

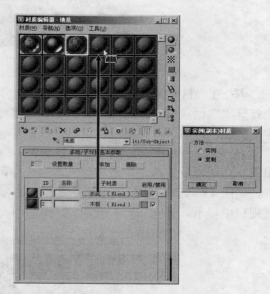

图 43-45　克隆材质

70 将 4 号示例窗命名为"浅色水泥"，然后将该材质赋予场景中的"屋顶"、"立柱 01"、"立柱 02"、"立柱 03"和"立柱 04"对象。

71 选择"屋顶"对象，在 "修改"面板中为"屋顶"对象添加一个"UVW 贴图"修改器。在"参数"卷展栏内选择"长方体"单选按钮；在"长度"、"宽度"、"高度"参数栏内均键入 3000.0 mm，如图 43-46 所示。

图 43-46　设置贴图平铺参数

72 使用同样的方法编辑"立柱 01"、"立柱 02"、"立柱 03"和"立柱 04"对象，完成后的效果如图 43-47 所示。

图 43-47　编辑对象贴图平铺方式

73 在"材质编辑器"对话框内选择 4 号示例窗，拖动 4 号示例窗至 5 号示例窗，这时会打开"实例（副本）材质"对话框。在该对话框内选择"复制"单选按钮，然后单击"确定"按钮，退出该对话框。

74 将 5 号示例窗命名为"深色水泥"，单击"材质 1"右侧的按钮，进入"材质 1"编辑窗。从"漫反射颜色"通道导入本书光盘附带的"怀旧风格房屋效果图/深色水泥.jpg"文件，如图 43-48 所示。单击水平工具栏上的 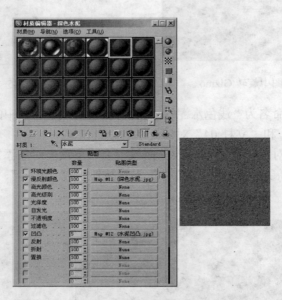 "在视口中显示标准贴图"按钮，使贴图能够在视口中显示。

图 43-48　导入"深色水泥.jpg"文件

75 将"深色水泥"材质赋予场景中"地板"对象，在 "修改"面板为"地板"对象添加一个"UVW 贴图"修改器。在"参数"卷展栏内选择"长方体"单选按钮；在"长度"、"宽度"、"高度"参数栏内均键入 3000.0 mm，如图 43-49 所示。

76 在"材质编辑器"对话框内选择 6 号示例窗，将其命名为"地面"，如图 43-50 所示。

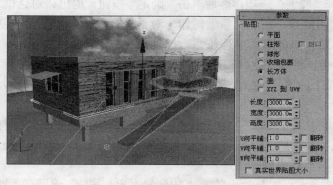

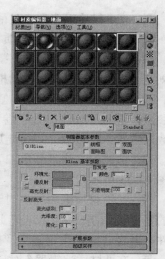

图 43-49 设置贴图平铺方式

图 43-50 命名材质

77 在名称栏右侧单击 Standard 按钮，打开"材质/贴图浏览器"对话框，在该对话框中选择"混合"选项。

78 在"材质/贴图浏览器"对话框内单击"确定"按钮，退出该对话框。退出"材质/贴图浏览器"对话框后，这时会打开"替换材质"对话框，单击"确定"按钮，退出该对话框。

78 退出"替换材质"对话框后，进入"材质编辑器"对话框中的"混合基本参数"卷展栏。单击"材质 1"右侧的按钮，进入"材质 1"编辑窗，使用系统默认的 Blinn 明暗器，进入"贴图"卷展栏。从"漫反射颜色"通道导入本书光盘附带的"怀旧风格房屋效果图/沙砾.jpg"文件，如图 43-51 所示。单击水平工具栏上的 "在视口中显示标准贴图"按钮，使贴图能够在视口中显示。

80 从"凹凸"通道导入本书光盘附带的"怀旧风格房屋效果图/沙砾凹凸.jpg"文件，并在"凹凸"通道的"数量"参数栏内键入 15，如图 43-52 所示。

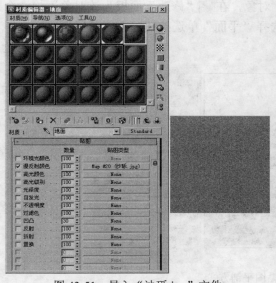

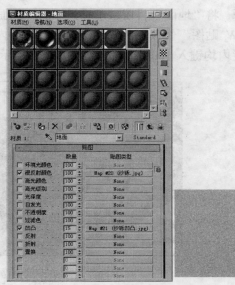

图 43-51 导入"沙砾.jpg"文件

图 43-52 导入"沙砾凹凸.jpg"文件

81 在"材质编辑器"对话框中单击水平工具栏上的 ⬆ "转到父对象"按钮，返回到"地面"材质编辑层。单击"材质2"右侧的按钮，进入"材质2"编辑窗。

82 展开"贴图"卷展栏，单击"漫反射颜色"通道右侧的 None 按钮，打开"材质/贴图浏览器"对话框。在该对话框内选择"噪波"选项，然后单击"确定"按钮，退出该对话框。

83 退出"材质/贴图浏览器"对话框后，在"材质编辑器"对话框会显示噪波贴图的创建参数，进入"噪波参数"卷展栏，选择"分形"单选按钮，以确定噪波类型。在"大小"参数栏内键入 2500.0，以确定噪波大小，将"颜色#1"显示窗的颜色设置为深棕色（红：30、绿：20、蓝：0），将"颜色#2"显示窗的颜色设置为浅棕色（红：200、绿：190、蓝：165），如图 43-53 所示。

84 在"材质编辑器"对话框中单击水平工具栏上的 ⬆ "转到父对象"按钮，返回到材质的基础编辑层，从"凹凸"通道导入本书光盘附带的"怀旧风格房屋效果图/沙砾凹凸.jpg"文件，并在"凹凸"通道的"数量"参数栏内键入 15。

85 在"材质编辑器"对话框中单击水平工具栏上的 ⬆ "转到父对象"按钮，返回到"地面"材质编辑层。在"混合基本参数"卷展栏内的"混合量"参数栏内键入 30.0，如图 43-54 所示。

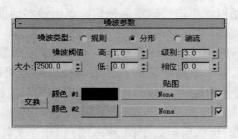

图 43-53　设置噪波参数

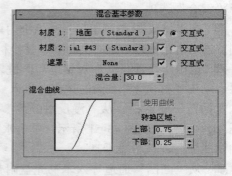

图 43-54　设置混合量参数

86 将"地面"材质赋予场景中的"地面"对象，在 ✐ "修改"面板为该对象添加一个"UVW 贴图"修改器。在"参数"卷展栏内选择"平面"单选按钮，在"长度"、"宽度"参数栏内均键入 1000.0 mm，如图 43-55 所示。

图 43-55　设置贴图平铺方式

87 在"材质编辑器"对话框内选择 7 号示例窗,将其命名为"玻璃",如图 43-56 所示。

88 在"明暗器基本参数"卷展栏内选择 Phong 选项,启用 Phong 明暗器。在"高光级别"和"光泽度"参数栏内分别键入 85、30,在"不透明度"参数栏内键入 15,如图 43-57 所示。

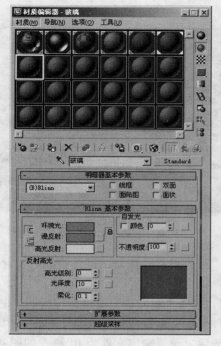

图 43-56 命名材质

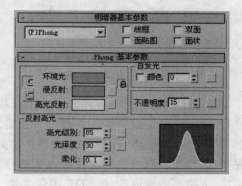

图 43-57 编辑材质参数

89 在"Phong 基本参数"卷展栏内单击"漫反射"显示窗,打开"颜色选择器:漫反射颜色"对话框。在"红"、"绿"和"蓝"参数栏内分别键入 90、50、40,如图 43-58 所示。然后单击"确定"按钮,退出该对话框。

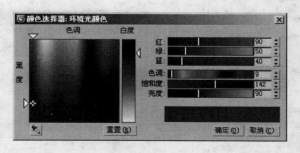

图 43-58 "颜色选择器:漫反射颜色"对话框

90 进入"贴图"卷展栏,从"反射"通道导入"光线跟踪"贴图,并在"反射"通道的"数量"参数栏内键入 30,如图 43-59 所示。

91 将"玻璃"材质赋予场景中的"玻璃 01"、"玻璃 02"、"玻璃 03"和"玻璃 04"对象。

92 激活透视图,在键盘上按 C 键,恢复 Camera01 视图,如图 43-60 所示。

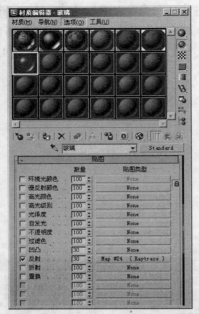

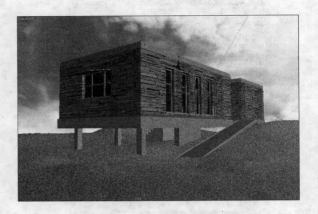

图 43-59　图 43-16　设置反射通道参数　　　　　　图 43-60　恢复 Camera01 视图

83 激活 Camera01 视图，在主工具栏单击 "渲染设置"按钮，打开"渲染设置：默认扫描线渲染器"对话框，并打开"公用"选项卡，如图 43-61 所示。

84 在"渲染输出"选项组内单击"文件"按钮，打开"渲染输出文件"对话框。在"保存在"下拉列表框中选择文件保存的路径，在"文件名"文本框内键入文件名称，在"保存类型"下拉列表框内选择"TIF 图像文件（*.tif）"选项，设置输出文件为 tif 格式如图 43-62 所示，然后单击"保存"按钮。

图 43-61　"渲染设置：默认扫描线渲染器"对话框　　　　图 43-62　"渲染输出文件"对话框

85　单击"保存"按钮，打开"TIF 图像控制"对话框。在该对话框内的"每英寸点数"参数栏内键入 150.0，如图 43-63 所示。然后单击"确定"按钮，退出该对话框。

86　在"渲染设置：默认扫描线渲染器"对话框内单击"渲染"按钮，开始渲染场景，渲染后的效果如图 43-64 所示，现在本实例就全部完成了。

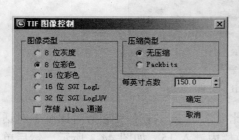 

图 43-63　"TIF 图像控制"对话框　　　　图 43-64　怀旧风格房屋场景添加材质并渲染后的效果

实例 44：在 Photoshop CS4 中设置图像整体效果

在本实例中，将指导读者在 Photoshop CS4 中对怀旧风格房屋效果图的整体效果进行处理，包括设置亮度对比度，并在设置表面的灰尘效果。通过本实例，可以使读者了解在图乡表面设置灰尘效果的方法。

在本实例中，首先调整图像的亮度和对比度，然后创建新图层，使用分层云彩命令是图层产生不规则纹理效果，然后是两个图层相叠加，完成图像整体效果的编辑。图 44-1 所示为本实例完成后的效果。

图 44-1　设置图像整体效果

1　运行 Photoshop CS4，打开本书附带光盘中的"怀旧风格房屋效果图/怀旧风格房屋.tif"文件,如图 44-2 所示。

图 44-2 "怀旧风格房.tif"文件

2 在菜单栏执行"图像"/"调整"/"亮度/对比度"命令,打开"亮度/对比度"对话框,在"亮度"参数栏内键入 20,在"对比度"参数栏内键入 15,如图 44-3 所示。然后单击"确定"按钮,退出该对话框。

图 44-3 "亮度/对比度"对话框

3 在键盘上按下 D 键,恢复背景色和前景色,单击"图层"调板底部的 ▣ "创建新图层"按钮,创建一个新图层——"图层 1",在键盘上按 Ctrl+A 组合键,全选该图层,然后将选区填充为黑色。

4 在菜单兰执行"滤镜"/"渲染"/"分层云彩"命令,使其成为如图 44-4 所示的效果。

图 44-4 设置分层云彩效果

5 在菜单栏执行"图像"/"调整"/"色相/饱和度"命令,打开"色相/饱和度"对话框。在该对话框内选择"着色"复选框,在"色相"参数栏内键入 50,在"饱和度"参数栏内键入 15,在"明度"参数栏内键入-10,如图 44-5 所示。然后单击"确定"按钮,退出该对话框。

⑥ 确定"图层 1"处于可编辑状态,在"图层"调板中的"图层混合模式"下拉列表框中选择"叠加"选项,在"不透明度"参数栏内键入 30%,设置图层透明度,如图 44-6 所示。

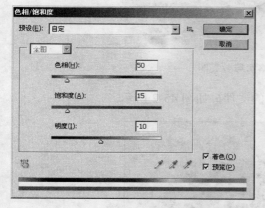

图 44-5　"色相/饱和度"对话框

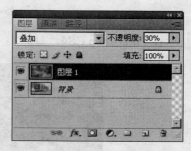

图 44-6　编辑图层

⑦ 现在本实例就完成了,完成后的效果如图 44-7 所示。将本实例保存,以便在下个实例中使用。

图 44-7　设置图像整体效果

实例 45:在 Photoshop CS4 中设置反射效果和配景

实例说明　在本实例中,将指导读者设置玻璃上的反射效果,并在效果图中添加植物配景图像,通过本实例,可以使读者了解添加配景图像的方法。

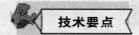

技术要点　在本实例中,首先需要设置玻璃的反射效果,然后导入植物配景,配合通道设置选区,完成植物配景的制作。图 45-1 所示为完成后的效果。

图 45-1　怀旧风格房屋效果图

1 运行 Photoshop CS4，打开实例 44 保存的文件，如图 45-2 所示。

图 45-2　实例 44 保存的文件

2 打开本书附带光盘中的"怀旧风格房屋效果图/天空图像.jpg"文件，使用工具箱中的 **↖** "移动工具"拖动"天空图像.jpg"图像到"怀旧风格房屋.tif"文档中，在"图层"调板中会出现一个新的图层，将该图层命名为"图层 2"。

3 确定"图层 2"处于可编辑状态，应用"自由变换"命令，然后参照图 45-3 所示来调整图像的大小和位置。

图 45-3　调整图像的大小和位置

4 进入"通道"调板，按住键盘上的 Ctrl 键，选择"左侧玻璃通道"缩览图，加载选区，如图 45-4 所示。

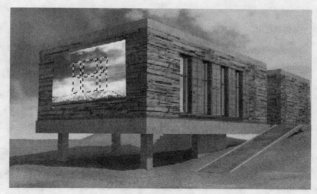

图 45-4 加载选区

5 确定"图层 2"处于可编辑状态，在键盘上按 Ctrl+Shift+I 组合键，反选选区。按下键盘上的 Delete 键，将选区内的图像删除，如图 45-5 所示。

图 45-5 删除选区内的图像

6 确定"图层 2"处于可编辑状态，在"图层"调板中的"图层混合模式"下拉列表框内选择"叠加"选项，在"不透明度"参数栏内键入 60%，设置图层透明度，如图 45-6 所示。

图 45-6 编辑图层效果

7 再次使用工具箱中的 ▶⨁ "移动工具"拖动"天空图像.jpg"图像到"怀旧风格房屋.tif"文档中，在"图层"调板中会出现一个新的图层，将该图层命名为"图层 3"。

8 确定"图层 3"处于可编辑状态,应用"自由变换"命令,然后参照图 45-7 所示来调整图像的大小和位置。

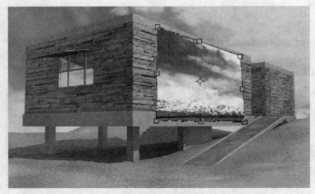

图 45-7　调整图像的大小和位置

9 进入"通道"调板,按住键盘上的 Ctrl 键,选择"右侧玻璃通道"缩览图,加载选区。在键盘上按 Ctrl+Shift+I 组合键,反选选区,按下键盘上的 Delete 键,将选区内的图像删除,如图 45-8 所示。

图 45-8　删除选区内的图像

10 确定"图层 3"处于可编辑状态,在"图层"调板中的"图层混合模式"下拉列表框内选择"叠加"选项,在"不透明度"参数栏内键入 70%,设置图层透明度,如图 45-9 所示。

图 45-9　编辑图层效果

11 打开本书附带光盘中的"怀旧风格房屋效果图/植物 03.tif"文件，如图 45-10 所示。

12 使用工具箱中的 ➤ "移动工具"拖动"植物 03.tif"图像到"怀旧风格房屋.tif"文档中，在"图层"调板中会出现一个新的图层，将该图层命名为"图层 4"。

13 确定"图层 4"处于可编辑状态，应用"自由变换"命令，然后参照图 45-11 所示来调整图像的大小和位置。

图 45-10 "植物 03.tif"文件

图 45-11 调整图像的大小和位置。

14 进入"通道"调板，按住键盘上的 Ctrl 键，单击"天空通道"缩览图，加载选区。在键盘上按 Ctrl+Shift+I 组合键，反选选区，按下键盘上的 Delete 键，将选区内的图像删除，如图 45-12 所示。

图 45-12 删除选区内的图像

15 确定"图层 4"处于可编辑状态，在"图层"调板中的"不透明度"参数栏内键入 80%，设置图层透明度，如图 45-13 所示。

图 45-13　设置图层透明度

16 使用同样的方法设置背景层的另一丛植物，效果如图 45-14 所示。

17 打开本书附带光盘中的"怀旧风格房屋效果图/植物 01.tif"文件，如图 45-15 所示。

图 45-14　设置背景层的另一丛植物

图 45-15　"植物 01.tif"文件

18 使用工具箱中的 ⊕ "移动工具"拖动"植物 01.tif"图像到"怀旧风格房屋.tif"文档中，在"图层"调板中会出现一个新的图层，将该图层命名为"图层 6"。确定"图层 6"处于可编辑状态，应用"自由变换"命令，然后参照图 45-16 所示来调整图像的大小和位置。

图 45-16　调整图像的大小和位置

19 在"图层"调板中选择"图层 6",在键盘上按 Ctrl+J 组合键,将该层复制,复制的图层名称为"图层 6 副本"层,如图 45-17 所示。

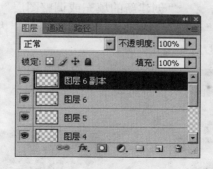

图 45-17 复制图层

20 在"图层"调板中选择"图层 6",应用"自由变换"命令,然后参照图 45-18 所示来调整图像的大小和位置。

图 45-18 调整图像的大小和位置

21 在菜单栏中执行"滤镜"/"模糊"/"高斯模糊"命令,打开"高斯模糊"对话框,在"半径"参数栏内键入 1.2,如图 45-19 所示。单击"确定"按钮,退出该对话框。

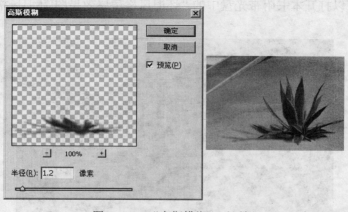

图 45-19 "高斯模糊"对话框

22 在"图层"调板中选择"图层 6"缩览图，设置选区，然后单击 👁 "指示图层可见性"按钮，关闭该层。

23 在"图层"调板单击 ⊘ "创建新的填充或调整图层"按钮，在弹出的菜单中选择"亮度/对比度"选项，进入"调整"调板，在"亮度"参数栏内键入-60，如图 45-20 所示。在"图层"调板会出现"亮度/对比度 1"层。

图 45-20 "调整"调板

24 使用同样的方法设置前景部分的其他植物，效果如图 45-21 所示。

图 45-21 设置前景部分的其他植物

25 现在本实例就完成了，图 45-22 所示为处理完成的效果。如果读者在制作本练习时遇到什么问题，可以打开本书附带光盘中的"怀旧风格房屋效果图/怀旧风格房屋完成.tif"文件进行查看。

图 45-22 怀旧风格房屋效果图

第 10 章　制作美术馆效果图

在本部分中，将指导读者制作美术馆效果图。美术馆效果图为大型的室外场景，主体建筑包括美术馆和其配楼部分，美术馆主体造型为 H 形，有着尖锐的边缘，造型前卫，与建筑物的实际用途相呼应。通过这部分实例的制作，可以使读者了解大型的室外场景的编辑方法。

美术馆效果图

实例 46：在 3ds max 2009 中创建路灯模型

在本实例中，将指导读者制作路灯模型，在制作过程中，主要使用了二维型建模方法，为了保证模型创建的准确性，在创建模型时，首先需要创建标准的二维型，然后对其进行编辑，完成模型的制作。通过本实例，可以使读者了解二维型建模方法。

在本实例中，首先需要创建矩形，然后对矩形进行编辑，创建灯柱的剖面型，接着使用车削修改器将其设置为实体模型，然后创建横支架截面性，使用挤出修改器将其设置为实体模型，最后使用创建剖面型并使用车削修改器的方法创建灯泡，完成路灯模型的创建。图 46-1 所示为路灯模型添加材质和灯光后的效果。

图 46-1　路灯模型添加材质和灯光后的效果

[1] 运行 3ds max 2009，创建一个新的场景，将系统单位设置为毫米，并将显示单位比例设置为毫米。

[2] 进入 "创建"面板下的 "图形"次面板，在该面板内的下拉列表框中选择"样条线"选项，单击"矩形"按钮，在前视图中创建一个 Rectangle01 对象。进入 "修改"面板，将其命名为"灯柱"，在"参数"卷展栏内的"长度"和"宽度"参数栏内分别键入 10000.0 mm、600.0 mm，其他参数均使用默认值，如图 46-2 所示。

[3] 选择"椅子框架"对象，进入 "修改"面板。在堆栈栏内右击，在弹出的快捷菜单中选择"可编辑样条线"选项，将其塌陷为样条线对象。进入"顶点"子对象编辑层，在"几何体"卷展栏内单击"优化"按钮，然后参照图 46-3 所示添加顶点。

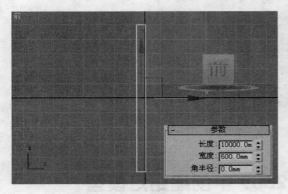

图 46-2　设置对象的创建参数

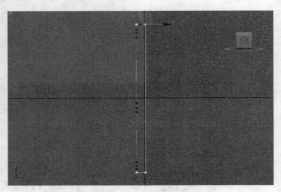

图 46-3　添加顶点

[4] 参照图 46-4 所示来编辑顶点，设置灯柱剖面。

[5] 进入"线段"子对象编辑层，在前视图中选择如图 46-5 所示的子对象，将其删除。

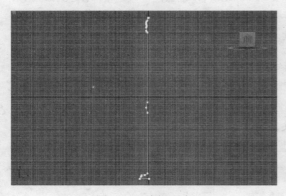

图 46-4　编辑顶点

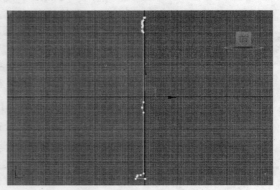

图 46-5　选择子对象

[6] 为"灯柱"对象添加一个"车削"修改器，在"参数"卷展栏内的"分段"参数栏内键入 20，在"方向"选项组内单击 Y 按钮，在"对齐"选项组内单击"最大"按钮，如图 46-6 所示。

[7] 在"样条线"创建面板内单击"矩形"按钮，在顶视图中创建一个 Rectangle01 对象，在"参数"卷展栏内的"长度"和"宽度"参数栏内分别键入 240.0 mm、1420.0 mm，如图 46-7 所示。

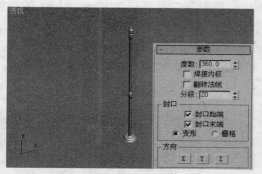

图 46-6　设置修改器参数

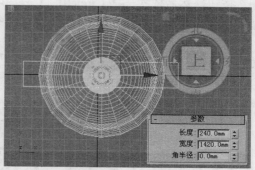

图 46-7　设置对象的创建参数

8 在"样条线"创建面板内单击"圆"按钮，在顶视图中创建一个 Circle01 对象，在"参数"卷展栏内的"半径"参数栏内键入 290.0 mm，如图 46-8 所示。

9 在"样条线"创建面板内单击"圆"按钮，在顶视图中创建一个 Circle02 对象，在"参数"卷展栏内的"半径"参数栏内键入 200.0 mm，如图 46-9 所示。

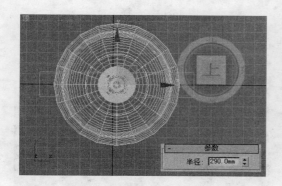

图 46-8　创建圆形

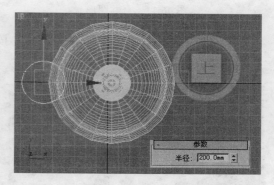

图 46-9　设置对象的创建参数

10 将 Circle02 对象复制，复制的对象名称为 Circle03，在顶视图中将其移动至如图 46-10 所示的位置。

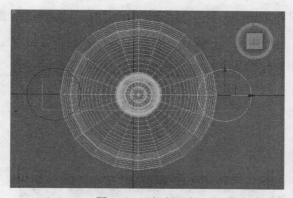

图 46-10　复制对象

11 选择 Rectangle01 对象，进入 "修改"面板，在堆栈栏内右击，在弹出的快捷菜单中选择"可编辑样条线"选项，将其塌陷为样条线对象。在"几何体"卷展栏内单击"附加"按钮，然后依次选择 Circle01、Circle02 和 Circle03 对象，使其成为 Rectangle01 的附加型，关闭"附加"按钮，将 Rectangle01 命名为"横支架"。

⒓ 进入"样条线"子对象编辑层，选择矩形。在"几何体"卷展栏内单击 ◎ "并集"按钮，单击"布尔"按钮，依次单击几个圆形，将这几个图形合并，效果如图 46-11 所示。

⒔ 进入"顶点"子对象编辑层，选择如图 46-12 所示的子对象。

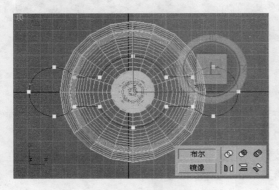
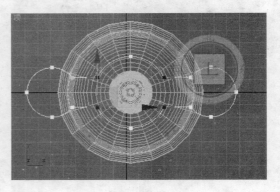

图 46-11　合并图形　　　　　　　　　　　　图 46-12　选择子对象

⒕ 在"几何体"卷展栏内的"圆角"按钮右侧的参数栏内键入 80，如图 46-13 所示。

⒖ 选择如图 46-14 所示的子对象。

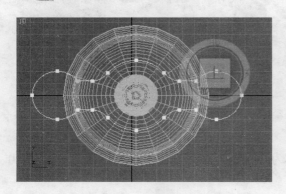
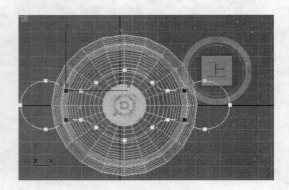

图 46-13　设置圆角效果　　　　　　　　　　图 46-14　选择子对象

⒗ 在"几何体"卷展栏内的"圆角"按钮右侧的参数栏内键入 50，如图 46-15 所示。

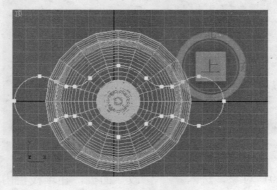

图 46-15　设置圆角效果

17 为"横支架"对象添加一个"挤出"修改器，在"参数"卷展栏内的"数量"参数栏内键入 50.0 mm，如图 46-16 所示。

18 在前视图中沿 Y 轴的正值方向将"横支架"对象移动至如图 46-17 所示的位置。

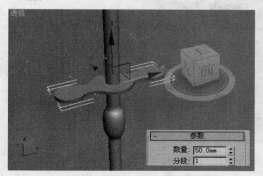

图 46-16　设置修改器参数

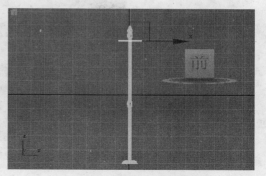

图 46-17　移动对象

19 制作灯泡。在"样条线"创建面板内单击"矩形"按钮，在前视图中创建一个 Rectangle01 对象。进入 "修改" 面板，将其命名为"灯泡"，在"参数"卷展栏内的"长度"和"宽度"参数栏内分别键入 1100.0 mm、215.0 mm，其他参数均使用默认值，如图 46-18 所示。

20 选择"灯泡"对象，进入 "修改" 面板，将其塌陷为样条线对象。进入"顶点"子对象编辑层，在"几何体"卷展栏内单击"优化"按钮，然后参照图 46-19 所示来添加顶点。

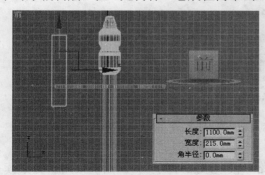

图 46-18　设置对象的创建参数

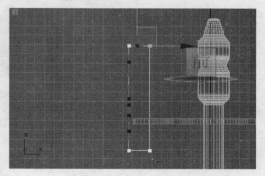

图 46-19　添加顶点

21 参照图 46-20 所示来编辑顶点，设置灯泡剖面。

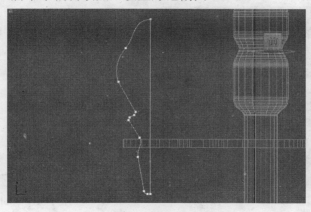

图 46-20　编辑顶点

22 进入"线段"子对象编辑层,在前视图中选择如图 46-21 所示的子对象,将其删除。

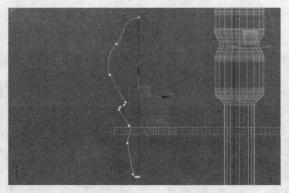

图 46-21　选择线段

23 为"灯泡"对象添加一个"车削"修改器。在"参数"卷展栏内选择"焊接内核"复选框,在"分段"参数栏内键入 20,在"方向"选项组内单击 Y 按钮,在"对齐"选项组内单击"最大"按钮,如图 46-22 所示。

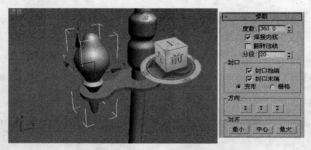

图 46-22　设置修改器参数

24 将"灯泡"对象复制,在前视图中将复制的对象沿 X 轴的正方向移动至如图 46-23 所示的位置。

25 现在本实例就完成了,图 46-24 所示为路灯模型添加灯光和材质后的效果。如果读者在制作本练习时遇到什么问题,可以打开本书附带光盘中的"美术馆效果图/实例 46:创建路灯模型.max"文件进行查看。

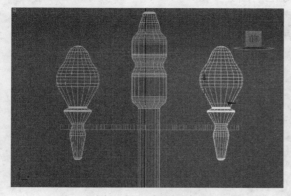

图 46-23　复制对象

图 46-24　路灯模型添加材质和灯光后的效果

实例 47：在 Lightscape 3.2 中设置场景材质

实例说明　在本实例中，将指导读者在 Lightscape 中设置场景材质，在本实例中，许多材质均为类似石材的类型，例如路面、墙体等。通过本实例，可以使读者了解大型室外场景中材质的设置方法。

技术要点　在本实例中，首先需要设置背景颜色，然后设置材质的属性，完成材质的设置。图 47-1 所示为本实例完成后的效果。

图 47-1　设置美术馆场景材质

1　运行 Lightscape 3.2，打开本书附带光盘中的"美术馆效果图/实例 47：美术馆.lp"文件，如图 47-2 所示。

图 47-2　"实例 47：美术馆.lp"文件

2　在菜单栏执行"文件"/"属性"命令，打开"文件属性"对话框。打开"文件属性"对话框内的"颜色"选项卡，在 H 参数栏内键入 194、S 参数栏内键入 0.20、V 参数栏内键入 0.89，单击"背景"行的 ← 按钮，如图 47-3 所示。将设置颜色应用于背景，单击"应用"按钮，然后单击"确定"按钮，退出该对话框。

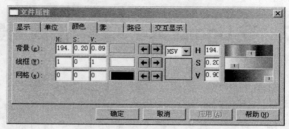

图 47-3 "文件属性"对话框

3 退出"文件属性"对话框后，可以看到背景颜色发生了改变，如图 47-4 所示。

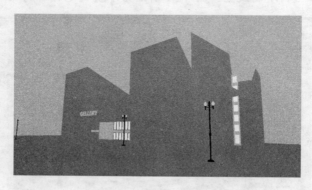

图 47-4 编辑背景颜色

4 在"显示"工具栏上单击 ⊗ "纹理"按钮，使模型表面显示纹理，如图 47-5 所示。

图 47-5 显示纹理

5 在 Materials 列表内双击"草坪"选项，打开"材料 属性-草坪"对话框。打开"物理性质"选项卡，在"模板"下拉列表框中选择"织物"选项，在"颜色扩散"参数栏内键入 0.4，如图 47-6 所示。单击"确定"按钮，退出该对话框。

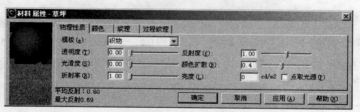

图 47-6 设置"草坪"材质

6 在 Materials 列表内双击"灯具金属"选项，打开"材料 属性-灯具金属"对话框。打开"物理性质"选项卡，在"模板"下拉列表框中选择"反光漆"选项，在"反射度"参数栏内键入 1.5，在"光滑度"参数栏内键入 0.4，如图 47-7 所示。单击"确定"按钮，退出该对话框。

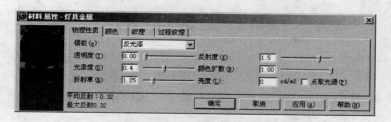

图 47-7　设置"灯具金属"材质

7 在 Materials 列表内双击"灯泡玻璃"选项，打开"材料 属性-灯泡玻璃"对话框。打开"物理性质"选项卡，在"模板"下拉列表框中选择"玻璃"选项，在"透明度"参数栏内键入 0.20，在"光滑度"参数栏内键入 0.80，在"亮度"参数栏内键入 1500，如图 47-8 所示。然后单击"确定"按钮，退出该对话框。

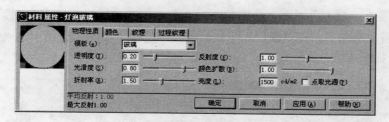

图 47-8　设置"灯泡玻璃"材质

8 在 Materials 列表内双击"底侧墙壁"选项，打开"材料 属性-底侧墙壁"对话框。打开"物理性质"选项卡，在"模板"下拉列表框中选择"石材"选项，如图 47-9 所示。单击"确定"按钮，退出该对话框。

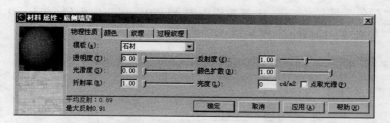

图 47-9　设置"底侧墙壁"材质

9 在 Materials 列表内双击"地板砖"选项，打开"材料 属性-地板砖"对话框。打开"物理性质"选项卡，在"模板"下拉列表框中选择"石材"选项，如图 47-10 所示。单击"确定"按钮，退出该对话框。

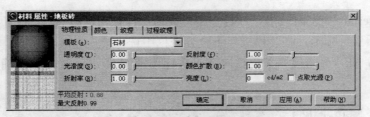

图 47-10　设置"地板砖"材质

⑩ 在 Materials 列表内双击"金属框"选项，打开"材料 属性-金属框"对话框。打开"物理性质"选项卡，在"模板"下拉列表框中选择"金属"选项，在"光滑度"参数栏内键入 0.8，如图 47-11 所示。然后单击"确定"按钮，退出该对话框。

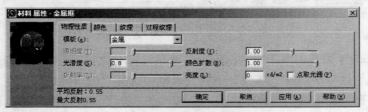

图 47-11　设置"金属框"材质

⑪ 在 Materials 列表内双击"楼层玻璃"选项，打开"材料 属性-楼层玻璃"对话框。打开"物理性质"选项卡，在"模板"下拉列表框中选择"金属"选项，在"光滑度"参数栏内键入 0.7，如图 47-12 所示。

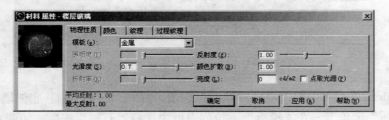

图 47-12　设置"楼层玻璃"材质

⑫ 打开"颜色"选项卡，在 H 参数栏内键入 170，在 S 参数栏内键入 0.45，在 V 参数栏内键入 0.45，如图 47-13 所示。然后单击"确定"按钮，退出该对话框。

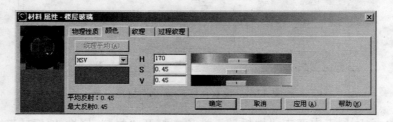

图 47-13　设置"楼层玻璃"颜色

⑬ 在 Materials 列表内双击"路面"选项，打开"材料 属性-路面"对话框。打开"物理性质"选项卡，在"模板"下拉列表框中选择"石材"选项，如图 47-14 所示。单击"确定"按钮，退出该对话框。

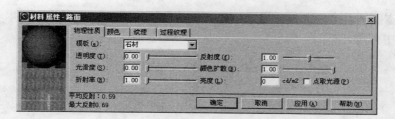

图 47-14　设置"路面"材质

14 在 Materials 列表内双击"墙体"选项，打开"材料 属性-墙体"对话框。打开"物理性质"选项卡，在"模板"下拉列表框中选择"石材"选项，如图 47-15 所示。单击"确定"按钮，退出该对话框。

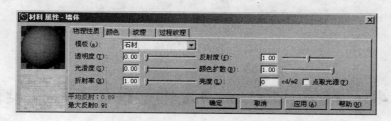

图 47-15　设置"墙体"材质

15 在 Materials 列表内双击"石材"选项，打开"材料 属性-石材"对话框。打开"物理性质"选项卡，在"模板"下拉列表框中选择"石材"选项，如图 47-16 所示。单击"确定"按钮，退出该对话框。

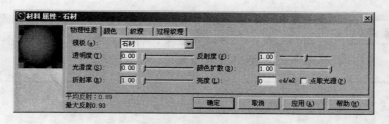

图 47-16　设置"石材"材质

16 在 Materials 列表内双击"字体金属"选项，打开"材料 属性-字体金属"对话框。打开"物理性质"选项卡，在"模板"下拉列表框中选择"金属"选项，在"光滑度"参数栏内键入 0.6，如图 47-17 所示。

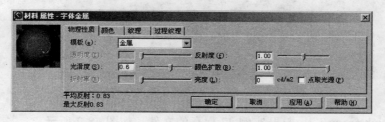

图 47-17　设置"字体金属"材质

17 现在本实例就全部制作完成了，完成后的效果如图 47-18 所示。将本实例保存，以便在下个实例中使用。

图 47-18　设置美术馆场景材质

实例 48：在 Lightscape 3.2 中处理表面和渲染输出

在本实例中，将指导读者处理模型表面并设置渲染，由于大型室外场景包含较多的模型，所以需要根据光源位置和模型的位置来设置网格分辨率，以提高工作效率。通过本实例，可以使读者了解大型室外场景中处理表面和渲染输出的方法。

在本实例中，首先设置模型网格分辨率，然后设置光源，确定光源方向和强度，最后设置渲染，将效果图输出。图 48-1 所示为美术馆效果图渲染输出后的效果。

图 48-1　美术馆效果图渲染输出后的效果

1 运行 Lightscape 3.2，打开实例 47 保存的文件，如图 48-2 所示。

图 48-2　实例 47 保存的文件

2 在"阴影"工具栏上单击 ![icon] "轮廓"按钮，改变视图显示方式，如图 48-3 所示。

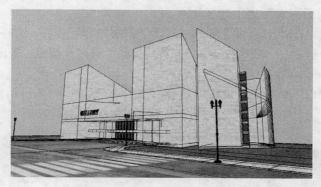

图 48-3　改变视图显示方式

3 在"选择集"工具栏上单击 ![icon] "选择"和 ![icon] "面"按钮，按下键盘上的 Ctrl 键，在视图中选择如图 48-4 所示的面。

图 48-4　选择面

4 右击选择面，在弹出的快捷菜单中选择"表面处理"选项，这时会打开"表面处理"对话框。在"网格分辨率"参数栏内键入 5，然后单击"确定"按钮，退出对话框，如图 48-5 所示。

5 在"选择集"工具栏上单击 ![icon] "块"按钮，进入"块"编辑模式，在视图中选择"主楼"模型，如图 48-6 所示。

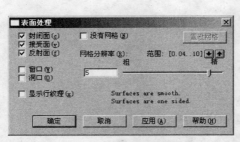

图 48-5 "表面处理"对话框

图 48-6 选择"主楼"模型

6 在所选模型上右击，在弹出的快捷菜单中选择"单独编辑"选项，进入所选模型的单独编辑模式。在单独编辑模式下，单击"选择集"工具栏上的 ⚐ "面"和 ▣ "全部选择"按钮，这时该模型的所有表面处于选择状态。

7 右击选择面，在弹出的快捷菜单中选择"表面处理"选项，这时会打开"表面处理"对话框。在"网格分辨率"参数栏内键入 5，然后单击"确定"按钮，退出对话框，如图 48-7 所示。

8 在视图的空白区域单击，取消面选择，然后选择如图 48-8 所示的面。

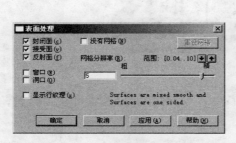

图 48-7 "表面处理"对话框

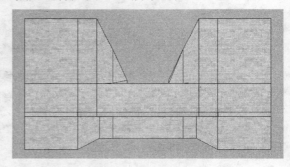

图 48-8 选择面

9 右击选择面，在弹出的快捷菜单中选择"表面处理"选项，这时会打开"表面处理"对话框。在"网格分辨率"参数栏内键入 7，然后单击"确定"按钮，退出对话框，如图 48-9 所示。

10 在视图的空白区域单击，取消面选择，然后选择如图 48-10 所示的面。

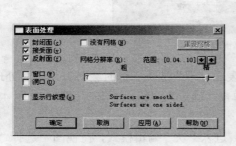

图 48-9 "表面处理"对话框

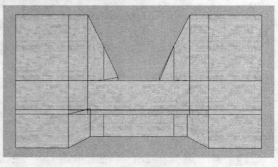

图 48-10 选择面

11 右击选择面，在弹出的快捷菜单中选择"表面处理"选项，这时会打开"表面处理"对话框。在"网格分辨率"参数栏内键入 10，然后单击"确定"按钮，退出对话框，如图 48-11 所示。

12 在视图的空白区域单击，取消面选择。在视图上右击，在弹出的快捷菜单中选择"返回到整体模式"选项，这时视图中的所有对象都处于可编辑状态。

13 在"选择集"工具栏上单击 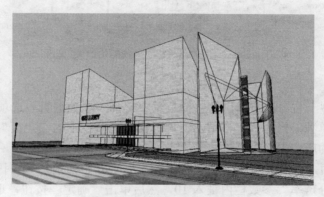 "块"按钮，进入"块"编辑模式，在视图中选择"二层楼板"模型，如图 48-12 所示。

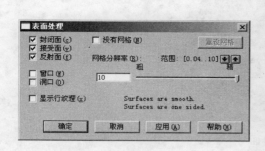

图 48-11　"表面处理"对话框

图 48-12　选择"二层楼板"模型

14 在所选模型上右击，在弹出的快捷菜单中选择"单独编辑"选项，进入所选模型的单独编辑模式。在单独编辑模式下，单击"选择集"工具栏上的 "面"和 "全部选择"按钮，这时该模型的所有表面处于选择状态。

15 右击选择面，在弹出的快捷菜单中选择"表面处理"选项，这时会打开"表面处理"对话框。在"网格分辨率"参数栏内键入 5，然后单击"确定"按钮，退出对话框。

16 在视图的空白区域单击，取消面选择。在视图上右击，在弹出的快捷菜单中选择"返回到整体模式"选项，这时视图中的所有对象都处于可编辑状态。

17 使用同样的方法编辑"草坪"、"地基"、"楼板"、"路基"、"附楼"、"飘窗"、"文本"和"台阶"对象。

18 在"选择集"工具栏上单击 "块"按钮，进入"块"编辑模式，在视图中选择"配楼"模型，如图 48-13 所示。

图 48-13　选择"配楼"模型

19 在所选模型上右击，在弹出的快捷菜单中选择"单独编辑"选项，进入所选模型的单独编辑模式。在单独编辑模式下，单击"选择集"工具栏上的 🔲 "面"和 🔲 "全部选择"按钮，这时该模型的所有表面处于选择状态。

20 右击选择面，在弹出的快捷菜单中选择"表面处理"选项，这时会打开"表面处理"对话框。在"网格分辨率"参数栏内键入 5，然后单击"确定"按钮，退出对话框。

21 在视图的空白区域单击，取消面选择，然后选择如图 48-14 所示的面。

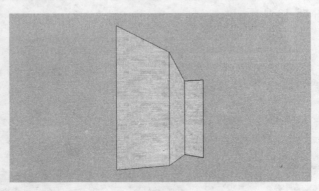

图 48-14 选择面

22 右击选择面，在弹出的快捷菜单中选择"表面处理"选项，这时会打开"表面处理"对话框。在"网格分辨率"参数栏内键入 10，然后单击"确定"按钮，退出对话框。

23 在视图的空白区域单击，取消面选择。在视图上右击，在弹出的快捷菜单中选择"返回到整体模式"选项，这时视图中的所有对象都处于可编辑状态。

24 在"选择集"工具栏上单击 🔲 "块"按钮，进入"块"编辑模式，在视图中选择"立柱"模型，如图 48-15 所示。

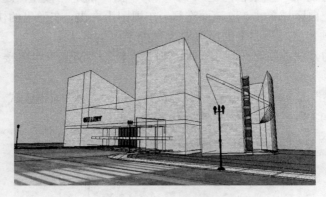

图 48-15 选择模型

25 在所选模型上右击，在弹出的快捷菜单中选择"单独编辑"选项，进入所选模型的单独编辑模式。在单独编辑模式下，单击"选择集"工具栏上的 🔲 "面"和 🔲 "全部选择"按钮，这时该模型的所有表面处于选择状态。

26 右击选择面，在弹出的快捷菜单中选择"表面处理"选项，这时会打开"表面处理"对话框。在"网格分辨率"参数栏内键入 10，然后单击"确定"按钮，退出对话框。

27 在视图的空白区域单击，取消面选择。在视图上右击，在弹出的快捷菜单中选择"返回到整体模式"选项，这时视图中的所有对象都处于可编辑状态。

28　在菜单栏执行"光照"/"日光"命令，打开"日光设置"对话框。在"日光设置"对话框底部选择"直接控制"复选框，这时该对话框内的"位置"和"时间"选项卡将被"直接控制"选项卡替代。打开"直接控制"选项卡，在"旋转"参数栏内键入 300，在"仰角"参数栏内键入 50，拖动"太阳光"滑块直到数字显示为 92586，如图 48-16 所示。然后单击"确定"按钮，退出该对话框。

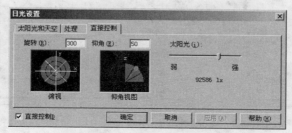

图 48-16　"日光设置"对话框

29　在"阴影"工具栏上单击  "实体"按钮，改变视图显示方式，如图 48-17 所示。

图 48-17　改变视图显示方式

30　在"光能传递"工具栏上单击 "初始化"按钮，这时会打开 Lightscape 对话框。在该对话框内单击"是"按钮，退出该对话框。

31　在菜单栏执行"处理"/"参数"命令，打开"处理参数"对话框。在"处理参数"对话框中单击"向导"按钮，打开"质量"对话框，在该对话框中选择 3 单选按钮，如图 48-18 所示。

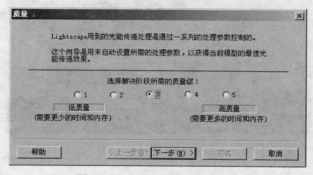

图 48-18　"处理参数"对话框

32 在"质量"对话框中单击"下一步"按钮，打开"日光"对话框。在该对话框内选择"是"单选按钮，然后在该对话框内选择"模型是一个建筑物或物体的室外模型"单选按钮，如图 48-19 所示。

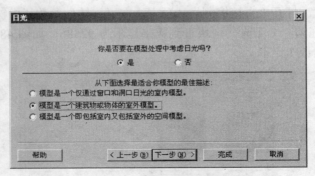

图 48-19 "日光"对话框

33 在"日光"对话框内单击"下一步"按钮，打开"完成向导"对话框，如图 48-20 所示。在该对话框内单击"完成"按钮，返回到"处理参数"对话框，在该对话框内单击"确定"按钮，退出该对话框。

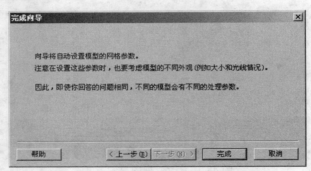

图 48-20 "完成向导"对话框

34 退出"处理参数"对话框后，在"光能传递"工具栏上单击 🔅 "开始"按钮，计算机开始计算光能传递，如图 48-21 所示。

图 48-21 光能传递中

35 当场景变成如图 48-22 所示的效果时，在"光能传递"工具栏上单击 🔅 "停止"按钮，结束光影传递操作。

36 在菜单栏执行"文件"/"渲染"命令，打开"渲染"对话框。在"渲染"对话框内单击"浏览"按钮，打开"图像文件名"对话框，在"查找范围"下拉列表框中选择文件保存的路径，在"文件名"文本框内键入文件名称，如图48-23所示。然后单击"打开"按钮，退出该对话框。

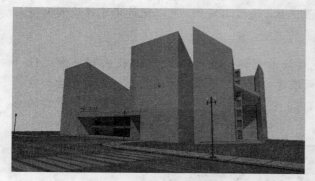

图 48-22　光影传递效果

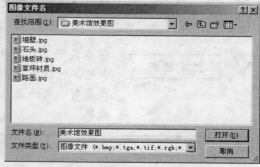

图 48-23　"图像文件名"对话框

37 退出"图像文件名"对话框后，将返回到"渲染"对话框。在"格式"下拉列表框中选择"TIFF（TIF）"选项，在"反锯齿"下拉列表框中选择"四"选项；在"光影跟踪"选项组内选择"光影跟踪"、"光影跟踪直接光照"、"柔和太阳光阴影"复选框，如图 48-24 所示。

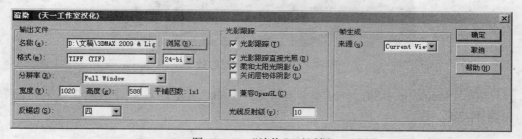

图 48-24　"渲染"对话框

38 在"渲染"对话框内单击"确定"按钮，退出该对话框。渲染后的效果如图 48-25 所示，现在本实例就全部完成了。

图 48-25　美术馆效果图渲染输出后的效果

实例 49：在 Photoshop CS4 中设置背景和反射效果

实例说明

在本实例中，将指导读者在 Photoshop CS4 中设置背景，并设置玻璃的反射效果，为了能够更为快速高效地完成工作，在编辑过程中使用通道来扶助设置选区。通过本实例，可以使读者了解设置大型室外场景和发射效果的方法。

技术要点

在本实例中，首先对场景整体的亮度/对比度以及色彩平衡进行调整，然后导入蓝天图像，使用通道辅助设置选区，完成背景和玻璃反射效果的设置。图 49-1 所示为背景和反射效果设置完成后的效果。

图 49-1　设置背景和反射效果

1 运行 Photoshop CS4，打开本书附带光盘中的"美术馆效果图/美术馆效果图.tif"文件，如图 49-2 所示。

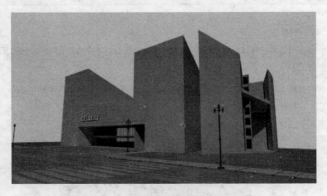

图 49-2　"美术馆效果图.tif"文件

2 在菜单栏执行"图像"/"调整"/"亮度/对比度"命令，打开"亮度/对比度"对话框。在"亮度"参数栏内键入 40，在"对比度"参数栏内键入 15，如图 49-3 所示。然后单击"确定"按钮，退出该对话框。

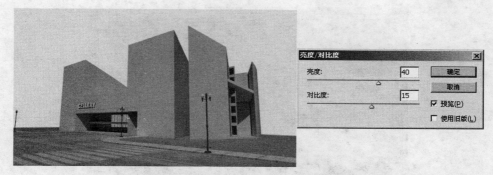

图 49-3 "亮度/对比度"对话框

3 在菜单栏执行"图像"/"调整"/"色彩平衡"命令，打开"色彩平衡"对话框。在该对话框左侧的参数栏内键入-5，在该对话框右侧的参数栏内键入 10，如图 49-4 所示。然后单击"确定"按钮，退出该对话框。

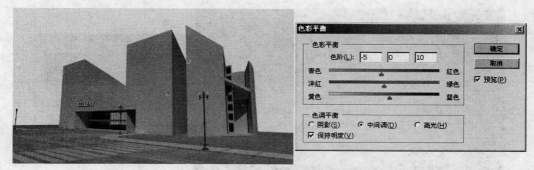

图 49-4 "色彩平衡"对话框

4 打开本书附带光盘中的"美术馆效果图/蓝天.jpg"文件，如图 49-5 所示。

图 49-5 "蓝天.jpg"文件

5 使用工具箱中的 "移动工具"拖动"蓝天.jpg"图像到"美术馆效果图.tif"文档中，在"图层"调板中会出现一个新的图层，将该图层命名为"图层 1"。

6 确定"图层 1"处于可编辑状态，应用"自由变换"命令，然后参照图 49-6 所示来调整图像的大小和位置。

图 49-6　调整图像的大小和位置

7 进入"通道"调板，按住键盘上的 Ctrl 键，选择"蓝天通道"缩览图，加载选区，如图 49-7 所示。

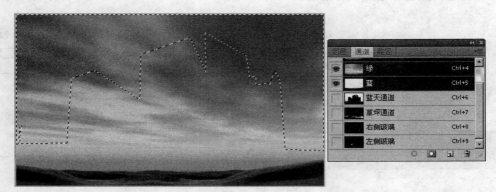

图 49-7　加载选区

8 确定"图层 1"处于可编辑状态，在键盘上按 Ctrl+Shift+I 组合键，反选选区，按下键盘上的 Delete 键，将选区内的图像删除，如图 49-8 所示。

图 49-8　删除选区内的图像

9 在"图层"调板中的"不透明度"参数栏内键入 65%，设置图层透明度，如图 49-9 所示。

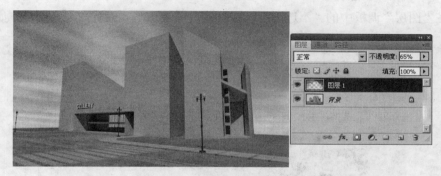

图 49-9　设置图层透明度

　　10 打开本书附带光盘中的"美术馆效果图/反射效果.jpg"文件，如图 49-10 所示。

　　11 使用工具箱中的 ▶⊕ "移动工具"拖动"反射效果.jpg"图像到"美术馆效果图.tif"文档中，在"图层"调板中会出现一个新的图层，将该图层命名为"图层 2"。确定"图层 2"处于可编辑状态，应用"自由变换"命令，然后参照图 49-11 所示来调整图像的大小和位置。

图 49-10　"反射效果.jpg"文件

图 49-11　调整图像的大小和位置

　　12 进入"通道"调板，按住键盘上的 Ctrl 键，选择"左侧玻璃通道"缩览图，加载选区。在键盘上按 Ctrl+Shift+I 组合键，反选选区，按下键盘上的 Delete 键，将选区内的图像删除，如图 49-12 所示。

图 49-12　删除选区内的图像

⓭ 在"图层"调板中的"不透明度"参数栏内键入 70%，设置图层透明度，如图 49-13 所示。

图 49-13　设置图层透明度

⓮ 再次使用工具箱中的 ⊹"移动工具"拖动"反射效果.jpg"图像到"美术馆效果图.tif"文档中，在"图层"调板中会出现一个新的图层，将该图层命名为"图层 3"。确定"图层 3"处于可编辑状态，应用"自由变换"命令，然后参照图 49-14 所示来调整图像的大小和位置。

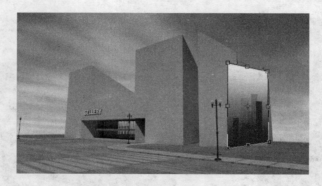

图 49-14　调整图像的大小和位置

⓯ 进入"通道"调板，按住键盘上的 Ctrl 键，选择"右侧玻璃通道"缩览图，加载选区。在键盘上按 Ctrl+Shift+I 组合键，反选选区，按下键盘上的 Delete 键，将选区内的图像删除，如图 49-15 所示。

图 49-15　删除选区内的图像

16 在"图层"调板中的"不透明度"参数栏内键入 90%，设置图层透明度，如图 49-16 所示。

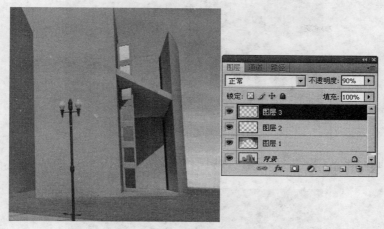

图 49-16 设置图层透明度

17 现在本实例就全部制作完成了，完成后的效果如图 49-17 所示。将本实例保存，以便在下个实例中使用。

图 49-17 设置背景和反射效果

实例 50：在 Photoshop CS4 中添加配景

在本实例中，将指导读者在效果图中添加配景，在设置配景时，需要注意光源方向、阴影方向、色调等，以使配景能够与效果图相吻合。通过本实例，可以使读者了解为室外场景添加配景的方法。

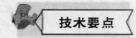

在本实例中，首先需要导入草坪图像，编辑草坪效果，然后设置植物配景，最后设置汽车和人物配景，在设置配景时，还需要设置配景产生的阴影。图 50-1 所示为本实例完成后的效果。

图 50-1　美术馆效果图

1 运行 Photoshop CS4，打开实例 49 保存的文件，如图 50-2 所示。

图 50-2　实例 49 保存的文件

2 打开本书附带光盘中的"水边餐厅效果图/草地.jpg"文件，如图 50-3 所示。

图 50-3　"草地.jpg"文件

3 使用工具箱中的 ✛ "移动工具"拖动"草地.jpg"图像到"美术馆效果图.tif"文档中，在"图层"调板中会出现一个新的图层，将该图层命名为"图层 4"。确定"图层 4"处于可编辑状态，应用"自由变换"命令，然后参照图 50-4 所示来调整图像的大小和位置。

图 50-4　调整图像的大小和位置

4 进入"通道"调板，按住键盘上的 Ctrl 键，单击"草坪通道"缩览图，加载选区。在键盘上按 Ctrl+Shift+I 组合键，反选选区，按下键盘上的 Delete 键，将选区内的图像删除，如图 50-5 所示。

图 50-5   删除选区内的图像

5 在"图层"调板中的"不透明度"参数栏内键入 60%，设置图层透明度，如图 50-6 所示。

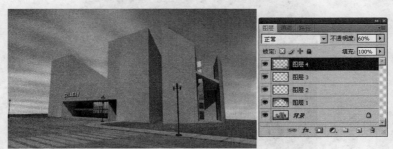

图 50-6   设置图层透明度

6 打开本书附带光盘中的"水边餐厅效果图/花簇.tif"文件，如图 50-7 所示。

图 50-7   "花簇.tif"文件

7 使用工具箱中的 ⊹ "移动工具"拖动"花簇.tif"图像到"美术馆效果图.tif"文档中，在"图层"调板中会出现一个新的图层，将该图层命名为"图层 5"。确定"图层 5"处于可编辑状态，应用"自由变换"命令，然后参照图 50-8 所示来调整图像的大小和位置。

8 进入"通道"调板，按住键盘上的 Ctrl 键，单击"蓝天通道"缩览图，加载选区。

在键盘上按 Ctrl+Shift+I 组合键，反选选区，按下键盘上的 Delete 键，将选区内的图像删除，如图 50-9 所示。

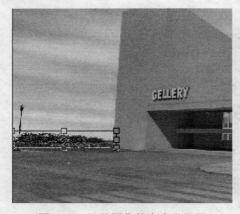

图 50-8 调整图像的大小和位置

图 50-9 删除选区内的图像

8 使用同样的方法设置大楼右侧的灌木丛，效果如图 50-10 所示。

图 50-10 设置大楼右侧的灌木丛

10 打开本书附带光盘中的"水边餐厅效果图/树 01.tif"文件，如图 50-11 所示。

图 50-11 "树 01.tif"文件

11 使用工具箱中的 ▶₊ "移动工具"拖动"花簇.tif"图像到"美术馆效果图.tif"文档中，在"图层"调板中会出现一个新的图层，将该图层命名为"图层 7"。确定"图层 7"处于可编辑状态，在菜单栏执行"编辑"/"变换"/"水平翻转"命令，将图像水平翻转，如图 50-12 所示。

图 50-12　水平翻转图像

12 应用"自由变换"命令，然后参照图 50-13 所示来调整图像的大小和位置。

图 50-13　调整图像的大小和位置

13 在"图层"调板中选择"图层 7"，在键盘上按 Ctrl+J 组合键，将该层复制，复制的图层名称为"图层 7 副本"，如图 50-14 所示。

14 选择"图层 7"，应用"自由变换"命令，然后参照图 50-15 所示来调整图像的大小和位置。

15 在菜单栏中执行"滤镜"/"模糊"/"高斯模糊"命令，打开"高斯模糊"对话框，在"半径"参数栏内键入 1，如图 50-16 所示。单击"确定"按钮，退出该对话框。

图 50-14　复制图层

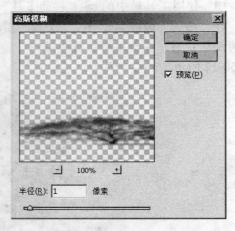

图 50-15　调整图像的大小和位置　　　　　　　　图 50-16　"高斯模糊"对话框

16　在"图层"调板中单击"图层 7"缩览图，设置选区，然后单击 👁 "指示图层可见性"按钮，关闭该层。

17　在"图层"调板单击 ⊘. "创建新的填充或调整图层"按钮，在弹出的菜单中选择"亮度/对比度"选项，进入"调整"调板，在"亮度"参数栏内键入-80，如图 50-17 所示。在"图层"调板会出现"亮度/对比度 1"层。

18　打开本书附带光盘中的"水边餐厅效果图/人物 01.tif"文件，如图 50-18 所示。

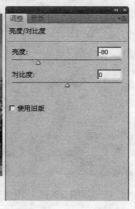

图 50-17　调整图层　　　　　　　　　　图 50-18　"人物 01.tif"文件

19　在"图层"调板中选择"图层 7 副本"，使用工具箱中的 ▶✛ "移动工具"拖动"人物 01.tif"图像到"美术馆效果图.tif"文档中，在"图层"调板中会出现一个新的图层，将该图层命名为"图层 8"。确定"图层 8"处于可编辑状态，应用"自由变换"命令，然后参照图 50-19 所示来调整图像的大小和位置。

20　在"图层"调板中选择"图层 8"，在键盘上按 Ctrl+J 组合键，将该层复制，复制的图层名称为"图层 8 副本"。

21　选择"图层 8"，应用"自由变换"命令，然后参照图 50-20 所示来调整图像的大小和位置。

图 50-19　调整图像的大小和位置　　　　　　　　　　　图 50-20　编辑阴影

22　在菜单栏中执行"滤镜"/"模糊"/"高斯模糊"命令，打开"高斯模糊"对话框。在"半径"参数栏内键入 0.7，单击"确定"按钮，退出该对话框，如图 50-21 所示。

23　在"图层"调板中选择"图层 8"缩览图，设置选区，然后单击 👁 "指示图层可见性"按钮，关闭该层。在"图层"调板单击 ◊. "创建新的填充或调整图层"按钮，在弹出的菜单中选择"亮度/对比度"选项，进入"调整"调板，在"亮度"参数栏内键入-80，如图 50-22 所示。在"图层"调板会出现"亮度/对比度 2"层。

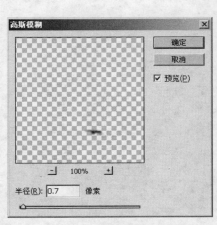

图 50-21　"高斯模糊"对话框　　　　　　　　　　　图 50-22　调整图层

24　使用同样的方法，导入附带光盘中提供的素材图像，设置其他人物和汽车配景图，完成效果如图 50-23 所示。

图 50-23　设置其他人物和汽车配景图

25 现在本实例就完成了，图 50-24 所示为美术馆效果图处理完成的效果。如果读者在制作本练习时遇到什么问题，可以打开本书附带光盘中的"美术馆效果图/美术馆效果图完成效果.tif"文件进行查看。

图 50-24　美术馆效果图